中等职业学校教材

化学工艺学概论

第二版

曾繁芯　编

化学工业出版社
教材出版中心
·北京·

图书在版编目（CIP）数据

化学工艺学概论/曾繁芯编．—2 版．—北京：化学工业出版社，2005.5（2025.2重印）
ISBN 978-7-5025-5902-1

Ⅰ.①化… Ⅱ.①曾… Ⅲ.①化工过程-工艺学 Ⅳ.①TQ02

中国版本图书馆 CIP 数据核字（2022）第 046553 号

责任编辑：何 丽　徐雅妮　于 卉　　　　装帧设计：于　兵
责任校对：洪雅姝

出版发行：化学工业出版社　教材出版中心
　　　　　（北京市东城区青年湖南街13号　邮政编码100011）
印　　装：北京建宏印刷有限公司
850mm×1168mm　1/32　印张9　插页2　字数238千字
2025 年 2 月北京第 2 版第 18 次印刷

购书咨询：010-64518888　　　　　售后服务：010-64518899
网　　址：http://www.cip.com.cn
凡购买本书，如有缺损质量问题，本社销售中心负责调换。

定　价：**28.00元**　　　　　　　　　　　版权所有　违者必究

第二版前言

本书是全国化工职业教育教学指导委员会"九五"规划教材之一，自 1998 年出版以来已四次重印。本书 2000 年获（省）部级第五届优秀教材一等奖。

第二版修订内容主要是：①删除了一些工业上已淘汰的生产工艺，按工业生产实际补充了有代表性的产品生产工艺；②增加了有实用价值的工艺实例分析，具有举一反三的参考价值。

根据本书着重于讨论化工生产工艺原理共性的特点，适用范围比较广，所以各种类型化工产品生产操作实践均可参考。该书不仅是全日制普通中等职业学校化学工艺专业教材，也可以作为化工厂技术工人的培训教材。

由于编者水平有限，时间仓促，书中难免有不妥之处，敬请使用本书的教师和广大读者批评指正。

编者

2005 年 2 月

前　言

本书按照全国化工中专教学指导委员会1996年制定的化学工艺专业教学计划对《化学工艺学概论》的设课要求和教学大纲编写而成。适合全日制普通中等专业学校化学工艺专业使用。

为了适应教学改革的需要和化学工艺专业面宽的实际情况，本教材以化工生产工艺过程为系统，以工艺原理为重点，编写时注意了几个问题：①对化工生产过程的工艺原理以讨论共性为主，并以实例分析加以说明；②注意运用物理化学的基本原理来分析专业问题，着重于结合工业生产实际问题进行讨论，以培养学生分析问题和解决实际问题的能力；③第七～十章是典型化工产品的生产工艺，有不同的特点，供各校结合选设课程的组合情况及实际需要选用。

本书由上海市化工学校瞿楸昌高级讲师主审，参加审稿的有：上海市化工学校李文原、扬州化工学校秦建华、徐州化工学校彭德厚、济南石化经济学校王松贤、北京市化工学校闫晔等，第八章氯碱生产由汪征湣高级工程师审阅，他们均提出了宝贵的修改意见。本书编写过程还得到全国化工中专教学指导委员会委员、北京市化工学校潘茂椿副校长及该校许多老师的大力支持，在此一并表示感谢！

由于编者水平有限，编写时间仓促，书中难免有错误和不妥之处，敬请使用本书的教师和广大读者批评指正。

编者

1997年7月

目 录

绪论 …………………………………………………………………………… 1
  一、化学工业在国民经济中的作用 …………………………………… 1
  二、化学工业的发展概况 ………………………………………………… 3
  三、化学工业的分类及特点 ……………………………………………… 4
  四、本课程的学习内容和任务 …………………………………………… 7
  复习思考题 ………………………………………………………………… 8

第一章 化工原料 …………………………………………………………… 9
  第一节 概述 ……………………………………………………………… 9
    一、化学工业的原料与产品 …………………………………………… 9
    二、化学工业的基础原料与基本原料 ………………………………… 10
    三、其他辅助材料 ………………………………………………………… 12
  第二节 石油和天然气的化工利用 …………………………………… 12
    一、原油的开采、加工及其与化学工业的关系 …………………… 12
    二、烃类热裂解 …………………………………………………………… 19
    三、天然气的化工利用 ………………………………………………… 26
  第三节 煤的化工利用 ………………………………………………… 28
    一、煤化工的加工途径 ………………………………………………… 28
    二、煤的干馏 ……………………………………………………………… 29
    三、煤的气化 ……………………………………………………………… 30
    四、电石及乙炔的生产 ………………………………………………… 34
  第四节 其他化工原料 ………………………………………………… 35
    一、生物质的化工利用 ………………………………………………… 35
    二、矿物质的化工利用 ………………………………………………… 38
  第五节 原料综合利用 ………………………………………………… 40
  复习思考题 ………………………………………………………………… 43

第二章 化工主要产品 …………………………………………………… 44
  第一节 基本有机化学工业的主要产品 …………………………… 45

  一、碳一系列主要化学产品 ··· 45
  二、碳二系列主要化学产品 ··· 45
  三、碳三系列主要化学产品 ··· 46
  四、碳四系列主要化学产品 ··· 48
  五、芳烃系列主要化学产品 ··· 49
 第二节 无机化工主要产品 ·· 49
  一、氨及氨加工产品 ··· 49
  二、氯碱工业产品 ··· 50
  三、无机酸和无机盐 ··· 50
  四、化学肥料 ··· 51
 第三节 合成高分子化工主要产品 ····································· 51
  一、塑料 ·· 51
  二、合成纤维 ··· 52
  三、合成橡胶 ··· 52
  四、功能高分子材料 ··· 53
 第四节 精细化工主要产品 ·· 54
 复习思考题 ··· 54
第三章 工艺过程的管理与指标 ·· 55
 第一节 工艺管理 ··· 55
  一、化工生产过程的主要内容 ·· 55
  二、化工生产管理与工艺管理 ·· 58
  三、工艺管理的内容 ··· 59
  四、化工企业质量管理与标准化 ····································· 61
 第二节 评价化工生产效果的常用指标 ······························· 62
  一、生产能力和生产强度 ·· 63
  二、转化率 ·· 64
  三、产率、选择性和收率 ·· 67
  四、化学反应效果与化工生产效果 ································· 69
 第三节 工艺技术经济指标 ·· 70
  一、原料消耗定额 ·· 71
  二、公用工程的消耗定额 ·· 73
 复习思考题 ··· 75
第四章 工艺过程的深度与速度 ·· 77

第一节 化学反应的可能性分析 … 77
一、判断化学反应可能性的意义和方法 … 77
二、化学反应系统中反应难易程度的比较 … 79
三、烃类热裂解反应的热力学分析 … 80
四、化学平衡移动的工业意义 … 83

第二节 工艺过程速度的影响因素 … 84
一、影响生产能力的因素 … 84
二、影响反应速率的因素 … 85
三、温度对化学反应速率的影响规律 … 87
四、烃类热裂解反应的动力学分析 … 89

第三节 工业催化剂 … 91
一、催化剂的作用及工业意义 … 91
二、液体催化剂的应用 … 92
三、工业固体催化剂的组成及制备方法 … 93
四、工业固体催化剂成品的性能指标 … 96
五、工业固体催化剂的使用 … 100

复习思考题 … 106

第五章 工艺过程的分析与组织 … 107

第一节 工艺操作方式 … 107
一、化工过程的操作方式 … 107
二、间歇操作过程 … 107
三、连续操作过程 … 108

第二节 影响反应过程的基本因素 … 110
一、反应过程工艺条件优化的目标 … 111
二、影响反应过程的基本因素分析 … 112
三、烃类热裂解反应的影响因素 … 117
四、乙烯和醋酸气相合成醋酸乙烯反应的影响因素 … 126
五、醋酸乙烯聚合反应的影响因素 … 132

第三节 工艺流程 … 138
一、工艺流程的组织 … 138
二、主要设备的选择 … 140
三、工艺流程的组织原则与评价方法 … 142
四、工艺流程图 … 144

五、醋酸乙烯溶液聚合法生产聚醋酸乙烯工艺流程 ……………… 147
　复习思考题 …………………………………………………………… 155
第六章　化工过程技术开发 ………………………………………………… 157
　第一节　技术开发的基本过程 ……………………………………… 157
　　一、化工过程开发的目的和内容 ………………………………… 157
　　二、化工过程开发的基本条件 …………………………………… 159
　　三、化工过程开发的步骤 ………………………………………… 160
　　四、化工过程开发的评价 ………………………………………… 162
　第二节　实验室研究与中间试验 …………………………………… 163
　　一、实验室研究 …………………………………………………… 163
　　二、中间试验 ……………………………………………………… 165
　复习思考题 …………………………………………………………… 170
第七章　合成氨 ……………………………………………………………… 171
　第一节　概述 ………………………………………………………… 171
　第二节　氨的合成 …………………………………………………… 174
　　一、反应原理 ……………………………………………………… 174
　　二、工艺条件的选择 ……………………………………………… 178
　　三、工艺流程 ……………………………………………………… 184
　　四、氨合成塔 ……………………………………………………… 189
　复习思考题 …………………………………………………………… 197
第八章　氯碱生产 …………………………………………………………… 198
　第一节　概述 ………………………………………………………… 198
　　一、氯碱工业产品及生产技术的发展 …………………………… 198
　　二、食盐水溶液电解的基本概念 ………………………………… 202
　第二节　隔膜法电解食盐水溶液 …………………………………… 206
　　一、隔膜法电解原理 ……………………………………………… 206
　　二、隔膜法电解生产工艺流程 …………………………………… 208
　　三、隔膜电解槽的型式与结构 …………………………………… 210
　　四、隔膜法电解的工艺操作条件 ………………………………… 214
　　五、隔膜法电解的技术经济指标 ………………………………… 216
　第三节　离子交换膜法电解食盐水溶液 …………………………… 217
　　一、离子膜法电解原理 …………………………………………… 217
　　二、离子膜法电解生产工艺流程 ………………………………… 218

  三、离子膜电解槽 219
  四、影响离子膜法电解生产的工艺因素 222
  五、离子交换膜法电解的技术经济指标 225
 复习思考题 226

第九章 氯乙烯及其聚合物 227
 第一节 概述 227
  一、氯乙烯及聚氯乙烯的性质和用途 227
  二、氯乙烯的生产方法 228
  三、聚氯乙烯的生产方法 231
 第二节 乙烯氧氯化法生产氯乙烯 232
  一、乙烯液相氯化制二氯乙烷 232
  二、乙烯气相氧氯化法生产二氯乙烷 236
  三、二氯乙烷高温裂解制氯乙烯 245
  四、乙烯氧氯化法生产氯乙烯的技术经济指标 248
 第三节 悬浮聚合法生产聚氯乙烯 249
  一、反应原理 249
  二、影响聚合反应的主要因素 251
  三、工艺流程 258
 复习思考题 259

第十章 苯乙烯生产 261
 第一节 概述 261
 第二节 乙苯脱氢生产苯乙烯 263
  一、反应原理 263
  二、工艺影响因素 266
  三、工艺流程 267
 复习思考题 273

参考文献 274

绪 论

化学工业是生产化学产品的工业,它是采用化学加工的方法,将天然资源通过一系列化学反应生产出自然界已有的或没有的新物质,或者说是将化学科技与工程技术应用于生产过程的一种制造工业。它是一个多行业、多品种、为国民经济各部门和人民生活各方面服务的工业部门。通常分为无机化工(包括酸、碱、盐、肥料、稀有元素、电化学等)、基本有机化工(以煤、石油、天然气、生物质为基础原料生产各种有机原料的工业)、高分子化工(包括塑料、橡胶、化学纤维、涂料、胶黏剂等)以及精细化学品制造等。

一、化学工业在国民经济中的作用

化学工业的产品种类多、数量大、用途广,在国民经济中具有重要的地位,与国民经济各部门之间有着密切的联系。

1. 化学工业是农业现代化的物质基础之一

化学工业为农业发展提供了大量的化肥、农药、农用塑料薄膜、排灌胶管等。我国农业增产几乎 40% 以上是依靠化肥的作用。更重要的是随着化学工业的发展,生产了大量的合成纤维、合成橡胶,节省了大面积棉田和橡胶园所占的耕地,缓解了人多地少的矛盾。生产 1 万吨合成纤维,相当于 30 万亩棉田所产的棉花;生产 1 万吨合成橡胶,相当于 25 万亩橡胶园所产的天然橡胶。因此在世界面临人口增加、耕地减少的形势下,发展化学工业更具有重大现实意义。

2. 化学工业为其他工业的发展提供大量的原材料

化学工业为国民经济各工业部门服务,提供大量的酸、碱、盐和基本有机化工原料,以及各种新型的合成材料,各种助剂、涂料、胶黏剂等精细化学品,以满足各工业部门发展生产,开发新产品的需要。仅以上海宝钢工程为例，其要求化学工业提供的配套化工原料有 5 大类 332 项，其中包括化工原料 103 项，化学试剂 73 项，水质稳定剂 36 项，橡胶制品 32 项，橡胶运输带 88 项等。又如，汽车工业是使用化工产品较多的行业，从一辆普通轿车使用材料的比例来看：钢铁 76%，有色金属 5.6%，合成树脂 5.7%，合成纤维 1.3%，涂料 1.7%，橡胶 3.5%，石棉、玻璃 3.3%，其他 2.9%，其中化工产品占轿车总质量的 12.2%。美国生产的轿车每辆车质量为 1300kg，而使用的化工产品中，仅塑料一项就达 90kg。由此可见，各工业部门的发展都离不开化学工业。

3. 化学工业的发展促进了科学技术的发展

科学技术的进步推动了化学工业日新月异的发展，反过来，化学工业的发展又促进了科学技术的进一步向前迈进。化学工业是技术密集型的工业，它对合成、分离、测定、控制等技术要求都比较高，由此也对冶金、电子、机械等部门相应地提出了一定的要求。而化学工业提供的各种产品，尤其是品种多样化、各种性能独特的精细化学品的开发，不仅可以替代天然物质和补充天然物质的不足，而且某些特种材料和高新技术产品，则更是满足了电子工业、航天工业和国防工业尖端技术发展的需要。

4. 化学工业的发展使人民生活更加丰富多彩

人们的衣、食、住、行，日常生活都离不开化工产品。色泽鲜艳、质地新颖的化纤服装，使人们的衣着打扮不断更新；各种食品添加剂、水果蔬菜保鲜剂、新型包装材料使人们的饮食起居更加方便快捷；从琳琅满目的家用电器到绚丽多彩的室内外装饰材料，以及美观、大方又耐用的家具和装饰品，使人们的生活舒适、美满；采用化学合成材料、精细化工产品装饰一新的交通工具和街道市容，使人们的耳目一新。总之，随着化学工业的发展，各种新产品、新工艺的出现，人们的日常生活不断地改进提高，更加丰富多彩。

化学工业在国民经济各部门中有着重要作用。据报道，化工产品中有 60% 用于重工业和运输业，30% 用于农业和轻工业。由于化学工业能综合利用资源和能源，生产过程容易实现连续化操作和自动化，劳动生产率高，所以能获得较好的经济效益。世界各国都以很快的速度发展化学工业。

二、化学工业的发展概况

化学工业的发展与其他相关工业的发展有很大关系。数千年前，陶瓷、冶炼、酿造、染色等古老的化学工艺过程就已被人们掌握；但规模很小，技术落后，手工作业。中国早在春秋直至秦汉时期，就开始应用植物染料和矿物颜料，如青蓝染蓝，茜草染绛等。这在司马迁的《史记·货殖列传》曾有记载。漆器是古代中国的一项重要发明，中国生漆至少已有6000年使用历史。浙江省余姚河姆渡遗址出土的木胎碗外侧涂料就为中国生漆。

从18世纪末叶到19世纪中，欧洲这段时期主要发展无机化工产品——酸、碱、盐。它们是随着纺织工业漂白与染色技术改造的需要而出现的。18世纪欧洲纺织、造纸、玻璃、肥皂、火药等行业的发展都大量需要碱。1788年法国人路布兰以氧化钠为原料制碱取得了成功并得以推广；但因是固相反应，高温间歇生产的劳动强度大等原因，1862年被比利时人苏维尔实现的连续化氨碱法制碱所取代。1892年电解法烧碱和氯气正式投产。1903年，俄国田贴列夫工厂生产了发烟硫酸，1905年德国用接触法生产硫酸，年产量达10万吨。1913年第一个合成氨的工厂在德国建成，日产量为30吨氨的水平。同时美国研究的合成氨生产方法也于1921年获得成功，此后，合成氨工业成为化学工业发展最快的门类。纵观上述，可以说近代化学工业开始于无机化学工业。

1942年中国制碱专家侯德榜先生成功地研究开发了以制碱和合成氨联合（同时）生产纯碱和氯化铵的新工艺——侯氏制碱法。该方法不仅使盐利用率进一步提高，同时减少了环境污染。

现代有机化学工业开始时是以煤为主要原料发展起来的。19世纪中期，炼钢工业的发展促进了炼焦工业的发展，人们发现从炼焦副产物煤焦油中可分离出苯、萘、苯酚等芳香族化合物，它们是发展染料工业的重要原料。于是从19世纪下半叶开始，形成了以煤焦油化学为主体的有机合成工业。直到1910年以后,电石用于生产乙炔,并作为基本有机化工产品的原料以后,才真正有了基本有机化学工业。

1920年起,美国开始采用石油为原料制取有机化工产品,尤其是自发现石油烃高温裂解技术,生产大量的基本有机化工原料,从而开辟了生产有机化工产品更多的新技术路线。到50年代初,以石油、天然气为原料的石油化学工业引起各国重视。由于原料乙烯生产比乙炔更价廉经济,目前,世界上90%以上的有机化工产品都来自于石油化学工业。

20世纪30年代,建立了高分子化学体系,合成高分子材料得到迅速发展。30年代在美国实现了氯丁橡胶生产,1938年耐纶-66实现工业生产;40年代又实现了腈纶、涤纶纤维生产;以后是丁苯橡胶和丁腈橡胶相继问世;与此同时,聚氯乙烯、聚苯乙烯、高压聚乙烯等也都实现了工业化生产。目前,精细化学工业迅速地发展起来。

进入21世纪,随着科学技术的进步和高新产业的兴起,为化学工业的发展带来了新的机遇。例如:生物技术特殊的选择性使得反应条件容易实现,且具有低能耗、低污染、无公害、生产效率高等优点,生物质是实现化工原料绿色化的重要资源,而生物催化剂——酶是一种理想的绿色催化剂,酶催化剂的开发、研究与应用将使化学工业成为"清洁"的产业;航天、汽车、电子、信息和能源等高新技术产业的迅猛发展都需要各种性能特异的新材料,开发、研究和生产各种新材料就成为化学工业的必然使命,煤炭的气化、液化以及高能燃料的开发也必将进一步促进化学工业的发展;信息技术和化工生产标准化更将使化学工业从科研开发、工业设计到生产过程控制和管理发生更大的变化,加速了化学工业现代化的步伐。

三、化学工业的分类及特点

化学工业的范围,不同时代,不同国家,不尽相同。化学工既是原材料工业，又是加工工业；既有生产资料的生产，又有生活资料的生产。化学工业的分类比较复杂。按照习惯将化学工业分为无机化学工业和有机化学工业两大类。随着化学工业的发展，新的领域和行业、跨门类的部门越来越多，两大类的划分已不能适应化学工业发展的需要。若按产品应用来分，可分为化学肥料工业，染料工业，农药工业等；若从原料角度可分为天然气化学工业，石油化学工业、煤化学工业等；也有从产品的化学组成来分类，如低分子单体、高分子聚合物等；还有以加工过程的方法来分类，如食盐电解工业、农产品发酵工业等。往往某一种产品可以列在这一类，又可以列在另一类。

总的说来，化学工业包括石油化工、煤化工、盐化工、精细化工等，其中石油化工是国家的支柱产业之一。

化学工业按照 GB/T 4754—94《国民经济行业分类与代码》，按行业管理分工包括下列范围：

(1) **化学矿采选业** ①硫矿采选业；②磷矿采选业；③天然钾盐采选业；④硼矿采选业；⑤其他化学矿采选业。

(2) **基本化学原料制造业** ①无机酸制造业；②烧碱制造业；③纯碱制造业；④无机盐制造业；⑤其他基本化学原料制造业（包括氧化物单质、工业气体等的生产）。

(3) **化学肥料制造业** ①氮肥制造业；②磷肥制造业；③钾肥制造业；④复合肥料制造业；⑤微量元素制造业；⑥其他化学肥料制造业（包括腐殖酸肥、磷矿粉肥及混合肥料的生产）。

(4) **化学农药制造业** （包括防治农作物病虫害的杀虫剂和清洁卫生用的杀虫剂、杀菌剂及除草剂、植物生长调节剂、微生物农药、杀鼠剂等的生产） ①化学原药制造业；②农药制剂加工业。

(5) **有机化学产品制造业** ①有机化工原料制造业；②涂料制造业；③颜料制造业；④染料制造业；⑤其他有机化学产品制造业。

(6) **合成材料制造业** ①热固性树脂及塑料制造业；②工程塑料制造业；③功能高分子制造业；④有机硅氟材料制造业；⑤合成

橡胶制造业；⑥合成纤维单（聚合）体制造业；⑦其他合成材料制造业。

(7) 专用化学产品制造业　①化学试剂、助剂制造业（包括试剂、催化剂、塑料助剂、印染助剂、炭黑及其他化学助剂的生产）；②专项化学用品制造业（黏合剂、水处理化学品、造纸化学品、皮革化学品、油田化学品、生物工程化工、表面活性剂、碳纤维、化学陶瓷纤维等特种纤维及高功能化工产品生产）；③信息化学品制造业（包括感光材料、磁记录材料、电子材料、光纤维通讯用辅助材料等，如感光胶片、磁带、磁盘、荧光粉、液晶材料等的生产）；④添加剂（包括食品添加剂、饲料添加剂的生产）制造业。

(8) 橡胶制品业　①轮胎制造业；②力胎制造业；③橡胶板、管、带制造业；④橡胶零件制造业；⑤再生橡胶制造业；⑥橡胶靴鞋制造业；⑦日用橡胶制品业；⑧橡胶制品翻修业；⑨其他橡胶制品业（如胶乳制品、橡胶密封制品、医用和食品用橡胶制品等）。

(9) 专用设备制造业　①化学工业专用设备制造业；②橡胶工业专用设备制造业；③塑料工业专用设备制造业。

现代化学工业生产过程有很多区别于其他工业部门的特点，主要体现在以下几个方面。

(1) 投资较高、企业规模大型化　化学工业的发展在很大程度上要依靠科研和新技术开发的成果，而科研、开发的经费很高；引进技术和专利也需要资金；工艺流程长，生产设备多；使用昂贵的特殊材料和自动化程度很高的装置，所以投资较高。装置规模适当扩大，可开展综合利用，有利于降低产品成本。

(2) 高度机械化、自动化、连续化的生产装置要求高技术水平
现代化工企业生产过程高度连续性，要求有理想的自动控制系统来保证产品质量。因此不仅要有化工工艺的工程技术人员，而且要有电气、仪表、电脑、机械设备、分析的工程技术人员，还要有众多具有一定文化技术素质、较强的现代化工艺操作能力、能熟练进行化工岗位操作的操作工人。

(3) 综合性强　化学工业是原料多种类、生产方法多样化和产

品品种多的工业部门。许多化工生产过程之间存在着各种不同形式的纵向联系和横向联系。如炼焦工业生产出的副产焦油,可进一步加工生产其他化工产品;同样的生产线、同样的设备变换用不同的原料可生产出不同的产品。

(4) 能源消耗大,综合利用潜力大　化工产品的生产多以煤、石油为原料、燃料和动力,现代化工是燃料和电力的最大用户之一。化学反应过程也是能量转移的过程,反应过程中释放的热量是一种有价值的能源,综合利用化学反应热,是化工生产技术进步的一个重要内容。一般在化工生产过程中,参加化学反应的物质除了生成主产品外,还有一些副产物和废水、废气、废渣,造成能源和资源的很大浪费。化工生产过程中排放的"三废"种类繁多,排放量大,一般多是有害的、甚至是剧毒物质。因此,"三废"的形成不仅浪费原材料,而且污染环境,危及人类健康。所以化工企业加强"三废"综合治理十分重要,可以变废为宝,不仅节约资源和能源,而且对于保护环境、造福人类意义更大。

(5) 安全生产要求严格　化工生产具有易燃、易爆、易中毒,高温、高压、腐蚀性强等特点,工艺过程多变,因此不安全因素很多,不严格按照工艺规程和岗位操作法生产,就容易发生事故。但是只要化工生产过程严格执行安全生产规程,事故是可以避免的。尤其是连续性的大型化工生产装置,要想充分发挥现代化工业生产的优越性,保证高效、经济地生产,就必须高度重视安全,确保装置长期、连续地安全运转。

四、本课程的学习内容和任务

化学工艺学是根据技术上先进、经济上合理的原则来研究开发各种原材料、半成品、成品的加工方法及过程的科学。化学工艺学是研究综合利用天然原料和半成品,将其加工成生产资料和生活资料的一门学问,是化学工艺专业的一门专业课程,也是一门时代性很强的综合性学科。

《化学工艺学概论》既区别于本专业的各专业基础课和其他专

业课程，又与各课程有非常紧密的直接联系。开设《化学工艺学概论》课程的目的是：运用物理化学的基础理论来讨论化学反应的原理，分析化学反应体系中主、副反应的竞争，寻找有利于主反应进行的工艺条件；根据化学反应的特点及其对反应设备的要求，选择适宜的反应器；同时根据生产过程的需要选择化工单元操作和设备，组成合理的工艺流程；研究如何最优化地完成对原料的加工，生产出合格产品。

《化学工艺学概论》的主要内容是：学习化工产品的原料路线、工艺原理和工艺技术开发，用自然科学的规律来分析和解决化工产品生产中的实际问题。本课程的主要任务是使学生获得化工原料、工艺原理和工艺技术开发的基础知识，培养学生具有实施常规工艺、常规管理和工艺技术工作的基本能力，为将来从事化学工艺专业技术工作打好基础。本课程的重点是学习化工生产工艺过程原理的一般规律和分析方法，并能应用于具体化工产品生产过程组织与管理的实际。强调用工程技术观点，安全观点和经济观点来分析工艺过程，提高学生分析和解决生产实际问题的能力。

复习思考题

0-1 以化学工业在国民经济中的地位和作用说明发展化学工业的重要性。

0-2 从化学工业原料来源的变化说明化学工业的发展过程。

0-3 化学工业可以分为哪些种类？

0-4 化学工业有哪些共同的特点？

0-5 《化学工艺学概论》课程要学习哪些内容？开设本门课程的目的和任务是什么？

第一章 化工原料

第一节 概 述

一、化学工业的原料与产品

通常生产化工产品的起始物料称为化工原料。化学工业的基础原料可以是煤、石油、天然气等天然资源,也可以是某一些生物质、水、空气以及无机矿物质等,它们经过一系列化学加工,得到化工产品或新的化工基础原料。化工原料在化工生产中具有非常重要的作用,在产品生产成本中,有时原料所占的费用高达60%~70%,因此原料路线的选择是否恰当至关重要。

化工原料具有一个共同的特点,就是产品中一般都含有原料的部分原子,但对不同的生产过程可能存在不同的情况。如用乙炔和氯化氢两种原料可以合成氯乙烯产品;用原料乙醇经分解反应脱除水分后就可以得产品乙烯;又如一些精细化工产品只需将原料与某些助剂共混合,就可得到目的产品。

对于某些产品需要用两种以上原料来合成时,往往是把提供产品分子结构主体的原料称为主要原料,如乙醛氧化法制取醋酸,乙醛为主要原料,而氧气是氧化剂。但有时也难分出主次,如氮和氢合成氨,则难于分出主次。

总之,原料必须经过化学反应或一系列加工过程才能变成目的产品。一种原料经过不同的化学反应可以得到不同的产品;不同的原料经过不同的化学变化也可以得到同一种产品;而且某一种物质是原料还是产品也不是绝对的,要根据实际生产过程的需要来具体确定。如:乙烯水合法生产乙醇,其中乙烯是原料,乙醇是产品;

而在某些情况下又可以采用乙醇脱水的方法来得到乙烯,此时乙醇就是原料,而乙烯则为产品。在更多的情况下,前一工序生产的产品,往往用作第二工序的原料。如:生产聚苯乙烯产品,用乙苯为原料经脱氢反应生产苯乙烯,单体苯乙烯可以作为产品出售,也可以作为后一工序(聚合反应)生产聚苯乙烯的原料。

二、化学工业的基础原料与基本原料

化学工业的基础原料指的是一些可以用来加工生产化工基本原料或产品的、在自然界天然存在的资源。它们既有有机的,又有无机的。有机原料有石油、天然气、煤和生物质,无机原料有空气、水、盐、矿物质和金属矿。这些天然资源来源丰富,价格低廉,经过一系列化学加工以后,即可得到很有价值的化工基本原料和化工产品。在从天然资源加工得到的产物中,往往还可以利用那些价格低廉的副产物进一步生产化工基本原料,这对降低原料成本更有意义。如:利用石油炼制副产的轻汽油和炼厂气,煤焦化副产的焦炉气和煤焦油等进一步生产化工原料等。

化学工业的基本原料指的是一些低碳原子的烷烃,烯烃(包括双烯烃)炔烃,芳香烃和合成气,三酸、二碱、无机盐等。如最常用的乙烯,丙烯,丁烯,丁二烯,苯,甲苯,二甲苯,乙炔,萘,甲烷,乙烷,一氧化碳,氢气,氮气,水,氯化钠等。由这些基本原料出发,可以合成一系列有机中间产品和最终产品,也可以合成一系列无机产品,如氨等。常见的由化工基础原料加工得到化工基本原料的路线如表1-1所示。

石油、天然气、煤等原料都是矿物能源。任何其他工业部门都不像化学工业那样在原料和能源之间有着如此密切的联系,因此,矿物原料的供应情况和价格对化学工业的影响远远大于其他工业部门。由于化学工业大量消耗能源,所以每一次能源供应的变化都会对化学工业产生能源和原料双重的影响。

在现代大型化工发展的初期,其原料是以煤为基础,20世纪50年代中期以来,煤逐渐被石油和天然气所取代。1950~1975年

表 1-1　由化工基础原料加工得到化工基本原料

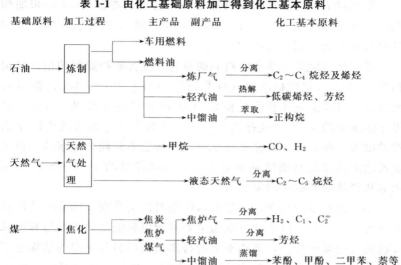

间，世界范围内能源消耗的结构发生了很大变化，煤的比例从60%逐渐下降到30%，而石油的比例则从25%上升到45%。

20世纪80年代，由于石油和天然气开采加工技术成熟，应用广泛以及运输和分配费用低等原因，使其无论在绝对数量或在能源构成百分比上都成为主要的能源，其次是煤。80年代初期，全世界每年消耗石油28～30亿吨，其中用作化工原料和化工生产消耗的能源共约2.5亿吨，约占8%～9%。可见，用作化工原料的石油和天然气只是一小部分，绝大部分都作为能源消耗了。由于技术路线的改变是个复杂的问题，因此在相当长的一段时间内仍将依靠石油作为主要能源。但从化工的观点看，石油产品作为能源（燃料）消耗是不经济的。

石油和天然气的优势在于其所含化合物的碳氢比对化工产品的生产更为有利。石油、天然气的碳氢比为1∶2～1∶4，而煤的碳氢比仅大于1，因此采用石油和天然气生产碳氢比为1∶2的乙烯和丙烯成本较低。碳氢比为1∶1的苯约有10%来自煤，碳氢比大于1的萘、蒽等芳烃则主要从煤中提取。

确切预测矿物原料的可供量是不容易的，如在 1979 年布加勒斯特世界石油会议上预言石油可用 30 年，而 1983 年在伦敦举行的世界石油大会上则认为可用 65 年。

根据德国地质科学和原料局的资料，世界矿物原料的估计储量相当于 120000 亿吨标准煤（1t 标准煤相当于 $29.3 \times 10^6 kJ$ 能量），而被证明有经济开采价值的储量约为 9000 亿吨标准煤。目前，世界年需求量约为 90 亿吨标准煤，但这些数字未考虑发展中国家消费的增长，而且可开采储量在地球上各处也不是均匀分布的。在工业发达的国家其石油储量不足全世界石油储量的 10%，所以必须依靠从产油的发展中国家输入。

随着消费量的增加，若没有新的原料储量发现，能源的缺口将变得更大。总之，以天然资源为主要基础原料的化学工业与其能源市场的发展紧密相关，要在不久的将来摆脱原料与能源的依赖是不现实的。据专家预测，20 世纪不会出现石油和天然气紧缺，但在 2000 年以后，以煤为原料的化学工业将会有上升的趋势。

三、其他辅助材料

在化工企业，除消耗原料来生产目的产品以外，还要消耗一些辅助材料，这些材料与原料一起统称为原材料。辅助材料是相对主要原料而言的，它是反应过程中的辅助原料成分，如助剂和各种添加剂，有些辅助材料则不进入产品分子中，如催化反应使用的催化剂，溶液聚合法使用的溶剂等。

第二节 石油和天然气的化工利用

一、原油的开采、加工及其与化学工业的关系

1. 原油的组成与开采

石油是一种有气味的黏稠液体，色泽是黄色、褐色或黑褐色，

色泽深浅一般与其密度大小，所含组分有关。石油不是一种单纯的化学物质，而是由众多碳氢化合物所组成的混合物，成分非常复杂，且随产地不同而异。其中主要是由碳、氢两元素组成的烷烃、环烷烃和芳香烃，此外还有少量含氧、含氮、含硫的化合物，各种元素的含量一般约为：C 83%～87%，H 11%～14%，O、N、S 1%。根据所含烃类的主要成分，可以把原油分成三大类：烷基石油（石蜡基石油）、环烷基石油（沥青基石油）和混合基石油。中国多数油田为重质原油，部分产油区的原油性质如表1-2所示。大庆油田是中国目前最大的油田，所产原油属低硫、石蜡基原油，硫含量一般在0.1%（质量），含蜡量高达22.8%～25.76%，石脑油含量较少。一个年处理原油能力为500万吨的炼油厂所能提供的轻柴油可供一个年产30万吨乙烯装置的原料。由于中国轻质原油少，因而馏分油裂解装置多以轻柴油，甚至减压柴油为主要裂解原料。国外轻质油的油田较多，石脑油收率多在20%以上，有的甚至高达50%，因而国外多以石脑油作为重整法生产芳烃和裂解法生产烯烃的原料。

表1-2 中国部分原油的主要性质

原油产地	大庆原油	华北混合原油	胜利原油1号	克拉玛依（井口混合采样）
密度(293K)/(kg/m^3)	860.1	883.7	900.5	867.9
凝固点/℃	31	36	28	−50
含蜡量(吸附法)/%	25.76	22.8	14.6	2.04
沥青质/%	0.12	2.5	5.1	—
元素分析/%(质量)				
C	85.87	—	86.26	86.13
H	13.73	—	12.20	13.30
S	—	0.31	0.41	0.04
N	0.13	0.38	0.80	0.25
馏程				
初馏点/℃	75	108	96	58
393K 馏出/%(质量)	2.5	1(413K)	2.0	5
433K 馏出/%(质量)	7.5	2.5	4.0	12
473K 馏出/%(质量)	12.0	4.5	7.5	18
573K 馏出/%(质量)	23.0	16.0	18.0	35
平均相对分子质量		417	343	299

石油的开采一般依靠自身压力压向地面,当压力不足时,采用泵抽出,称为一次采油;若油井自身压力不足,也可以注入水或将采出的气体重新打入油层,增加油层压力,称为二次采油。据统计,一次采油出油率可达30%,二次采油可达10%。

原油在进行加工前一般要先经过脱盐、脱水的预处理,使其含盐量不大于$0.05kg/m^3$,含水量不超过0.2%。因为含盐量高会造成蒸馏装置严重腐蚀和炉管结垢,使加热炉迅速降低传热效果;而含水量高会使装置消耗大量的额外燃料和冷却水用量,并使装置处理能力大幅度降低。若加工的是含硫原油,还应在炼制过程中加入适当的碱性中和剂和缓蚀剂,以减少设备腐蚀。

2. 石油炼制

从地下开采出来未经加工处理的石油称为原油。原油一般不直接利用,而是经过加工处理制成各类石油产品。将石油加工成各种石油产品的过程称为石油炼制。石油炼制的主要目的是根据石油中各种成分沸点的不同,将其按不同沸程分离得到不同质量的油品,作为不同性质和用途的燃料油;石油炼制的另一个目的是通过一定的加工方法,提高油品的质量,即提高高质量油品的产量。根据不同的需要,对油品沸程的划分略有不同,一般可分为:轻汽油(50~140℃),汽油(140~200℃),航空煤油(145~230℃),煤油(180~310℃),柴油(260~350℃),润滑油(350~520℃),重油或渣油(>520℃)等。各炼油厂根据不同的要求往往拟定不同的炼油工艺方案。在石油炼制的各种方法中与化学工业关系较大的是常减压蒸馏、裂化和催化重整。

常减压蒸馏 是石油加工方法中最简单也是历史上使用最久的方法。通常是先采用常压蒸馏、后采用减压蒸馏的方法将原油粗分为若干不同的馏程(沸点范围)的馏分。

常压蒸馏又称为直馏(直接蒸馏),是在常压和300~400℃条件下进行的。在常压蒸馏塔的不同高度分别取出汽油、煤油、柴油等油品,塔底蒸余组分为常压重油。常压重油中含重柴油、润滑油、沥青等高沸点组分,要在常压下继续蒸出这些油品必须采用更高温度，但在350～400℃以上时，这些组分发生碳化分解而被破坏，严重影响油品质量。因此，炼油厂根据物质的沸点随外界压力降低而下降的规律，将常压重油于负压和380～400℃的温度下进行减压蒸馏，这样不仅能防止油品的炭化结焦，还降低了热能消耗，加快蒸馏速度。

常减压蒸馏的工艺流程按其加工方向的不同，有一级、二级、三级和四级蒸馏四大类型，图1-1是原油三级常减压蒸馏原则流程。

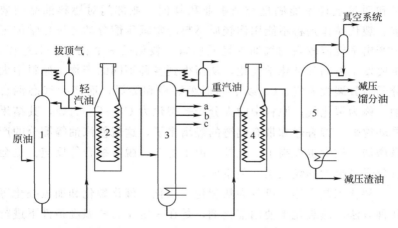

图1-1 原油三级常减压蒸馏原则流程
a—常压一线（煤油）；b—常压二线（轻柴油）；c—常压三线（重柴油）
1—初馏塔；2—常压加热炉；3—常压塔；4—减压加热炉；5—减压塔

原油经预热到220～240℃后进入初馏塔，塔顶控制140℃。蒸出的轻烃经冷凝分离得"原油拔顶气"和"轻汽油"。拔顶气约占原油的0.15%～0.4%，含乙烷、丙烷、丁烷及少量C_5以上组分，一般用作燃料，也可作生产乙烯的原料。初馏塔底油送常压加热炉加热至360～370℃入常压塔，塔顶温度根据产品要求控制在150～200℃，得"重汽油"。轻汽油和重汽油的馏程从初馏点～130℃左右，也称直馏汽油或石脑油，约占原油的10%左右，是催化重整装置生产芳烃的原料，也是裂解生产乙烯的很好原料。常压塔侧线分割出的煤油、柴油，约占原油的 25%，也是重要的裂解原料。常压塔塔底重组分经减压炉加热到 380～400℃ 入减压塔，从减压塔侧线采出的减压柴油、变压器油等统称为减压馏分油，塔底为减压渣油。减压柴油也可作裂解或催化裂化的原料，减压渣油可作锅炉燃料或用于生产石油焦、石油沥青。

裂化 原油经常减压蒸馏得到的直馏汽油一般不超过 25%，这是因为蒸馏过程是物理过程。直馏汽油量不可能超出原油中所含的汽油，而且主要成分是直链烷烃，其辛烷值[1]低，质量差，从数量和质量上均不能满足交通事业和其他工业部门对燃料油品的要求。裂化操作是将不能用作轻质燃料的常减压馏分油经过化学加工生产出辛烷值较高的汽油等轻质燃料。裂化是一个化学加工过程，主要发生下列各种化学变化，从而得到各种不同的产物。原料中大分子烃分裂成氢气、C_4 以下的低级烷烃和烯烃，而产生气态混合物，称为裂化气；原料中的大分子烃裂化为 $C_4 \sim C_{20}$ 的烃，其结果是环烷烃、芳香烃和带有侧链的烃增多了，这就使汽油等馏分的产量增加，质量也提高了；此外，由于叠合、脱氢缩合等反应，也会有分子量更大的烃及焦、碳生成。

裂化工艺大体上可分为热裂化、焦化、催化裂化和加氢裂化等几种方法。热裂化不使用催化剂，是在一定压力和温度条件下进行的裂化过程，由于热裂化的产品质量较差，开工周期短等缺点，已逐渐被催化裂化所取代。焦化实质上是一种深度裂化，它是重质油加热裂化并伴有聚合反应而生成轻质油、中间馏分油、焦、碳，同时也生成大量气体产品的石油炼制过程。焦化过程产生的大量气体约占进料的 5%～12%（质量分数），其中含有的大量甲烷、乙烷可作燃料或有机合成的原料，所含乙烯、丙烯、丁烯可回收利用。

---

[1] 辛烷值是一种衡量汽油作为动力燃料时抗爆震的指标。规定正庚烷的辛烷值为零，异辛烷的辛烷值为 100，在正庚烷和异辛烷的混合物中，异辛烷的百分率叫作该种混合物的辛烷值。各种汽油的辛烷值是把它们在汽油机中燃烧时的爆震程度与上述正庚烷与异辛烷的混合物比较而得，并非说汽油就是正庚烷和异辛烷的混合物。辛烷值越高，抗震性能越大，汽油质量就越好。

在催化剂上进行的裂化过程称为催化裂化。催化裂化是炼油工业广泛采用的一种裂化过程,就其加工原料的数量而言,在各种炼油方法中仅次于常减压蒸馏。由于有催化剂(硅酸铝等)的存在,使过程可以在比热裂化较低的温度和压力下进行,而且促进了异构化、芳构化、环构化等反应发生,故可得到高辛烷值汽油(辛烷值可达到80以上)。催化裂化的液体产品为汽油、柴油等组分,同时可得到副产催化裂化气,气体收率一般为10%～17%(质量分数)左右,其组成随原料、催化剂、反应条件的不同而不同,一般含乙烯3%～4%,丙烯13%～20%,丁烯15%～30%,烷烃约50%(均为质量分数),都是很有价值的基本有机化工原料。

加氢裂化是有氢存在下的催化裂化反应,所用催化剂有贵重金属(Pt,Pd)和非贵重金属(Ni,Mo,W)两种,多以固体酸(如硅酸铝分子筛等)为载体。加氢裂化主要以减压柴油为原料,近年来已逐渐扩展到以重油为原料。加氢裂化以生产航空煤油和柴油为主,产品还有汽油或重整原料油(石脑油)等。因为加氢裂化可由重质油生产质量好、收率高的油品,所以此法已成为现代炼油厂的主要加工方法之一。

催化重整 是使石油馏分经过化学加工转变成芳烃的重要方法之一。该方法最初是用来生产高辛烷值的汽油,现在已成为生产芳烃的一个重要方法。催化重整是将适当的石油馏分在贵金属催化剂Pt(或Re、Rh、Ir等)的作用下,进行碳架结构的重新调整,使环烷烃和烷烃发生脱氢芳构化反应而形成芳烃,即催化重整;此外也有正构烷烃的异构化、加氢裂化等反应同时发生。

催化重整通常选取沸程为$60\sim200℃$的汽油馏分作为原料油,这一范围内含$C_6\sim C_8$较多。经重整后得到的重整油含有30%～60%的芳烃(改进催化剂可达80%),还含有烷烃和少量环烷烃。将重整油中芳烃经抽提分离后,余下部分称为抽余油,可作商品油,也可作裂解制乙烯的原料。

3. 从石油获取基本有机化工原料

从石油炼制的气体产物和液体产物出发,经过加工处理都可以得到基本有机化工原料,而一般作化工利用的总是选用价格低廉的炼厂气、轻质油(所含低分子烃较多,沸点较低,如拔头油、抽余油、直馏汽油、煤油、柴油等)及重质油(含大分子烃类较多,沸点较高,如重油,渣油,甚至原油)。

石油炼制过程中各种加工方法副产的气体,以及各种稳定塔气体总称为炼厂气。主要含比 C_4 轻的烯烃和烷烃、氢气和其他杂质气体,其组成因炼厂的产品和工艺的不同而不同。炼厂气是裂解制取低级烯烃的重要原料之一。如在常减压蒸馏中获得的原料拔顶气中,约含 2%~4% 的乙烷,30% 的 C_3,50% 的 C_4,16%~18% C_5 及少量 C_5 以上的馏分,是裂解的优质原料。各种炼厂气的代表性组成如表 1-3 所示。

表 1-3 各种炼厂气(石油加工副产气)的代表性组成(体积)/%

气体组成	热裂化气		催化裂化气	稳定塔气体①				焦化气体
	高压裂化	低压裂化		来自高压裂化汽油	来自低压裂化汽油	来自催化裂化汽油	来自直馏汽油	
氢气	3~4	7~9	5~7		0.5		1	5~7
甲烷	35~50	28~30	10~18	10		8	11~46	18~20
乙烷	17~20	12~14	3~9	15	8.2	6	3~17	15~20
丙烷	10~15	3~4	14~22	26	10.4	14	9~28	12~18
丁烷	5~10	1~3	21~46	17	2.6	36	14~34	8~12
饱和烃总量	80~84	45~55	71~81	68	21.7	64	35~85	65~72
乙烯	2~3	20~24	3~5		9.2	2		5~7
丙烯	6~8	14~18	6~16	16	40.3	17		10~14
丁烯	4~7	6~10	5~10	12	28.4	15		11~15
不饱和烃总量	12~18	40~52	14~31	30	77.9	34		26~36
五个碳以上的烃	4	3	5~12	2		2	14~30	
按原料计算的气体产率	4~10	20~25	10~17					5~8

① 直馏汽油和裂化汽油中都溶有小分子烃类,运输和储藏时,低级烃要挥发,也会夹带出一部分油品,造成损失。将其油品加热,使溶解于其中的低级烃预先蒸发出来,油品即得到稳定。这种操作叫作"稳定化",所得气体为稳定塔气体。

常用作化工原料的液体石油产品主要有三类。

(1) 直馏汽油　将原油直接蒸馏时得到的汽油叫直馏汽油。这部分汽油用作汽车和飞机燃料时，性能不好，因而常用作生产基本有机化工产品的原料，特别是沸点在 40～150℃ 之间称为石脑油的汽油馏分。一些不产石油和天然气的西欧国家主要依靠石脑油作原料来生产化工产品。

(2) 重整油　由于重整油中含有大量的芳烃，而芳烃作化工原料比用作燃料更合算，因此，重整油目前成为提供芳烃的最主要来源。抽提芳烃后的抽余油，可混入商品汽油，也可作为石油化工厂的裂解原料。

(3) 重油、渣油和原油　炼油过程中的重油和渣油，一般用作锅炉燃料，也可以用于生产化工产品。近年来，化工产品的生产为了避免过分依赖炼油工业，甚至直接采用原油为原料。

以石油和天然气为原料的化学工业称为石油化学工业（简称石油化工）。天然气（和油田气）、炼厂气、液体石油馏分，这三者被看作是石油化学工业的三大起始原料。将它们进行分离、脱氢或裂解等操作，可以得到各种烷烃、烯烃、二烯烃、乙炔、芳香烃等重要的有机原料。从石油开采经过加工到获取化工基本原料的主要途径如图 1-2 所示。

二、烃类热裂解

1. 烃类热裂解的含义及作用

乙烯、丙烯、丁烯等低级烯烃分子中有双键存在，化学性质很活泼，能与许多物质发生加成、氧化等一系列重要反应，也可通过聚合或与其他单体的共聚反应，得到用途极广的各种高分子化合物，因此，它们是有机化学工业的重要原料。由于原油中没有这些烯烃存在，工业上多采用烃类热裂解法来获得低级烯烃。

广义地说，凡是有机化合物在高温下发生的分解反应过程都称之为裂解。而在石油化学工业中的裂解是指石油烃（裂解原料）在隔绝空气的高温条件下分子发生分解反应而生成含碳原子数较少、

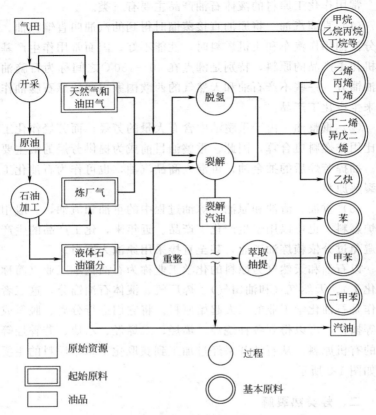

图 1-2 从石油获取化工基本原料的主要途径

相对分子质量较低的烃类,以制取乙烯、丙烯、丁烯等低级不饱和烃,同时副产丁二烯、苯、甲苯、二甲苯等基本原料的化学过程,在更高的温度下裂解还会生成乙炔。

裂解是总称,有不同的情况。如果单纯加热不使用催化剂的裂解称为热裂解;使用催化剂的裂解称为催化裂解;使用添加剂的裂解,随着添加剂的不同有水蒸气裂解,加氢裂解等。由于现在石油化学工业中最为广泛的是采用水蒸气裂解方法,所以已形成了一种习惯,一般的"裂解"或"热裂解",如不加其他说明,就是指水蒸气裂解。

当前,烃类裂解法是化学工业获取基本有机原料的主要手段,在低级不饱和烃中,又以乙烯最为重要,产量也最大。它的发展带动着其他有机产品生产的发展,因此裂解能力和乙烯产量的大小标志着一个国家基本有机化学工业发展的水平。1960年乙烯的世界产量为360万吨,1970年上升到1900万吨,1976年已达2700万吨,1980年约为4000万吨。

中国在1960年以前,乙烯的生产几乎是个空白,60年代以后逐渐建成了大型石油化工基地。20世纪末期,裂解生产乙烯的装置其生产能力在年产30万吨以上的有北京燕山石油化工公司,上海石油化工股份有限公司,中国石化大庆石油化工总厂,齐鲁石化公司,扬子石化公司、吉林化学工业公司等。其中齐鲁石化公司到2000年已达50万吨以上。1996年中国乙烯产量为300万吨,2004年达到626.58万吨。

裂解原料按其常温常压下的物态可分为气态烃和液态烃两大类。气态烃包括天然气、油田气(随石油一起开采出来的气体,又称油田伴生气)、凝析油(油田气中C_5以上烷烃能以"气体汽油"的形式分离出来,称为凝析油)和炼厂气,除富含甲烷的天然气外都可作为裂解制烯烃的原料,但含烯烃较多的炼厂气在裂解过程中容易结焦,所以一些工厂是先将烯烃分离后再将余下的烷烃送去裂解。液态烃类常用的是那些作为能源来说质量较差的各种液态石油产品,如轻油、煤油、柴油、重油、渣油和原油等。在选择原料时,除应考虑资源、开采等情况外,还应考虑原料的稳定性、价格、裂解技术水平、联产品综合利用价值等因素,总的原则是努力降低产品成本。一般使用气态原料时价格较便宜,裂解工艺简单,乙烯收率高,特别是用乙烷和丙烷时效果更佳。但气态烃数量有限,组成不稳定,运输不便,且无更多的联产品,因此建厂受炼厂的限制。使用液态原料则资源较多,便于输送储存,可根据需要确定条件,选择裂解方案和建厂规模。使用液态原料时,虽乙烯收率较气态原料的乙烯收率低一些,但可获得较多的丙烯、丁烯和芳烃等联产品，所以是各国常用的裂解原料。

2. 烃类热裂解过程的化学反应

烃类热裂解反应是极其复杂的过程，即使是纯组分裂解也会得到十分复杂的产物，例如乙烷裂解的产物就有氢、甲烷、乙烯、丙烯、丁烯、丁二烯和 C_5 以上的组分。目前已经知道烃类热裂解过程包括有：脱氢、断链、二烯合成、异构化、脱氢环化、芳构化、脱烷基、迭合、歧化、聚合、脱氢缩合、脱氢交联、焦化、完全分解等一系列复杂的反应。裂解产物中已鉴别出来的化合物已达数十种乃至上百种以上。因此要全面地描述这样一个十分复杂的反应系统十分困难，而且有许多问题到目前还没有完全研究清楚。为了对该反应系统有一个较概括的认识，可以用图 1-3 来说明烃类在裂解过程中的主要产物变化情况。

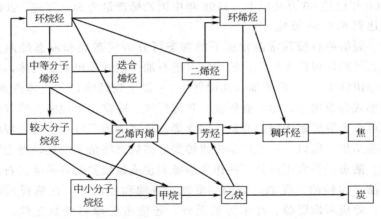

图 1-3 烃类裂解过程中的主要产物变化示意图

在图 1-3 所示的产物变化过程中，从先后顺序看，可以将它们划分为两类主要的反应。第一类是一次反应，即由原料烷烃、环烷烃、芳烃在高温下经裂解反应生成乙烯、丙烯的主反应。因为这是生成目的产物的反应，所以选择工艺条件时要尽可能保证主反应能顺利进行；第二类是二次反应，即一次反应生成的乙烯、丙烯等进一步反应生成多种产物，最后生成焦或碳。这类反应不仅浪费了原料，降低了烯烃收率，而且生成的焦和碳会堵塞设备、管道，迫使生产无法进行，所以这类反应要尽力避免。

（1）烃类裂解的一次反应　分为烷烃裂解、环烷烃裂解和芳香烃裂解的一次反应。

① 烷烃裂解的一次反应　其反应主要有两个。

a. 脱氢反应，即 C—H 键断裂的反应，生成碳原子数与原料烷烃相同的烯烃和氢。通式为 $C_nH_{2n+2} \rightleftharpoons C_nH_{2n} + H_2$　例如：

$$C_2H_6 \rightleftharpoons C_2H_4 + H_2$$

脱氢反应只有低分子烷烃（如乙烷、丙烷、丁烷）在高温下才能发生。

b. 断链反应，即 C—C 链断裂的反应，生成较原料烃碳原子数少的烷烃和烯烃。通式为 $C_{m+n}H_{2(m+n)+2} \longrightarrow C_nH_{2n} + C_mH_{2m+2}$　例如：

$$C_3H_8 \longrightarrow C_2H_4 + CH_4$$

② 环烷烃裂解的一次反应　其反应可以发生断链和脱氢反应，生成乙烯、丁烯、丁二烯、芳烃等。以环己烷裂解为例：

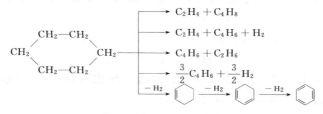

带支链的环烷烃裂解时，首先进行脱烷基反应。烷基支链的热稳定性大致与碳原子数相同的饱和烃相似，而大大低于环烷基的热稳定性。脱烷基反应一般在长支链的中部开始断链，一直进行到侧链为甲基或乙基，然后再一次断链裂解。侧链断裂后的产物可以是烷烃，也可以是烯烃。

③ 芳香烃裂解的一次反应　芳香烃的热稳定性很高，在一般的裂解过程中，芳香环基本上不能断裂，但烷基芳香烃可以断侧链及脱甲基，生成苯、甲苯、二甲苯等。苯的一次反应是脱氢缩合为联苯，多环芳烃则脱氢缩合为稠环芳烃。

(2) 烃类裂解的二次反应 原料烃经一次反应，生成了氢、甲烷和一些低分子烯烃，如乙烯、丙烯、丁烯、异丁烯、戊烯等。在这些化合物中，氢最稳定，甲烷次之，其余化合物（主要是烯烃）都容易在裂解条件下继续反应，转化成新的产物。烃类热裂解过程中的二次反应远比一次反应复杂，因此，裂解的最终产物组成不仅与一次反应有关，二次反应也有很大影响。烃类裂解过程中主要的二次反应有烯烃裂解、生碳、生焦。

① 烯烃的裂解 烯烃在裂解的高温条件下，可能发生下述反应。

a. 断链反应，即烯烃进一步发生断链反应而生成两个较小分子的烯烃。其通式为 $C_{n+m}H_{2(n+m)} \longrightarrow C_nH_{2n} + C_mH_{2m}$ 例如：

$$C_5H_{10} \longrightarrow C_2H_4 + C_3H_6$$

分解的结果可以增加乙烯、丙烯的收率，分解产物也有可能是二烯烃。如戊烯还可能分解成丁二烯和甲烷。

$$C_5H_{10} \longrightarrow CH_2=CH-CH=CH_2 + CH_4$$

b. 加氢和脱氢，即烯烃可以加氢成饱和的烷烃，例如：

$$C_2H_4 + H_2 \rightleftharpoons C_2H_6$$

烯烃也可进一步脱氢生成二烯烃和炔烃，例如：

$$C_2H_4 \rightleftharpoons C_2H_2 + H_2$$

c. 烯烃还能经迭合或聚合、缩合、环化等反应，生成较大分子的烯烃、二烯烃和芳香烃。如：

$$2C_2H_4 \longrightarrow C_4H_6 + H_2$$

$$C_2H_4 + C_4H_6 \longrightarrow \bigcirc + 2H_2$$

② 烃的生碳反应 在较高温度下，低分子烷烃、烯烃（除甲烷外）分解为碳和氢的倾向都很强，但由于动力学上阻力很大，不能一步分解为碳和氢，而是经过在能量上较为有利的生成乙炔的中间阶段。

$$CH_2=CH_2 \xrightarrow{-H} CH_2=\dot{C}H \xrightarrow{-H} CH\equiv CH$$

$$CH\equiv CH \xrightarrow{-H} CH\equiv \dot{C} \xrightarrow{-H} \dot{C}\equiv \dot{C} \longrightarrow C_n$$

C_n 为六角形排列的平面分子。

③ 烃的生焦反应 烯烃能发生聚合、缩合、环化等反应，生成较大分子的烯烃、二烯烃和芳香烃。芳烃在高温下又会发生脱氢缩合反应而形成多环芳烃。如：

$$2C_2H_4 \longrightarrow C_4H_6 + H_2$$

$$C_2H_4 + C_4H_6 \longrightarrow \phi + 2H_2$$

$$m\,\phi \xrightarrow{-H_2} \frac{m}{2}\phi\phi \xrightarrow{-H_2} [\phi]_m \cdots \xrightarrow{-H_2} (稠环芳烃) \xrightarrow{-H_2} 焦$$

茚、茋烯、菲等多环芳烃比苯更易缩合成稠环芳烃并结焦。所以，烃的生焦反应一般都要经过生成芳烃的中间阶段。

3. 烃类热裂解反应的分析

由于裂解过程中反应的复杂性，一次反应除极少量苯的脱氢缩合反应（希望少发生）之外，均生成低分子烯烃，尤其是生成目的产品乙烯、丙烯的反应，对生产是有利的，保证了一次反应的充分进行，提高了乙烯的产率。而二次反应中，除了较高级的烯烃裂解能增加乙烯产量外，其余反应几乎都要消耗乙烯，生成比原料烃相对分子质量更大的副产物，使裂解产物中的单环芳烃、稠环芳烃等数量增加，甚至有焦炭生成。其结果不仅使乙烯收率下降，而且生成的固态焦和碳还会堵塞设备和管道，影响裂解操作的正常进行，所以二次反应是不希望发生的。

影响裂解结果即乙烯收率的因素比较多，如：原料的组成，裂解工艺条件，裂解反应器的形式和裂解方法等。其中原料的组成是最重要的。不同的原料烃，应选用不同的裂解方法和不同的工艺条件，产物中乙烯的收率也不相等。一般可用原料烃的含氢量来判断可得产物乙烯收率的大小。原料含氢量是指原料中氢所占的质量分数。烃类裂解过程也是氢在裂解产物中重新分配的过程。原料含氢量对裂解产物分布的影响规律是：含氢量高的原料，产物中乙烯收率也高；含氢量愈低的原料，生成焦的可能性愈大。一般同一类原料烃（如烷烃）碳原子数愈多，原料烃的含氢量愈低；相同碳原子数时，烷烃含氢量最高，环烷烃含氢量次之，芳烃含氢量最低。

三、天然气的化工利用

天然气是埋藏在地下主要含有甲烷的可燃性气体，除甲烷外还含有其他各种烷烃，如乙烷、丙烷、丁烷等，此外还含有硫化氢、氮气、氨气、二氧化碳等气体。

根据天然气中甲烷和其他烷烃含量的不同，通常将天然气分为干气和湿气两种。干气也称贫气，主要成分是甲烷，其他烷烃很少，多由开采气田得到，个别气田的甲烷含量高达 99.8%。湿气也称富气，除含甲烷外还含有相当数量的其他低级烷烃。湿气往往和石油产地连在一起，油田气就是开采石油时析出含烷烃的气体，故又称油田伴生气或多油天然气。各种天然气的成分随产地不同而异，甚至随开采的时间和气候条件不同也有变化。如表 1-4 中所示，阿尔及利亚和中国四川地区所产天然气丙烷以上烷烃极少，可以认为是干气，其余为湿气。

表 1-4　不同产地的天然气组成（体积分数）/%

成　分	国外天然气产地		国内天然气产地		
	阿尔及利亚	利比亚	四川地区	大庆地区	胜利油田
甲烷	83.0	66.8	97.84	84.56	92.07
乙烷	7.2	19.4			
丙烷	2.3	9.1	1.32	14.53	6.38
丁烷	1.0	3.5			
C_5 以上烷烃	0.2	—			
N_2	5.8	—	0.53	1.78	0.84
$CO+CO_2$	0.2	—	0.35	0.3	0.68

天然气因含有硫化氢等杂质而有臭味。与空气或氧气可组成爆炸性混合物，在空气中的爆炸极限（体积）约为 5%～16%。

天然气的化学性质较为稳定，高温下才能分解。湿气中丙烷、丁烷能以"液化气体"的形式分离出来（即液化石油气），C_5 以上烷烃能以"气体汽油"的形式分离出来（凝析油）。

天然气的利用主要有两个方面，即用作燃料和化工原料。天然气的化工利用主要有三个途径：（1）经转化制合成气（$CO+H_2$）或含氢很高的气体，然后进一步合成甲醇、高级醇、合成氨等；（2）经部分氧化法（裂解）制造乙炔，发展乙炔化学工业；（3）直接用于生产各种化工产品，如氢氰酸、各种氯化甲烷、硝基甲烷、甲醇、甲醛等。天然气的化学加工方向如表 1-5 所示。

表 1-5　天然气的化学加工方向

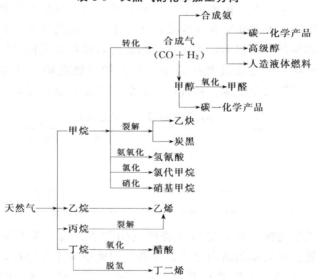

中国有丰富的天然气资源，已探明的天然气储量很大，尤其是四川省最多，东北、天津、上海、贵州等地也找到了天然气资源。中国天然气具有储气构造多、气层厚、气量大、钻探成功率高、气井压力大、气体质量好、含硫量低、绝大多数是干气等特点，同时天然气的开采、运输、使用都方便，价格便宜，易于实现生产自动化，故便于化工综合利用。

第三节 煤的化工利用

一、煤化工的加工途径

煤是自然界蕴藏量最丰富的资源,在世界能源总储量中,煤占79%左右,石油和天然气只占12%。从能源消耗构成来看,石油和天然气的总消耗量约为煤消耗量的两倍,也就是说,目前全世界能源需求量的三分之二是靠石油和天然气来满足的。如果能源消耗年平均增长率按3%估计,石油和天然气仅够使用几十年,而煤可供开采几百年之久。因而,从长远观点看,发展煤炭综合利用,合理使用煤炭资源和研究新的煤炭转化技术有广阔的发展前景。

煤的品种虽然很多,然而它们都是由有机物和无机物两部分组成。无机物主要是水分及矿物质,有机物主要由碳、氢与少量的氮、硫、磷等元素组成。各种煤所含的主要元素组成见表1-6。

表1-6 煤的元素组成(质量分数)/%

煤的种类		泥煤	褐煤	烟煤	无烟煤
元素分析	C	60~70	70~80	80~90	90~98
	H	5~6	5~6	4~5	1~3
	O	25~35	15~25	5~15	1~3

煤的结构很复杂,是以芳香烃结构为主、具有烷基侧链和含氧、含氮、含硫基团的高分子混合物。因此以煤作为原料,可加工得到许多石油化工较难得到的产品,如:萘、蒽、菲、酚类、喹啉、吡啶、咔唑等。长期以来煤主要作为燃料,其结果是大量的煤由于燃烧不完全,变成黑烟跑掉或残留于灰渣中,很多宝贵的化学产品被烧掉了,造成很大浪费,而且还会对环境造成污染。因此,开展煤的综合利用,为化学和冶金工业提供有价值的原料,具有重要的经济意义。

以煤为原料,经过化学加工生产化工产品的工业,称为煤化学工业（简称煤化工）。煤的化工综合利用途径很多，主要是以煤为原料经过气化、液化、焦化，生产合成气、城市煤气、工业用燃料气、液化烃、焦炉气、煤焦油等产品；再用这些产品为原料，进行化学加工和深度加工，生产合成氨、甲醇、芳烃、电石、液体燃料、多种化学肥料以及农药、医药、涂料、炸药和有机化工基本原料，进而生产合成树脂、合成纤维、合成橡胶等产品。从煤获取化学工业基本原料的途径如表 1-7 所示。

表 1-7 从煤获取化学工业基本原料的途径

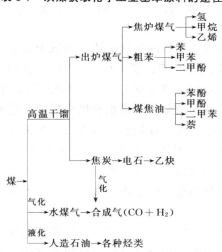

中国的化学工业是以煤化工为基础发展起来的，目前化学工业中煤化工的比重仍很大，尤其是少数的萘及杂环化合物等焦化产品则全部来自煤的炼焦。

二、煤的干馏

将煤隔绝空气加热，随着温度的上升，煤中的有机物逐渐分解，其中挥发性产物呈气态逸出，残留的不挥发性产物就是焦炭。这种加工方法称为煤的干馏（简称炼焦）。煤的炼焦过程，由于加热的温度不同、发生的变化各异，所得的产品也有所不同。一般加热到 1000～1200℃为高温炼焦（或称焦化）；700～800℃为中温焦化；500～600℃为半焦化（或称低温干馏）。高温炼焦与化学工业的关系最为密切。由于高温炼焦是在密闭的炼焦炉内进行，隔绝了空气，煤不会燃烧。焦化分解生成气体产物——出炉煤气和固体产物焦炭。出炉煤气经冷却、吸收、分离等方法处理后，可以得到煤焦油、粗苯、氨和焦炉煤气等。其中对生产有机原料最有价值的是煤焦油、粗苯和焦炉煤气等。焦炭用于冶金工业炼铁或用来生产电石。各产物的收率（以原料煤计）分别为：焦炭 70%～80%，煤焦油 3%～4.5%，氨 0.25%～0.35%，粗苯 0.8%～1.4%，焦炉煤气 15%～19%。

煤焦油是黑褐色黏稠的油状液体，组成十分复杂，主要含有芳香烃（苯、甲苯、二甲苯、萘、蒽、菲等），含氧有机物（酚类）和含氮有机物（吡啶、吡啶碱、喹啉、咔唑等），用精馏方法可分成若干馏分，再从各馏分中分离出有机原料苯、甲苯、二甲苯、萘等芳香烃。目前已验证出煤焦油中约有 500 多种有机物，而且有多种物质是石油加工过程不能得到的很有价值的成分，但因分离困难，目前能分离出的种类仅有几十种到一百多种不等，因而煤焦油至今尚未得到充分利用。一般煤焦油精馏所得各馏分主要组成见表 1-8。

粗苯主要由苯、甲苯、二甲苯、三甲苯所组成，也含有少量不饱和化合物、硫化物、酚类和吡啶。将粗苯进行分离精制，可以得到重要的芳香烃原料。粗苯中各组分的平均含量见表 1-9。

焦炉煤气是热值很高的气体燃料，同时也是宝贵的化工原料。焦炉煤气的组成见表 1-10 所示。用吸附分离法分离焦炉煤气可得纯度高达 99.9999% 的氢气，从焦炉煤气中也可分离出甲烷馏分（含甲烷 75%～85%）和乙烯馏分（含乙烯 40%～50%）。

三、煤的气化

以固体燃料煤或焦炭为原料，在一定高温的条件下通入气化剂，使炭经过一系列反应生成含有一氧化碳、二氧化碳、氢气、氮

表 1-8 煤焦油精馏所得各馏分主要组成

馏分	沸点范围/℃	含量/%(质量)	主要组分/%(质量)	可获产品
轻油	<170	0.4～0.8	苯族烃	苯、甲苯、二甲苯
酚油	180～210	1.0～2.5	酚和甲酚 20～30 萘 5～20 吡啶碱类 4～6	苯酚、甲酚 吡啶
萘油	210～230	10～13	萘 70～80 酚、甲酚、二甲酚 4～6 重吡啶碱类 3～4	萘 二甲酚 喹啉
洗油	230～300	4.5～6.5	甲酚、二甲酚及高沸点酚 3～5 重吡啶碱类 4～5 萘 <15 甲基萘、苊、芴等	萘 喹啉
蒽油	300～360	20～28	蒽 16～20 萘 2～4 高沸点酚 1～3 重吡啶碱类 2～4	粗蒽
沥青	>360	54～56		

表 1-9 粗苯的组成

组分(芳烃)	质量分数/%	组分(不饱和烃)	质量分数/%	组分(硫化物)	质量分数/%	组分(其他)	质量分数/%
苯	55～80	戊烯	0.3～0.5	二硫化碳	0.3～1.5	吡啶	0.1～0.5
甲苯	12～22	环戊二烯	0.5～1.0	噻吩		甲基吡啶	
二甲苯	3～5	C_6～C_8 烯烃	～0.6	甲基噻吩	0.3～1.2	酚	0.1～0.6
乙苯	0.5～1.0	苯乙烯	0.5～1.0	二甲基噻吩		苯	0.5～2.0
三甲苯	0.4～0.9	茚	1.5～2.5	硫化氢	0.1～0.2		

表 1-10 焦炉煤气的组成

组分	体积分数/%	组分	体积分数/%
氢	54～59	一氧化碳	5.5～7
甲烷	24～28	二氧化碳	1～3
C_nH_m(乙烯等)	2～3	氮	3～5

气及甲烷等可燃性混合气体——煤气的过程称为煤的气化。常用的气化剂主要是水蒸气、空气或它们的混合气。煤的气化是获得基本化工原料——合成气（$CO+H_2$）的重要途径。煤气的另一用途是作气体燃料使用，与固体燃料相比是一种有广泛用途的理想燃料，不仅运输、使用方便，容易储存、管理，而且出厂时已经过脱硫处理减轻了环境污染，热效率也比烧煤时高，因而广泛运用于钢铁工业、化学工业以及商业和民用。

1. 煤气化原理

煤在煤气发生炉中高温条件下受热分解，放出低分子的碳氢化合物，煤本身逐渐焦化，可以近似地看成是炭。炭再与气化剂发生一系列的化学反应，生成气体产物。

以水蒸气作气化剂通入炽热的煤层时，发生下列反应而转化为合成气。

$$C+H_2O \rightleftharpoons CO+H_2 \qquad \Delta H^\ominus = 118.073 \text{kJ/mol}$$

$$C+2H_2O \rightleftharpoons CO_2+2H_2 \qquad \Delta H^\ominus = 74.947 \text{kJ/mol}$$

$$CO_2+C \longrightarrow 2CO \qquad \Delta H^\ominus = 160.781 \text{kJ/mol}$$

上述反应均为吸热反应，若连续通入水蒸气，将使煤层温度迅速下降。为了维持煤层的高温反应条件，必须交替地通入水蒸气和空气。当向炉内通入空气时，主要进行煤的燃烧反应，加热煤层，此时主要反应为：

$$C+O_2 \longrightarrow CO_2 \qquad \Delta H^\ominus = -409.489 \text{kJ/mol}$$

$$2C+O_2 \longrightarrow 2CO \qquad \Delta H^\ominus = -124.354 \text{kJ/mol}$$

$$2CO+O_2 \longrightarrow 2CO_2 \qquad \Delta H^\ominus = -285.134 \text{kJ/mol}$$

另外，生成的产物还可能继续发生反应，如：

$$CO_2+C \longrightarrow 2CO \qquad \Delta H^\ominus = 160.781 \text{kJ/mol}$$

$$C+2H_2 \longrightarrow CH_4 \qquad \Delta H^\ominus = -77.878 \text{kJ/mol}$$

$$CO+H_2O \rightleftharpoons CO_2+H_2 \qquad \Delta H^\ominus = -43.126 \text{kJ/mol}$$

反应温度愈高，煤的分解反应愈完全。

2. 煤气组成及净制

工业煤气的成分取决于燃料、气化剂的种类和气化条件,常用的煤气有如表1-11所示的四种类型。

表1-11　各种工业煤气的组成(体积分数)/%

成　分	空气煤气	水煤气	混合煤气	半水煤气
H_2	0.5～0.9	47～52	12～15	37～39
CO	32～33	35～40	25～30	28～30
CO_2	0.5～1.5	5～7	5～9	6～12
N_2	64～66	2～6	52～56	20～33
CH_4	—	0.3～0.6	1.5～3	0.3～0.5
O_2	—	0.1～0.2	0.1～0.3	0.2
H_2S	—	0.2	—	0.2
气化剂	空气	水蒸气	空气+水蒸气	空气、水蒸气
用途	燃料气 合成氨 (N_2)	合成甲醇 合成氨 (H_2)	燃料气	合成甲醇 ($CO+H_2$) 合成氨 (N_2+H_2)

注:表中数据是以无烟煤为原料时煤气的一般组成。

工业煤气在使用前还须经过净制处理:①煤气中机械杂质的清除;②烃类冷凝物(焦油)的脱除;③硫化物和二氧化碳的脱除;④一氧化碳的变换。

一氧化碳变换的意义有两个。

① 对合成甲醇的反应,要求原料气中$CO:H_2=1:4\sim5$,而一般半水煤气中$CO:H_2$约为$1:1.3$左右,因此,常利用一氧化碳的变换反应来调节CO和H_2的摩尔比。

$$CO+H_2O \xrightleftharpoons[]{Fe_3O_4,350\sim400℃} CO_2+H_2$$

生成的CO_2可用水或碱性吸收剂吸收除去。

② 对合成氨的反应,一氧化碳不仅不是过程需要的直接原料,而且对氨合成的催化剂有毒害,因此必须彻底除去。利用一氧化碳的变换反应,既能把一氧化碳变成易于除去的二氧化碳,同时又可制得等体积的氢气。所以对合成氨生产来说,变换工序既是原料气的净制过程,又是原料气制造的过程。

四、电石及乙炔的生产

由煤生产电石进而水解制乙炔是具有悠久历史的化工基本原料生产路线。焦炭或无烟煤与生石灰在电炉中熔融反应可得电石。电石的主要成分是碳化钙（CaC_2），此外还含有许多杂质，电石的大致组成如表1-12所示。

表1-12 电石的大致组成

组　成(质量分数)/%		组　成(质量分数)/%		组　成(质量分数)/%	
碳化钙	77.84	氧化铁和氧化铝	2.00	磷	0.02
氧化钙	16.92	二氧化硅	2.65	碳	0.43
氧化镁	0.06	硫	0.08	砷	少量

生成电石的反应要吸收大量热量，需要很高的温度，所以采用电炉的高温来加热原料，反应式如下：

$$CaO + 3C \xrightleftharpoons{1700 \sim 2200℃} CaC_2 + CO \quad \Delta H^{\ominus} = 468.832 kJ/mol$$

电石生产的大致工艺过程是先将石灰与干燥的焦炭分别粉碎至3～40mm大小的颗粒，然后将二者按一定的比例混合并送入电弧炉中反应，生成的熔融状碳化钙冷却后凝固成块，经粉碎、筛分后便得到成品电石。

用水分解碳化钙可以生成乙炔，同时生成氢氧化钙并放出大量热量。

$$CaC_2 + 2H_2O \longrightarrow C_2H_2 + Ca(OH)_2 \quad \Delta H^{\ominus} = -138.138 kJ/mol$$

根据用水量的不同，分为湿法和干法两种乙炔生产方法。湿法用水量大，约为电石的10～20倍（质量），反应放出的热量被水带走，因而废渣石灰生成大量的石灰乳。干法用少量水，水与电石之比1:1（质量），除分解电石之外的水被汽化，带走反应热，所以反应后氢氧化钙是干燥的粉末（熟石灰）。

由于工业电石中含有硫化物、磷化物等杂质，所以由电石水解得到的乙炔气中往往含有硫化氢、磷化氢等酸性杂质，它们是很多催化剂的毒物，必须精制除去。然后再经过碱液洗涤中和除掉酸性物质即可得到精乙炔。水分可根据合成反应的需要予以处理。

由电石生产乙炔耗电量大，生产 1kg 乙炔气耗电 10kW·h 左右。1kg 化学纯的碳化钙用水分解，乙炔的理论产量为 0.38088m^3 (20℃，101.3kPa)，而工业电石因含有杂质，达不到理论值，一般要求发气量在 0.3m^3 以上。

第四节　其他化工原料

一、生物质的化工利用

生物质即生物有机物质，泛指农产品（所含的主要成分为单糖、多糖、淀粉、油脂、蛋白质、萜烯烃类、木质纤维素）、林产品（由纤维素、半纤维素和木质素三种主要成分组成的木材），以及自各种农林产品加工过程的废弃物。

利用生物资源获取有机化工原料和产品，已有悠久的历史。长期以来以棉花、羊毛和蚕丝获得纤维，用纤维素加工成纸，用油脂制造洗涤剂，天然胶乳制成橡胶都是熟悉的例子。早在 17 世纪，人们就已发现用木材干馏可制取甲醇（联产醋酸和丙酮）的方法等。

中国土地辽阔，有着极丰富的农、林产品资源，在加工过程中有很多"废料"同时排出来，如花生壳、稻壳、稻秆、玉米芯、麦秆、甘蔗渣、木屑、麸皮、米糠等。这些副产物或被作为燃料烧掉，或被扔掉，但它们都是有机物，如果能把它们利用起来，加工成基本有机化工原料，就能提高其经济价值。然而，农、林副产物的资源不仅比较分散，人力和运输都是问题，而且受季节性限制。因而不能适应大型企业发展的需要，只能因地制宜地建立中、小型企业，以便充分利用这些天然资源。

可以用来加工有机化工基本原料的生物质有三类：含糖或淀粉的物质——薯类、野生植物的种子等；含纤维的物质——木屑、芦苇、玉米芯、棉籽壳、甘蔗渣等；非食用油脂——蓖麻油、桐油等。前两类物质主要的加工方法是发酵、水解和干馏，加工的主要途径如图 1-4 所示。

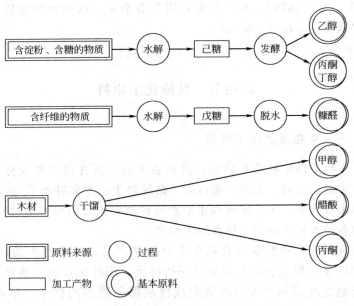

图 1-4 由生物质制取化工基本原料的主要途径

1. 从含糖或淀粉的物质生产化工基本原料

含糖或淀粉的物质种类很多，粮食不宜大量用来加工成化工原料，但可广泛使用各种薯类或野生植物的根和果实等来加工，这类物质经水解和发酵方法可以制取酒精、丁醇和丙酮。

水解是指将植物中所含的多糖 $(C_6H_{10}O_5)_n$（淀粉和纤维素都是多糖）用水使其转化为简单的单糖 $(C_6H_{12}O_6)$，该过程也称为"糖化"。

$$(C_6H_{10}O_5)_n + nH_2O \longrightarrow nC_6H_{12}O_6$$
（淀粉）　　　（水）　　　（单糖）

$$C_{12}H_{22}O_{11} + H_2O \longrightarrow 2C_6H_{12}O_6$$
（糖蜜）　　（水）　　　（单糖）

将单糖发酵，即得到酒精。

$$C_6H_{12}O_6 \xrightarrow{\text{酵母菌}} 2C_2H_5OH + 2CO_2$$

若使用菌种为丙酮-丁醇菌，则从淀粉水解、发酵即得到丙酮、丁醇和乙醇，总反应式为：

$$\frac{11}{n}(C_6H_{10}O_5)_n + 9H_2O \longrightarrow$$

$$4(CH_3)_2CO + 6C_4H_9OH + 2C_2H_5OH + 16H_2 + 26CO_2$$

2. 从含纤维素的物质生产化工基本原料

自然界中含纤维素的物质很多，常用来加工化工原料的是木材加工过程中所得的下脚料（木屑、碎木、枝桠等）以及一些农产品的废料和野生植物，如芦苇、玉米秆、稻秆、棉籽壳、甘蔗渣等。用它们可以加工生产得到甲醇、乙醇、醋酸、丙酮、糠醛等原料。

植物纤维中的纤维素和半纤维素，都是高分子多糖（纤维素是多缩己糖，半纤维素是多缩戊糖和多缩己糖），经水解后分别可得到葡萄糖和戊糖。

$$(C_6H_{10}O_5)_n + nH_2O \xrightarrow{\text{水解}} nC_6H_{12}O_6$$
（多缩己糖）　　（水）　　　　　　（葡萄糖）

$$(C_5H_8O_4)_n + nH_2O \xrightarrow{\text{水解}} nC_5H_{10}O_5$$
（多缩戊糖）　　（水）　　　　　　（戊糖）

己糖（葡萄糖）用酵母菌发酵可得到酒精；戊糖在酸性介质中加热脱去三分子水可得到糠醛：

$$C_5H_{10}O_5 \xrightarrow[\triangle]{\text{脱水}} \underset{O}{HC{=}CH \atop HC\quad\;\;C{-}CHO} + 3H_2O$$

所以含纤维素的原料经水解可制得乙醇等基本原料和糠醛。

木材的化学加工除水解法外，还可用干馏的方法，即在隔绝空气的密闭设备中，用加热的办法使木材中的组分进行热分解的过程。干馏的结果可得到固体产物木炭（作燃料或制活性炭），液体产物木焦油（可提取酚、醚、浮选剂、木材防腐油、沥青等）和各种化学产品，主要是甲醇、醋酸和丙酮，还可得到气体产物（含 CO_2、CO、CH_4）可作燃料。

3. 糠醛的生产

糠醛的学名呋喃甲醛，无色透明的油状液体，由于分子中存在羰基、双烯等官能团，化学性质活泼，可参与多种类型的化学反应。常用来生产糠醛树脂、顺丁烯二酸酐、丁二烯、合成纤维、医药等，是一种很重要的化工原料。而工业上得到糠醛的惟一方法就是生物质的水解，所以糠醛在各种生物质的化工利用中占有重要的地位。几种主要生物质制取糠醛的理论产率如表 1-13 所示。

表 1-13 几种主要生物质制取糠醛的理论产率

原料	糠醛理论产率/%	原料	糠醛理论产率/%
麸皮	20~22	甘蔗皮	15~18
玉米芯	20~22	稻壳	10~14
棉籽皮	18~21	花生壳	10~12
向日葵籽壳	16~20		

多缩戊糖再转化为糠醛的过程很慢，需在催化剂（无机酸或有机酸）存在下进行，工业上多采用稀硫酸加压水解法，水解条件是：硫酸浓度 5%~7%，固液比为 1∶0.45，温度 433~473K，压力 405.2~607.8kPa。糠醛的生产工艺过程如图 1-5 所示。

在硫酸法生产糠醛的工艺中，将原料粉碎到要求的粒度，用稀硫酸进行拌料并送入水解锅，加入直接蒸汽，在一定温度和压力条件下蒸煮水解。从水解锅收集到的醛蒸气经冷凝、冷却得到糠醛原油，再经过蒸馏分离，馏出液分层后的下层即为 90% 以上的粗糠醛。粗糠醛用碳酸钠中和除酸，并精制处理后就可得产品精糠醛。

二、矿物质的化工利用

可供生产化工基本原料和产品的化学矿产种类很多，除用作生产化肥、酸、碱、无机盐的重要原料外，还用于国民经济其他部门。如磷矿石主要用于生产磷肥，还用来制造黄磷、赤磷和磷酸，

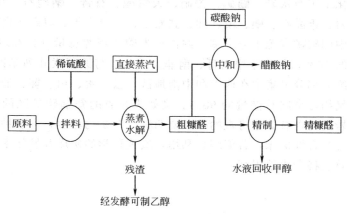

图 1-5　糠醛的生产工艺过程

它们又分别是生产农药、火柴和重钙、磷酸铵复合肥料以及各种磷酸盐的原料。磷酸盐又用于制糖、医药、合成洗涤剂、饲料添加剂等行业。

已知的矿物质有三千多种，工业上常用的约有三百多种，作为生产无机盐原料的矿物质就约有一百种左右，但常用的也只有二十二种。图 1-6 所示为最常用的几种化学矿物质的化工利用途径。

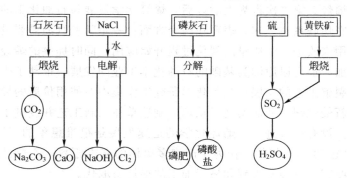

图 1-6　常用化学矿物质的化工利用途径

中国化学矿产资源丰富，已探明储量的化学矿产有 20 多个矿种，如：硫铁矿、自然硫、磷矿、钾盐、钾长石、明矾石、蛇纹石、化工用石灰岩、硼矿、芒硝、天然碱、石膏、钠硝石、镁盐、沸石岩、重晶石、碘、溴、砷、硅藻土、天青石等。以磷矿资源为例，中国磷矿资源十分丰富，约占世界磷矿资源总量（1175.18亿吨）的10%，仅次于摩洛哥、南非、美国，与原苏联并列第四位，其中绝大部分又集中在西南和中南地区，云、贵、川、鄂、湘五省蕴藏量约占全国总储量的90%。又如贵州省的瓮福磷矿区的沉积磷块岩同时含有储量可观的碘，属两种以上矿物伴生，含多种有用组分的综合性矿床，若能综合利用，实施科学的矿床开发技术，其经济效益将会成倍提高。

第五节 原料综合利用

中国化学工业基础原料资源丰富，合成某一种化学产品往往可以从不同的几种天然资源出发经过不同的加工途径得到。从发展的眼光来看化工原料的变化情况，乙炔曾是有机化学工业最主要的原料之一，但其重要性已在下降。目前，化工原料的特点在于成功地由煤化工转变为石油化工，这种原料结构的变化也包括了从乙炔转向为烯烃。第二次世界大战以后，烯烃化学发展与石油化工的蓬勃兴起密切联系在一起，表现在两个方面：一是随着汽油需要量的增加，用来改进汽油质量的裂化过程开始应用，同时提供的烯烃量也在增加，加之以原油为基础的石油化学工业的发展，带动了生产烯烃的裂解工艺的发展；二是化学研究工作集中在使用价廉的烯烃和开发新催化剂，从而实现了从烯烃制造单体的新工艺并改进了聚合方法。没有这些进步，烯烃化学的迅速发展是很难想象的。因此，20世纪70～80年代，作为生产许多单体的基本原料，乙炔已经被价格便宜、更容易得到和易于加工的烯烃所取代。

实际上采用哪一种原料路线和生产技术，必须遵循经济而又可行的原则，每一种天然资源作为化工基础原料都有各自的优点和不足之处。

以石油和天然气作为化工原料资源有如下优点。

(1) 原料基础雄厚,资源丰富　化工生产所耗用的石油和天然气仅为其全部耗量的百分之几。

(2) 原料利用率高　石油中所含灰分比煤少得多,一般炼油厂中的废物仅为原油的1.5%～2%,而原煤中有50%以上是杂质。用1t电石生产乙炔,废液就有10t之多;而采用石油和天然气为原料时,只需要经过较少的加工步骤,处理较少的废渣量就可以得到目的产品。

(3) 开采运输便利,生产易于实现自动化　石油和天然气都是流体,比输送固体煤方便得多,这对减少基建投资,降低动力消耗,简化工艺过程,提高劳动生产率都是有利的。

(4) 产品范围广　从石油和天然气可以生产绝大多数品种的化工原料,以煤为原料生产的化工产品,现在多数都可以由石油为原料来制取。

(5) 综合利用率高　石油经过高温裂解可以同时获得乙烯、丙烯、丁烯、丁二烯、甲烷、氢、苯、甲苯、汽油等产品,有利于全面综合利用。用天然气生产合成气、乙炔的同时,还可以利用副产气体生产合成氨等。

由于以上原因,石油和天然气作为化工基础原料显然非常重要。

目前,世界各国仍然有不少化工产品以煤作为原料资源,特别是电力资源丰富的国家更是如此。以煤为原料生产化工产品的现实意义是:

(1) 资源丰富　据考证,世界上煤的储量及可供开采量均比石油多得多,煤化工有悠久的发展历史,具有一定的工业基础和技术水平;

(2) 可以发展综合利用　从煤焦油中回收芳香烃较为方便,成本比其他方法低廉,萘、蒽、菲等一些重要的芳香烃化合物至今仍然主要来自煤焦油;

(3) 利用现有的生产装置回收投资　对一些规模很大的企业,就某一种产品来说,其生产量已能满足要求,如果改为另一种原料

路线,将要投入巨额资金才能建立新厂;

(4) 适用于以乙炔为原料生产的产品 对于一些生产数量不大,容易用乙炔制造的产品,在整个产品分子中 C_2 所占比例不大,因此,乙炔在原料费用中的耗资就不太显著,如高级醇乙烯醚类以及 N-乙烯基化合物等;这些产品以乙炔为原料时,有投资合理、电力资源丰富,经济收益和生产技术成熟的方法可采用。

总之,由于石油储量不如煤充足,再加上价格愈来愈高,使人们试图从石油原料中部分解脱出来,重新转向乙炔以求得好的经济效益。因此,煤作为化工基础原料仍有非常重要的意义。

以生物质作为化学工业生产的原料,由于所含可供化工利用的有效成分较少,耗用量大,运输不便,而且生产能力有限,成本较高,再加上它们的分散性、季节性以及所花费的劳动力大等因素,难以满足大工业生产的需要。但对接近原料资源的中、小型化工厂却具有一定的意义,如以粮食作物发酵生产乙醇,从油料作物中提取天然油脂等。

以矿物质作为化学工业的基础原料一般受矿产资源的限制,必须根据矿产资源的储藏情况来发展相应的化学工业。

化学工业的原料资源是多种多样的,如何选定原料路线是一项复杂而重要的工作,对国民经济的发展也有深远的影响。一般说来,选择原料时,必须考虑以下几个原则:

① 原料资源充足可靠,成本较低,易于开采或收集;

② 原料含杂质少,能用比较简易的方法加工成质量较好的产品;

③ 原料资源运输方便;

④ 尽可能避免直接使用粮食作物或日用轻工业原料,利用矿物质和农、林业副产物或废弃物较为合适;

⑤ 便于和其他工业配合,尽可能地进行综合利用,充分发挥物质资源的作用;

⑥ 选择原料还应考虑其他特殊条件和地区因素等。

以上六个因素是错综复杂的,如果不能同时满足,一定要按具

第一章 化工原料

体情况满足最关键的条件。各个国家由于具体情况不同，在发展化学工业时采用的原料路线并不完全相同。即使在同一个国家，由于地区不同，情况不一，发展水平的差异，也可能会选择不同的原料路线。所以，一个国家有时往往会同时发展好几种原料路线，但其侧重有所不同，有时也会随时间及其他因素而变化。

复习思考题

1-1 化工原料和化工产品之间有何区别和联系？

1-2 化工基础原料和能源之间有何关系？它们对化学工业有何特殊意义？

1-3 化工基本原料指的是哪些物质？

1-4 从石油的组成说明石油与化学工业的关系。

1-5 石油炼制的目的是什么？常采用哪些方法？石油炼制与化学工业有何关系？

1-6 石油化工的起始原料有哪些？可以通过哪些化学加工途径得到化工基本原料？

1-7 乙烯在化学工业生产上有何特殊意义？

1-8 什么叫烃类热裂解反应？根据裂解过程的化学变化说明裂解反应的复杂性，并分析其中哪些反应是有益的？哪些反应是有害而应避免的？为什么？

1-9 天然气的主要成分是什么？在化工生产中有哪些主要用途？

1-10 从煤的结构分析，以煤为原料获取化工基本原料有哪些加工方法？

1-11 什么是煤的干馏？煤的高温炼焦可以得到哪些产品？从中可以分离得到哪些化工基本原料？

1-12 煤气化制取合成气是根据什么原理进行的？合成气有哪些用途？

1-13 什么是生物质？化学工业主要利用哪些种类的生物质，并利用何种加工途径而得到哪些化工基本原料？

1-14 利用生物质生产糠醛有何特殊意义？工艺过程主要采用了哪些加工方法？

1-15 举例说明利用天然矿物质可生产哪些重要的化工原料？

1-16 试述以石油和天然气、煤、生物质、矿物质分别来生产化工基本原料各有何特点？

1-17 选择化工产品生产的原料路线时，应遵循哪些基本原则？

第二章 化工主要产品

在化工生产中常用到下述各种有关产品的基本概念。

产品 通过生产过程加工出来的物品即为产品。化工产品一般是指由原料经化学反应、化工单元操作等加工方法生产出来的新物料。产品出厂前都要经过一定的质量检查,化工产品的质量除通常要用纯度或浓度来衡量外,还应采用其他各项指标(如外观、颜色、粒度、晶度、黏度、杂质含量等)来区分,根据产品质量的好坏可分为不同的等级。有时候也根据不同用途的要求,生产不同规格(如粒度、晶形、黏度、聚合度、浓度等)的产品。不同等级、不同规格的产品,用途不同,其价格也不相同。

成品 加工完毕,经检验达到质量要求,可以向外供应的产品即为成品。一个化工厂至少有一种产品是成品,而更多的情况是一个化工厂同时有两种以上的多种成品。

半成品 在由两步以上多道工序组成的化工生产过程中,其中任何一个中间步骤得到的产品,都称为半成品或中间产品,半成品一般不出售,只供给后一工序的生产作为原料使用。以乙烯为原料生产醋酸为例:首先乙烯氧化生成乙醛,乙醛再经氧化反应生成目的产品醋酸。此时,醋酸是成品,而乙醛是前一工序的产品,又是后一工序的原料,从全过程来看,乙醛就是半成品,或称中间产品。中间产品也应控制一定的质量指标,满足后工序生产的要求。

副产品 制造某种产品时,附带产生的物品称为副产品。对化工过程而言,生产某种主产品的同时,由于副反应或其他原因,在得到主产品的同时,如果经过分离等处理,可以得到另一种或多种产品,这种在主产品之外,附带得到的化工产品就称为副产品。有效地回收副产品,不仅能够降低主产品的生产成本,而且可以减少环境污染,是一件很有意义的工作。例如用 100t 煤经高温炼焦可以生产主产品焦炭 77t，若将出炉煤气经过分离处理，可以同时得到多种副产品：煤焦油 3.5t，硫酸铵 1t，粗苯 1t 和焦炉气 32000m³。如果将煤焦油和粗苯再经分离，副产品的种类会更多，价值更高，经济效益也更好。

联产品 有的化工生产过程，一套装置同时生产两种以上的主产品，则可将它们互称为联产品。最常见的例子是在同一套装置里用异丙苯氧化法联产苯酚和丙酮两个产品。

商品 为交换而生产并经检验和包装的产品称为商品。商品具有使用价值和经济价值的双重性质。化工产品要作为商品出售，要有必要的质量要求，并按照国家标准划分的等级和规格，还要以一定的形式进行包装。

废品 不合出厂规格的产品就称为废品。生产过程出现废品将使产品失去原有的价值，也失去了经济效益。因此，化工生产过程一定要严格按照工艺规程的要求，控制好工艺条件，严把质量关，避免废品的出现。一旦因难于避免的原因而出现废品，也要想办法回收处理，不应随意弃之，从而造成环境污染。

第一节 基本有机化学工业的主要产品

一、碳一系列主要化学产品

碳一系列的化学产品包括从甲烷和合成气出发生产的两大类产品。甲烷系列主要产品见表 2-1。合成气系列产品是指以一氧化碳、甲醇为原料生产的产品，见表 2-2。

二、碳二系列主要化学产品

碳二系列化学产品包括从乙烯和乙炔出发的两大类产品。乙烯是基本有机化学工业中最重要、产量最大的一种基本原料，从乙烯出发可以合成许多重要的有机化工产品。乙烯用途中，目前用量最

表 2-1 甲烷系列主要产品

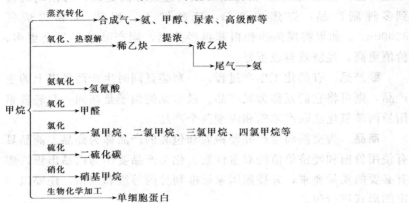

表 2-2 合成气系列主要产品

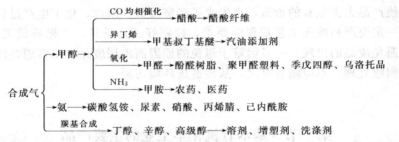

大的产品是聚乙烯（高密度聚乙烯、低密度聚乙烯等）、环氧乙烷、二氯乙烷等。乙烯系列的主要产品见表2-3。乙炔化学工业在50年代以前一直占主要地位，从60年代起，由于石油化学工业的发展，一部分以乙炔为原料生产的产品逐步转向以乙烯和丙烯为原料。而我国产量较大的氯乙烯、醋酸乙烯等产品有以乙烯为原料生产的，也有以乙炔为原料生产的。乙炔系列的主要产品见表2-4。

三、碳三系列主要化学产品

碳三系列化学产品即以丙烯出发生产的产品，其在基本有机化学工业中的重要性仅次于乙烯系列产品。丙烯系列主要产品见表2-5。

表 2-3 乙烯系列主要产品

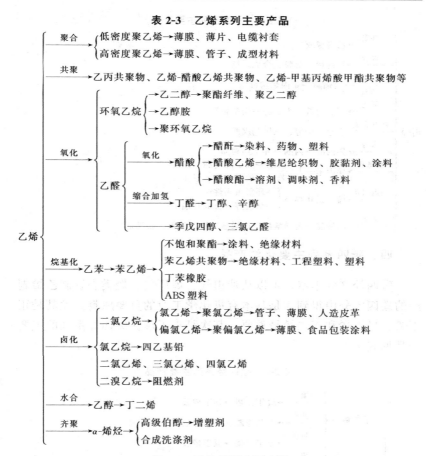

表 2-4 乙炔系列主要产品

表 2-5 丙烯系列主要产品

```
         ┌ 共聚 ──→ 乙丙橡胶
         │ 聚合 ──→ 聚丙烯 → 薄膜、合成纤维
         │ +NH₃
         │ 空气 ──→ 丙烯腈 → 聚丙烯腈纤维
         │ 氧化 ──→ 环氧丙烷 → 丙二醇 → 聚酯树脂
         │ 羰基合成 ──→ 丁醇、辛醇、三甲基戊醇
  丙烯 ──┤ 水合 ──→ 异丙醇 → 丙酮 → 异丁烯树脂
         │ 烷基化 ──→ 异丙苯 ─┬→ 丙酮 → 异丁烯树脂、醋酸
         │                    └→ 苯酚 → 酚醛树脂、尼龙6
         │ 高温氯化 ──→ 烯丙氯化物 ─┬→ 环氧氯丙烷
         │                          └→ 烯丙醇 → 合成甘油
         └ 氧化 ──→ 丙烯醛 → 丙烯酸酯 → 丙烯酸纤维、涂料、胶黏剂
```

四、碳四系列主要化学产品

碳四烃来源丰富,可以从油田气、炼厂气、烃类裂解制乙烯副产的碳四馏分中得到,是基本有机化学工业的重要原料。尤其是正丁烯、异丁烯和丁二烯最重要,其次是正丁烷。碳四烃系列的主要产品见表 2-6。

表 2-6 碳四烃系列主要产品

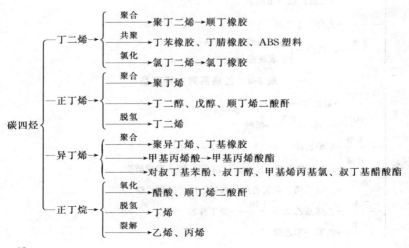

五、芳烃系列主要化学产品

芳烃中以苯、甲苯、二甲苯和萘最为重要。苯、甲苯、二甲苯可以直接作溶剂使用,也可以进一步作基本原料来生产多种有机化工产品。芳烃系列的主要产品见表 2-7。

表 2-7 芳烃系列主要产品

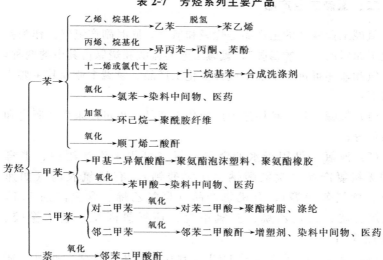

第二节 无机化工主要产品

一、氨及氨加工产品

氨是一种用途很广的基本化学产品,氨水本身就是一种高效氮肥,液氨也可作冷冻剂使用。氨作为一种重要的工业原料,可加工得到如下主要产品。

(1) 含氮肥料 尿素、碳酸氢铵、硝酸铵、硫酸铵、氯化铵以及复合肥料等;

(2) 基本化工主要产品　硝酸、各种含氮的无机盐；

(3) 硝基化合物　三硝基甲苯、三硝基苯酚、硝化甘油、硝化纤维等多种炸药以及生产导弹、火箭的推进剂和氧化剂；

(4) 有机含氮产品　含氮中间体、磺胺类药物、氨基塑料、聚酰胺纤维、丁腈橡胶等。

二、氯碱工业产品

氯碱工业联产的主产品是烧碱和氯气，同时副产氢气。作为基本化工原料的"三酸二碱"，氯碱工业的盐酸和烧碱占其中的两种，此外氯和氢还可进一步加工成许多化工产品。氯碱工业及其主要产品如下：

(1) 烧碱　是一种用途很广的化工产品，也可用来生产肥皂和洗涤剂等；

(2) 液氯　可用于水的消毒，氯气可用来生产漂白、消毒用的无机氯产品（次氯酸钠、次氯酸钙）；有机氯农药（如速灭威、含氯菊酯等）；有机氯产品（聚氯乙烯、含氯溶剂1,1,1-三氯乙烷、二氯乙烷、三氯甲烷、环氧氯丙烷、氯丁橡胶、氟氯烃等）；

(3) 氢气　除用于合成 HCl 气制盐酸和生产聚氯乙烯外，还可用于各种加氢反应，生产硬化油、过氧化氢、二氨基甲苯以及炼钨、生产多晶硅等金属氧化物还原过程。

三、无机酸和无机盐

在基本化学过程中产量最大、用途最广的无机酸是硫酸、硝酸和盐酸，中国的硫酸产量最大，硝酸次之。无机盐是一类产品众多、服务面广泛的原料行业，世界上无机盐的品种多达4000多种，国内生产较多的有400～500种。无机酸和无机盐的主要产品如下：

(1) 硫酸　本身是一种重要的化学试剂，可直接用来生产化学肥料（如硫酸铵、硫酸钾等）；

(2) 硝酸 是一种强氧化剂,可用于生产化学肥料(硝酸铵、硝酸钾、硝酸钙等),在有机合成中引入硝基制取三硝基甲苯、苦味酸、硝化纤维、硝化甘油,还可以用于生产苯胺、邻苯二甲酸以及塑料、聚酰胺纤维、磺胺药物等产品;

(3) 盐酸 是一种强酸,可与硝酸配制成"王水",并用于生产金属氯化物(如氯化锌)等;

(4) 无机盐 常用的基本无机盐产品如氯化钡、碳酸钡、硼酸、硼砂、溴素、轻质碳酸钙、碳酸钾、无水三氯化铝、氯酸钾、三氧化铬、重铬酸钠、氰化钠、无水氟化氢、碘、轻质氧化镁、高锰酸钾、二氧化锰、亚硝酸钠、硝酸钠、黄磷、三聚磷酸钠、硅酸钠、二硫化磷、硫化钠、硫酸铝、连二亚硫酸钠、过氧化氢、氢氧化钾等。

四、化学肥料

化学肥料按其所含主要养分可分为氮肥、磷肥、钾肥、复合肥、微量元素五大类,主要产品如下:

(1) 氮肥 硝酸铵、尿素、碳酸氢铵、氯化铵、氨水;

(2) 磷肥 过磷酸钙、重过磷酸钙、富过磷酸钙、钙镁磷肥、脱氟磷肥、钢渣磷肥、沉淀磷酸钙、偏磷酸钙、磷矿粉;

(3) 钾肥 氯化钾、硫酸钾、窑灰钾肥;

(4) 复合(混合)肥 磷酸铵、硫磷铵、尿素磷铵、硝酸磷肥、硝酸钾、偏磷酸铵、钾氮混肥、氮磷钾三元复合肥料、液体混肥;

(5) 微量元素 硼、铜、锰、锌、钼等很多种类。

第三节 合成高分子化工主要产品

一、塑料

塑料是以合成或天然高分子化合物为基本成分,在加工过程中辅以填料、增塑剂、颜料、稳定剂等助剂塑制成型，而产品最后能保持形状不变的材料。塑料有几十个品种，按实际应用情况和塑料性能特点可分为通用塑料、工程塑料和耐高温塑料三类，主要产品如下：

(1) 通用塑料　聚氯乙烯、聚烯烃、聚苯乙烯及其共聚物、酚醛塑料、氨基塑料；

(2) 工程塑料　聚酰胺塑料、聚碳酸酯、聚甲醛、聚二甲基苯醚、氯化聚醚、聚砜、聚邻（间）苯二甲酸二烯丙酯、聚酯树脂；

(3) 耐高温塑料及其他　含氟塑料、硅树脂、耐高温芳杂环聚合物、聚酚酯、环氧树脂、不饱和聚酯、有机玻璃（聚甲基丙烯酸甲酯）、聚氨酯、离子交换树脂。

二、合成纤维

合成纤维是化学纤维中的一类，是以合成高分子化合物为原料制得的化学纤维的总称。与人造纤维相比，一般强度较好，吸湿率较小，染色较难。按其用途和性能分为通用型合成纤维和特种合成纤维两大类，主要产品如下：

(1) 通用型合成纤维　锦纶（聚酰胺纤维，如尼龙6、尼龙66）、涤纶（聚酯纤维，如聚对苯二甲酸乙二醇酯纤维）、腈纶（聚丙烯腈纤维）、维纶（聚乙烯醇缩甲醛纤维）、丙纶（聚丙烯纤维）、氯纶（聚氯乙烯纤维）；

(2) 特种合成纤维　复合材料用的增强纤维（碳纤维、对苯二甲酰对苯二胺纤维、芳酰胺共聚纤维、聚四氟乙烯纤维、聚酰亚胺纤维）、光导纤维（氘化有机玻璃）、中空纤维（聚砜中空纤维、聚碳酸酯和有机硅氧烷嵌段共聚物、乙烯和醋酸乙烯共聚物）、吸附用纤维（活性炭纤维、离子交换树脂纤维等）。

三、合成橡胶

合成橡胶又称人造橡胶，人工合成的高弹性聚合物，也称合成弹性体。其性能因单体不同而异，少数品种的性能与天然橡胶相似，某些合成橡胶具有较天然橡胶优良的耐温、耐磨、耐老化、耐腐蚀或耐油等性能。按其性能和用途分为通用型合成橡胶和特种合成橡胶两大类，主要产品如下：

（1）通用型合成橡胶　丁苯橡胶、顺丁橡胶、异戊橡胶、氯丁橡胶、丁基橡胶、乙丙橡胶等；

（2）特种合成橡胶　丁腈橡胶、硅橡胶、氟橡胶、聚硫橡胶、聚亚氨基甲酸酯橡胶等。

四、功能高分子材料

功能高分子材料是指在受到外部化学或物理的作用下，由于聚合物本体结构上的特性，表现出具有优异的诸如导电、发光、分离、催化、生物等功能变化的高分子聚合物。这些功能不仅可定性，而且可以用仪表计量、定量。根据目前情况，功能高分子材料大致分为下述五类。

（1）导电特性高分子材料　导电高分子材料（聚乙炔、聚甲基乙炔等）、光电彩色显示材料（花青稀土金属盐类化合物）；

（2）光功能金属材料　光加工材料（如阴极线光刻胶正型胶基础原料是聚氧乙烯丙烯酸酯系列化合物、负型胶基本原料是有机玻璃系的化合物）、光导材料（聚苯乙烯、有机玻璃等）、光记录材料（溴化银、γ-磁粉）；

（3）分离功能高分子材料　离子交换膜、透析膜、超过滤膜、逆渗透膜、超精密过滤膜等（利用醋酸纤维的逆渗透膜可使海水淡化）；

（4）催化功能高分子材料　高分子金属配合物、离子交换树脂、离子交换树脂的金属盐；

（5）生物功能高分子材料　软组织用高分子材料（如人工肺的材料是间苯二甲酸、对苯二甲酸、戊二醇和四甲氧基乙二醇的四元共聚物）、硬组织用高分子材料（如人工骨骼是将多亚芳基聚砜树脂附于不锈钢骨架上使用的）。

第四节 精细化工主要产品

精细化工是化学工业在国民经济各行各业的应用开发中逐渐形成的新门类,精细化工产品占化学工业产值的比重表明化工原料的加工深度和服务面的广度。工业发达国家的精细化工产品产值约占全部化学工业产值的 50%~60%,1986 年我国化工行业的精细化工产品产值率为 23%。中国原化学工业部在精细化工产品范围的暂行规定中,将其按目前情况分为十一大类,即:农药、染料、涂料(包括油漆和油墨)和颜料、试剂和高纯物、信息用化学品(包括感光材料、磁性材料等接受电磁波的化学品)、食品和饲料添加剂、黏合剂、催化剂和各种助剂、化工系统生产的化学药品(原料药)、化工系统的日用化学品、高分子聚合物中的功能高分子材料(包括功能膜、偏光材料等)。

在催化剂和各种助剂中,又按实际情况分为二十个分类:催化剂、印染助剂、塑料助剂、橡胶助剂、水处理剂、纤维抽丝用油剂、有机抽提剂、高分子聚合物添加剂、表面活性剂(不包括洗涤剂)、皮革助剂、农药用助剂、油田用化学品、混凝土添加剂、机械和冶金用助剂、油品添加剂、炭黑(橡胶用补强剂)、吸附剂、电子工业专用化学品有显像管用碳酸钾、石墨乳、焊接材料等(不包括光刻胶、掺杂物、MOS 试剂等高纯物和高纯气体)、纸张用添加剂、其他助剂。

各类别中所含精细化学产品又有很多,不再一一列举。

复习思考题

2-1 比较有关产品的基本概念:产品、成品、半成品、副产品、联产品、商品、废品等各有何区别?

2-2 列举说明基本有机化学工业产品为什么具有范围广、品种繁多、各种产品之间的关系又极其错综复杂的特点?

2-3 主要无机化工产品可以分为哪几个大类别?

2-4 常用的和新型的高分子化工主要产品有哪些种类?

2-5 按国情将精细化工产品主要分为哪些大的类别?

第三章 工艺过程的管理与指标

第一节 工艺管理

一、化工生产过程的主要内容

化工生产过程指的是化工企业从原料出发，完成某一化工产品生产的全过程。化工生产过程的核心即是工艺过程，同时，为了保证工艺过程能够正常运行，并能达到应有的社会效益和经济效益，往往还需要设置若干生产辅助部门以及一些管理系统。为此，不论是大型的化工企业，还是中、小型的化工厂都应由完成化工生产任务不可缺少的若干个（至少有一个）工艺生产车间和动力、机修、仪表等辅助车间（或维修组）以及担负各种管理任务的职能科室组成。

1. 工艺过程

工艺过程指的是化工原料加工成化工产品的生产程序，该程序由若干工艺车间及其工段、生产岗位组成。确定工艺过程首先应对产品的生产原理有一定的认识。例如化学反应过程，化学反应基础是实现产品生产的理论依据。对于已经实现了工业化生产的化工产品，在一定的反应条件下，反应已具有可能性和现实意义，再运用物理化学的基本方法来讨论过程的反应原理，具有以下实际意义。

① 从化学反应平衡条件的分析，了解其平衡产率，即反应进行的最大限度是进行工艺过程经济分析的基础之一，并可找到提高实际产率的条件和依据。

② 研究更优良的催化剂，有选择地提高主反应的化学反应速率，缓和工艺条件，使反应过程具有更好的经济价值。

③ 热力学原理可提供各种物化数据,从而依据反应过程的焓变来判断过程的能量变化,作出其能量平衡,为合理地使用能量、节约能源提供理论依据。

对其他的分离、提纯、混料等生产过程,同样需要分析其过程基本原理来指导生产。

不论生产哪种化工产品,或哪种类型的化工企业,工艺过程讨论的内容,一般都要包括下列几个方面的问题。

(1) 投料方式 指原料的加入和产品的生产过程是采用分批投料的间歇式操作,还是过程稳定的连续式操作。选择哪种方式的主要根据是生产过程的需要和工艺特点。

(2) 工艺流程的组织 工艺流程是根据产品生产的需要,选择适宜的化工单元过程和化工单元操作,并按一定顺序组合,即用化工管道与管件按流程顺序将生产所需的化工设备、控制系统、测量仪表等连接起来,组成了化工生产过程的工艺流程。流程组织是否合理直接关系到是否方便于操作、控制;物料和能量利用是否充分、合理;生产管理所需数据测量是否准确、可靠等。因此,工艺流程又是工艺过程的关键问题,流程方案的组织以及化工设备、控制方法等的选择都要经过充分论证之后方可确定。对已有的化工生产装置,也有必要不断吸收新技术,改革不合理的工艺,使工艺流程更趋于合理。

(3) 化工设备的选择 化工设备的类型、规格和台数都要服从于工艺需要,根据工艺计算结果来确定。设备材质一定要满足耐腐蚀、不污染物料以及符合强度等方面的要求。

(4) 操作条件的选择和控制方案 温度、压力、物料流量及物料组成等工艺参数对反应过程和精馏、吸收等化工单元操作过程的正常进行与效果都有很大影响,因此,生产上要根据产品的实际影响规律来确定适宜范围,并拟定控制方案。随着自动化科学技术的迅速发展,化工自动化控制技术以及电子计算机日益广泛应用于化工生产领域。

2. 生产辅助部门

工艺流程主要是由化工设备和仪表控制系统组成，工艺人员要使用这些设备和仪表来完成生产任务。为了保证化工设备和仪表的正常使用，必须配备维护、修理部门，同时设备的运转也离不开动力系统。因此，在化工厂必须要设置相应的生产辅助部门来提供这些化工生产的必备条件，这些部门主要如下。

动力车间 动力车间要为化工企业生产系统和生活系统提供所有的公用工程：首先要保证生产和生活用电的供应及用电设备的检修；其二要根据生产控制的温度和加热、蒸发的需要提供热源（如高压或低压蒸汽、燃料油或燃料气等）；其三要提供降温用的冷源（如循环冷却水、低温水、冷冻盐水等）；其四提供生产和生活用水（如工艺用的无离子纯水、软水、自来水、深井水）；以及各种气源（仪表用空气、压缩空气、安全置换用氮气等）。

机修车间 工艺人员对化工设备只负责操作和使用，而机修车间却要保证所有生产线上的运转及备用设备随时处于可正常使用的完好状态。为此除平时要注意设备运行情况的巡回检查，作必要的维护保养之外，还要按计划进行化工设备的大、小修理。

仪表车间 工艺过程中不论是自动、手动还是电子计算机的控制系统，工艺人员同样也只是按规定的指标使用仪表来进行操作控制，保证工艺条件稳定在适宜范围。而仪表系统一旦出现故障，就必须由仪表车间来负责检修，以保证仪表控制系统的正常运行。仪表人员平时要坚持对仪表运行情况进行巡回检查，注意维护、保养，避免因仪表故障而出现的生产事故。

3. 其他管理部门

为了使生产系统管理有序，各负其责，化工厂必须设立一些担负各种专门职能的管理部门来完成一些组织管理工作，其中主要部门如下。

生产技术部门 负责全厂生产的组织、计划、管理，一般下设调度室来协调全厂生产及其他部门的关系，保证生产正常进行。并设有工艺技术组负责全厂的工艺技术管理工作，定期作出全厂的物料平衡及工艺核算。

质量检查部门 负责全厂原料、中间产品、目的产品中重要项目的质量分析，提供实验结果作为调整工艺参数的依据及产品出厂的质量指标。

机械动力部门 负责全厂化工机器、化工设备的统一管理，建立设备及其运转情况的档案，定期提出设备维修及旧设备更新计划。

安全部门 负责贯彻执行安全管理规程，进行日常的安全巡回检查，及时发现不安全隐患，并协同有关部门采取措施，杜绝事故的发生，保证安全生产。还要负责对全厂职工、新职工及一切进入生产现场的人员进行安全教育。

环境保护部门 负责监测生产过程排放的所有废料必须符合国家规定的"三废"排放标准。同时要监督和组织有关部门重视物料的回收和综合利用，治理污染，化害为利，保护环境，造福人类。

供应及销售部门 负责全厂所有原材料的采购以及产品和副产品的销售，必要时还要配合有关部门做好市场调查及技术服务，为产品的推广应用做好宣传工作。

综上所述，化工工艺技术人员在化工厂的生产组织管理中占据了主导地位，起到了决定性作用。生产一线工艺车间的主任、工段长、技术组的技术管理、核算、改造、安全等工作均由工艺技术人员来承担；生产技术，安全、环保部门及部分销售的技术服务等管理科室更是需要有经验的工艺技术人员；开发新产品的试验、改造设计等工作仍然要由工艺人员来完成。所以，化工厂需要大量有真才实学、有实践经验又具有良好职业道德的工艺技术人员来组织和实施工艺过程的管理工作。

二、化工生产管理与工艺管理

化工生产管理是化工企业管理的重要组成部分，是对化工企业日常生产技术活动实施计划、组织和控制，是与产品制造密切相关的各项管理工作的总称。具体地说，生产管理就是指企业内部产品制造过程的组织管理工作，是以实现产品的产量和进度为目标的管理。其内容是生产计划和生产作业计划的安排，生产控制和调度等日常管理工作。从广义上讲，生产管理还应包括生产技术管理，内容之一是要根据用户要求和企业水平，规定产品生产的品种、产量、质量、进度、消耗等技术经济指标；之二是制定有关原料、材料、燃料和动力、设备和装置、仪器仪表、测试手段、工艺规程等技术要求及其有关的标准。

化工过程的工艺管理工作是指化工企业日常活动中的工艺组织管理工作。工艺管理是生产技术管理的一部分，其任务是稳定工艺操作指标，力求将新技术应用于化工过程，实现化工过程最优化。化工生产过程的工艺管理工作主要由工厂的生产、技术部门和各工艺生产车间的工艺技术人员来实施完成。

三、工艺管理的内容

工艺管理的内容有两个：一是贯彻工艺文件，进行遵守工艺纪律的宣传教育和监督检查；二是对产品的生产工艺进行整顿和改造。

1. 工艺文件的贯彻和执行

工艺管理应贯彻实施的工艺文件包括：生产工艺技术规程、安全技术规程、岗位操作法、生产控制分析化验规程、操作事故管理制度、工艺管理制度等。

各项工艺文件中，生产工艺技术规程是重点和核心，其余各项工艺文件都要依据生产工艺技术规程来制定，它也是各级生产指挥人员、技术人员和工人实施生产共同的技术依据。生产工艺技术规程是用文字、表格和图示等将产品、原料、工艺过程、化工设备、工艺指标、安全技术要求等主要内容给以具体的规定和说明，是一项综合性的技术文件，对本企业具有法规作用。每一个企业，每一种产品都应当制定相应的生产工艺技术规程。有时在同一工艺流程中联产两种以上的产品，也可以编制为同一套生产工艺技术规程。

化工生产过程的特点之一是要有严格的安全生产制度。安全技术规程是根据产品生产过程中所涉及物料的易燃、易爆、毒性等性质以及生产过程中的不安全因素，对有关物料的储存、运输、使用，生产过程中的电气、仪表、设备应有的安全装置、现场人员应具备的安全措施等作出的严格规定，用以确保安全生产。安全技术规程是各级管理人员、操作人员和进入生产现场的所有人员应共同遵守的制度。

岗位操作法是根据目的产品生产过程的工艺原理、工艺控制指标和实际生产经验总结编制而成的。其中对工艺生产过程的开、停车步骤、维持正常生产的方法以及工艺流程中每一个设备、每一项操作都要结合本岗位配管流程图明确规定具体的操作步骤和要领。对生产过程可能出现的事故隐患、原因、处理方法要一一列举分析。工艺操作人员应严格按照岗位操作法进行操作，确保安全、正常地完成生产任务。岗位操作人员上岗前对本岗位操作法应认真学习、领会，经考核取得上岗操作证方可上岗操作。工艺技术管理人员对岗位操作工人应定期组织操作法学习和考核，不断总结操作经验，提高操作水平。

生产控制分析化验规程、操作事故管理制度和工艺管理制度则分别是分析人员进行原材料、中间产品及产品质量的分析依据，操作事故的处理及工艺管理过程等的有关规定。

为了保证工艺规程等工艺文件的贯彻执行，必须保持工艺文件的严肃性和相对稳定性。操作人员和技术人员都应熟练掌握并严格遵守有关规定。企业要加强对职工的技术教育和技能培训，不断提高他们的业务能力，增强其遵守职业道德和职业纪律的自觉性。生产管理部门还应建立严格的检查制度，以保证各种工艺文件的正确执行。

2. 工艺文件的优化管理

产品的工艺规程一般是在产品投入生产前，根据科研试验、新产品试制的结果和相关实际生产经验，综合制定出来的。但是，一个产品的生产工艺规程并不是一成不变的，可根据实际的需要，以及市场变化对产品质量、规格有新的要求，随着生产的发展，新的科学技术的出现，工艺技术规程都应进行必要的补充和修订，使之不断得以优化。

工艺管理工作还应该不断总结生产实践中的经验和教训，集中职工的智慧，从合理化建议中找到改进工艺技术、操作方法的措施。工艺技术人员有责任帮助职工从理论上找到合理化建议的依据，并通过正常的渠道从组织上保证合理化建议得以试验及提高其成功的可能性。若有必要，还可以在修订工艺规程时，补充到有关的工艺文件中去。

为了既能保持工艺规程的相对稳定性，又能及时地将新的科技成果和来自生产实践的经验、技术革新项目等纳入工艺规程，一般都规定工艺规程使用一段时间之后要定期修改，并纳入工艺技术管理内容，形成制度。在特殊情况下，如果由于产品标准、设备、原材料有重大变化，或是很重大的技术革新成果必须及时推广，也可以破例修改工艺规程。

制定和修改工艺技术规程必须按照一定的程序严肃地进行。一般是以生产技术部门（或工艺部门）为主，组织有关车间、有关方面的技术人员共同研讨提出初稿，提供有关车间、工段职工讨论，广泛征求意见，再作补充与修改。经过有关职能部门如有关车间、生产技术、质量检查、设备动力等负责人签字，最后由总工程师和生产技术副厂长审批后方可实施。重大工艺路线的变更，还必须按规定报请主管部门审批后才能有效。

生产工艺技术规程一经编制或修订确认以后，即可作为审核、修订上述其他各项工艺文件的依据。此外还有一些如：设备维修检查制度、岗位责任制、原始记录制度、岗位交接班制度、巡回检查制度等一系列技术或管理文件均可在此基础上逐步健全并贯彻执行。

四、化工企业质量管理与标准化

按照 GB/T 6583—1994（idtISO8402—1994）《质量管理和质量保证 术语》给出的定义，质量是"反映实体满足明确和隐含需要的能力的特性总和"。"明确需要"是指在合同、标准、规范、图样和技术要求以及其他文件中已经作出规定的需要，"隐含需要"

是指顾客或社会对产品或服务的期望以及被人们公认的、不言而喻的、不必作出规定的需要。所以，对企业来说，质量主要是指产品质量，同时也包括市场信息、经营管理、商品研究开发和设计的质量，原材料、人的素质、检测手段的质量，售后服务的质量等。

质量管理是企业管理的组成部分和中心环节，按照 GB/T 6583—1994 (idtISO8402—1994)《质量管理和质量保证　术语》给出的定义，质量管理是："确定质量方针、目标和职责并在质量体系中通过诸如质量策划、质量控制、质量保证和质量改进，使其实施的全部管理职能的所有活动"。对于企业来说，主要就是产品质量和工作质量，产品质量主要是产品的性能、寿命、可靠性、安全性和经济性等综合指标；工作质量是企业行为，如成本、交货期、产量以及企业领导和全体职工的服务质量等，工作质量亦是工作水平，即组织水平、技术水平和管理水平等。产品质量是各项工作质量的综合反映，工作质量则是达到产品质量的保证。

作为一个企业总是要用尽可能低的成本并满足质量要求来为用户服务，而标准化是衡量质量的标杆，是产品性能的具体化。所以，标准化工作与企业提高产品质量和服务质量是极为密切相关的，也是企业活动的基准。

中国化工行业是 1979 年开始推行全面质量管理的，并取得了明显的效果，由于科学技术的发展，质量管理工作也有了迅速的提高，特别是采用国际标准 ISO9000 族系列标准后，与国际惯例接轨，开展质量认证等均取得了迅速发展。

第二节　评价化工生产效果的常用指标

在化工生产过程中，要想获得好的生产效果，最主要的一是要提高产品产量，二是要提高产品质量，三是要提高原料的利用率，四是要降低生产过程的能量消耗。每个产品都有自身具体的质量要求及其指标，也有各不相同的质量保证措施；对一般化工生产过程来说，总是希望在提高产量的同时，生产一定量的目的产品消耗最少的原料；能量消耗对现代化大生产的规模效益更是具有特殊意义，因此如何采取措施降低公用工程的消耗，综合利用能量（包括化学能），也是评价化工生产效果的一个重要方面。化工生产过程的核心多数情况下是化学反应，化学反应效果的好坏不仅直接关系到产量的高低，也影响到原料的利用率。本节重点讨论影响反应效果的指标。

一、生产能力和生产强度

1. 生产能力

指一定时间内直接参与企业生产过程的固定资产，在一定的工艺组织管理及技术条件下，所能生产规定等级的产品或加工处理一定数量原材料的能力。对某一台设备或某一套装置（某一生产系统）其生产能力是指该设备或该系统在单位时间内生产的产品或处理的原料数量；工业企业的生产能力是指企业内部各个生产环节以及全部生产性固定资产（包括生产设备和厂房面积），在保持一定比例关系条件下所具有的综合生产能力。

生产能力一般有两种表示方法，一种是以产品产量表示，即在单位时间（年、日、小时、分等）内生产的产品数量。如年产 30 万吨乙烯装置表示该装置生产能力为每年可生产乙烯 30 万吨，而中国目前单台管式裂解炉生产能力已达年产乙烯 5 万吨。另一种是以原料处理量表示，此种表示方法也称为"加工能力"。如一个处理原油规模为每年 500 万吨的炼油厂，也就是该厂生产能力为每年可处理原油 500 万吨，将它炼制成各种品牌的油品。

生产能力可以分为三种，即设计能力、查定能力和现有能力。设计能力是指在设计任务书和技术文件中所规定的生产能力，根据工厂设计中规定的产品方案和各种设计数据来确定。通常新建化工企业基建竣工投产后，要经过一段时间试运转，熟悉和掌握生产技术后才能达到规定的设计能力。查定能力一般是指老企业在没有设计能力数据，或虽原有设计能力，但由于企业的产品方案和组织管理、技术条件等发生了重大变化,致使原设计能力已不能正确反映企业实际生产能力可达到的水平,此时重新调整和核定的生产能力。它是根据企业现有条件,并考虑到查定期内可能实现的各种技术组织措施而确定的。现有能力又称计划能力,指在计划年度内,依据现有的生产技术组织条件及计划年度内能够实现的实际生产效果按计划期产品方案计算确定的。这三种生产能力在实际生产中各有不同的用途,设计能力和查定能力是用作编制企业长远规划的依据,现有能力是编制年度生产计划的重要依据。

随着企业技术改造和生产组织条件的完善以及化学反应效果的优化,都有可能促进产量的提高,同时也就使企业实际生产能力得到不断提高。

2. 生产强度

生产强度指的是单位特征几何量的生产能力,例如单位体积或单位面积的设备在单位时间内生产得到的目的产品数量(或投入的原料量),单位是 $kg/(h \cdot m^3)$、$t/(d \cdot m^3)$ 或 $kg/(h \cdot m^2)$、$t/(d \cdot m^2)$ 等。

对同一类型(具有相同的物理或化学过程)的设备,生产强度是衡量其生产效果优劣的指标。某设备内进行的过程速率越快,则生产强度就越高,说明该设备的生产效果就越好。提高设备的生产强度,就意味着用同一台设备可以生产出更多的目的产品,进而也就提高了设备的生产能力。提高设备生产强度的措施可以是改进设备结构、优化工艺条件,对催化化学反应主要是选用性能优良的催化剂,总之就是提高过程进行的速率。

催化化学反应设备的生产强度常用催化剂的空时产率(或称时空收率)来表示,即单位时间内,单位体积(或单位质量)催化剂所能获得的目的产物的数量,可表示为 $kg/(h \cdot m^3$ 催化剂$)$、$t/(d \cdot m^3$ 催化剂$)$ 或 $kg/(h \cdot kg$ 催化剂$)$、$t/(d \cdot kg$ 催化剂$)$ 等。

二、转化率

1. 转化率

转化率指的是在化学反应体系中,参加化学反应的某种原料量占通入反应体系该种原料总量的百分率,用"X"表示。

$$X = \frac{参加化学反应的某种原料量}{通入反应体系该种原料总量} \times 100\%$$

转化率数值的大小说明该种原料在反应过程中转化的程度,转化率愈大,则说明通入原料中该种原料参加反应的量就愈多。一般情况下,通入反应系统中的每一种原料都难于全部参加化学反应,所以转化率常是小于100%的。

有的反应过程,原料在反应器中的转化率很高,通入反应器的原料几乎都能参加化学反应。如萘氧化制取苯酐的过程,萘的转化率几乎在99%以上,此时,未反应的原料就没有必要再回收使用。但是很多反应过程由于受反应本身的能力或催化剂性能等条件所限,原料通过反应器时的转化率不可能很高,于是就往往把未反应的原料从反应后的混合物中分离出来循环使用,以提高原料的利用率。因此,即使是对于同一种原料,如果选择不同的"反应体系范围",就将对应于不同的"通入反应体系的原料总量",所以转化率也就相应地有单程转化率和总转化率的区别。

2. 平衡转化率

平衡转化率指某一化学反应到达平衡状态时,转化为产物的某种原料量占该种原料量的百分数。平衡转化率数值大小与温度、压力、反应物组成等平衡条件有关,平衡转化率只说明在一定条件下,某种原料参加某一种化学反应的最高转化率。然而,一般的化学反应要达到平衡状态都需要相当长的时间(尤其是有机化学反应),所以,平衡转化率一般只在理论研究时去探讨,实际生产过程不可能去追求最高的转化率。

3. 实际转化率

单程转化率和总转化率反映的是实际生产过程的效果,都是生产过程中的实际转化率,有别于平衡转化率。

① 单程转化率

以反应器为研究对象,参加反应的原料量占通入反应器原料总量的百分数就称为单程转化率。

② 总转化率

以包括循环系统在内的反应器和分离器的反应体系为研究对象，参加反应的原料量占通入反应体系原料总量的百分数就称为总转化率。

【例 3-1】 乙炔与醋酸气相合成醋酸乙烯，图 3-1 所示为原料乙炔的循环过程。在连续生产过程中，已知每小时流经各物料线的物料中所含乙炔的量各为：A 点 600kg，B 点 5000kg，C 点 4450kg，D 点 4400kg，E 点 50kg。求原料乙炔的单程转化率和总转化率。

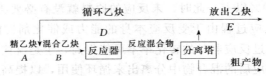

图 3-1　原料乙炔的循环过程

解　在该反应器中每小时内参加反应的乙炔量为 550kg，所以该反应系统中乙炔的单程转化率

$$X_单 = \frac{550}{5000} \times 100\% = 11\%$$

总转化率

$$X_总 = \frac{550}{600} \times 100\% = 91.67\%$$

由此说明通入反应器中的乙炔有 11% 参加了化学反应。虽然未反应的 89% 乙炔量，绝大部分经分离出来循环使用，可使乙炔的利用率从 11% 提高到 91.67%，但循环过程的物料量愈大，所增加分离系统的负担和动力消耗也愈大，从经济观点看，还是希望提高单程转化率为最有利。但是单程转化率指标提高后，很多反应过程的不利因素相应增加，如副反应比例增加很多，或停留时间过长等。一般控制多高的单程转化率适宜，要根据反应各自的特点，经实际生产经验总结得到。从图中数据也可看出，如果减少放出乙炔

（E）的量，增加循环乙炔（D）的量，总转化率还可以提高，可是循环系统中惰性气体的含量会随循环次数的增加而逐步积累，所以放出乙炔（E）的量不能过少，应保证循环系统中惰性气体浓度维持一定。若将放出乙炔（E）再经过处理，使其中的惰性气体等杂质分离出去，提高纯度后返回精乙炔中重复使用，又可以减少新鲜乙炔的原料消耗量，同时也就再一次提高了乙炔的总转化率。实际生产中不仅如此回收乙炔，而且溶解在液体粗产物中的乙炔也是要回收使用的，这也减少了放空尾气中有害气体对环境的污染。上述原料回收循环使用的最终结果，可以使原料乙炔最终的利用率尽可能接近 100%。总之，实际生产中，要采取各种措施来提高原料的总转化率，总转化率愈高，原料的利用程度就愈高。

实际转化率是在化学反应体系中，某一种原料在一定条件下参加各种主、副反应总的转化结果。更具体地说，单程转化率是表示某种原料在反应器中参与化学变化的那一部分物料量的多少，反映出原料通过反应器之后，产生化学变化的程度。而总转化率反映了生产过程中某一种原料经循环使用等工艺措施之后，参与化学变化的利用程度。但是，不论是单程转化率还是总转化率，由于都是某一种原料参加主、副反应的总效果，因此，它们都不能真正说明原料参与主反应而生成目的产物的有效利用程度，用其衡量反应效果时有一定的局限性。

在两种以上原料参与的化学反应过程中，各种原料参与主、副反应的情况和数量各不相同，因而各自的转化率数值也不一样。此外，一般情况下没有特别说明的转化率数值多指单程转化率。

三、产率、选择性和收率

一般说来，产率指的是化学反应过程中得到目的产品的百分数，收率则泛指一般的反应过程及非反应过程中得到目的产品的百分数。常用的产率指标为理论产率。

理论产率是以产品的理论产量为基础来计算的产率，即化学反应过程中实际所得目的产品量占理论产量的百分数。一般情况下，实际得到的目的产品数量只会比理论产量小,因此理论产率总是小于 100%。根据计算目的产品理论产量的基准不同,理论产率又有两种不同的表示方法。

目的产品的理论产量以参加反应的某种原料量为基准来计算的理论产率,这种理论产率又称为选择性,用"S"表示。

$$S = \frac{目的产品实际产量}{以参加反应的某种原料计目的产品理论产量} \times 100\%$$

$$= \frac{反应为目的产品的某种原料量}{参加反应的某种原料量} \times 100\%$$

选择性即参加主反应而生成目的产物所消耗的某种原料量在全部转化了的该种原料量中所占的百分数。从选择性可以看出,反应过程的各种主、副反应中主反应所占的百分数。选择性愈高,说明反应过程的副反应愈少,当然这种原料的有效利用率也就愈高。

目的产品的理论产量以通入反应器的某种原料量为基准来计算的理论产率。这种理论产率又称为单程收率,简称收率,用"Y"表示。

$$Y = \frac{目的产品实际产量}{以通入反应器的原料计目的产品理论产量} \times 100\%$$

$$= \frac{反应为目的产品的某种原料量}{通入反应器的该种原料量} \times 100\%$$

收率是指反应过程中生成目的产品消耗的某种原料量占通入反应器该种原料总量的百分数。收率高说明单位时间得到的目的产品产量大,即设备生产能力也大。

理论产率是实际生产中得到产品的程度,与达平衡态时的平衡产率不同。

对于一些非反应的生产工序,如分离、精制等,由于在生产过程中也会有物料损失,致使产品的收率下降。所以对由几个工序组成的化工生产过程,可以分别用阶段收率的概念来表示各工序产品的变化情况,而整个生产过程可以用总收率来表示其实际效果。非反应工序的阶段收率是实际得到的目的产品量占投入该工序的此种产品总量的百分率,而总收率为各阶段收率的乘积。

【例 3-2】 已知丙烯氧化法生产丙烯酸的一段反应器,原料丙烯投料量为 600kg/h,出料中有丙烯醛 640kg/h,另有未反应的丙烯 25kg/h,试计算原料丙烯的转化率、选择性及丙烯醛的收率。

解 反应器物料变化如图 3-2 所示

```
  丙烯                          丙烯(25kg/h)
          ──→ 一段反应器 ──→
 (600kg/h)                    丙烯醛(640kg/h)
```

图 3-2 丙烯氧化法生产丙烯酸氧化框图

丙烯氧化生成丙烯醛的化学反应方程式:

$$CH_2CHCH_3 + O_2 \longrightarrow CH_2CHCHO + H_2O$$
$$\quad\quad 42 \quad\quad\quad\quad\quad\quad\quad\quad 56$$

丙烯转化率

$$X = \frac{(600-25)}{600} \times 100\% = 95.83\%$$

丙烯的选择性

$$S = \frac{640 \times 42}{56 \times (600-25)} \times 100\% = 83.48\%$$

丙烯醛的收率

$$Y = \frac{640 \times 42}{56 \times 600} \times 100\% = 80\%$$

四、化学反应效果与化工生产效果

单程转化率和选择性都只是从某一个方面说明化学反应进行的程度。转化率愈高,说明反应进行得愈彻底,未反应原料量的减少可以减轻分离、精制和原料循环的负担,一定程度上可以降低设备投资和操作费用,同时也提高了设备的生产能力。但是随着单程转化率的升高,原料浓度下降,主反应推动力下降,反应速率会减慢,若再提高转化率,所需时间会过长,随之副反应也会增多,致使选择性下降。所以单纯的转化率高,反应效果不一定就好。选择性愈高,说明消耗于副反应的原料量愈少,原料的有效利用率愈高,反应效果好。但如果仅仅是选择性高而经过反应器后的原料参加反应的量太少,则设备的利用率太低,生产能力也不高,故也不经济合理。所以必须综合考虑单程转化率和选择性,二者都比较适宜时,才能求得较好的反应效果,才能作为确定合理的工艺控制指标的依据。总的说来,收率是单程转化率和选择性相乘的结果,可以综合单程转化率和选择性的效果,收率高反映了设备生产能力大,未反应原料的循环量适当,原材料的消耗也可少一些,说明效果比较好,生产过程也比较经济合理,因此生产上总是力求达到最高的收率。

化学反应是化工生产过程的核心,好的化学反应效果是取得良好的化工生产效果的主要基础。除此以外,还应管理好每一个生产环节,减少物料损失,节约能量,以求得高产、低耗的最佳生产效果。提高化学反应效果的途径与化学反应器的结构是否合理、操作水平的高低和工艺参数温度、压力、原料配比、空间速度的选择是否适宜等因素有关。

第三节 工艺技术经济指标

工艺技术管理工作的目标除了保证完成目的产品的产量和质量,还要努力降低消耗,因此各化工企业都根据产品设计数据和本企业的条件在工艺技术规程中规定了各种原材料的消耗定额,作为本企业的工艺技术经济指标。如果超过了规定指标,必须查找原因,降低消耗以达到生产强度大、产品质量高、单位产品成本低的目的。

所谓消耗定额指的是生产单位产品所消耗的各种原料及辅助材料——水、燃料、电力和蒸汽量等。消耗定额愈低,生产过程愈经济,产品的单位成本也就愈低。但是消耗定额低到某一水平后,就难以或不可能再降低,此时的标准就是最佳状态。

在消耗定额的各个内容中，公用工程水、电、汽和各种辅助材料、燃料等的消耗均影响产品成本，应努力减少消耗。然而最重要的是原料的消耗定额，因为原料成本在大部分化学过程中占产品成本的 60%～70%。所以降低产品的成本，原料通常是最关键的因素之一。

一、原料消耗定额

如果将初始物料（一般不是 100%的纯物质）转化为具有一定纯度要求的最终产品，按化学反应方程式的化学计量为基础计算的消耗定额，称为理论消耗定额，用"$A_{理}$"表示。它是生产单位目的产品时，必须消耗原料量的理论值，因此实际过程的原料消耗量绝不可能低于理论消耗定额。

在实际生产过程中，由于有副反应发生，会多消耗一部分原料，在所有各个加工环节中也免不了损失一些物料（如随废气、废液、废渣带走的物料，设备及阀门等跑、冒、滴、漏损失的物料，由于生产工艺不合理而未能回收的物料以及由于操作事故而造成的物料损失等），因此，与理论消耗定额相比，自然要多消耗一些原料量。如果将原料损耗均计算在内，得出的原料消耗定额称为实际消耗定额，用"$A_{实}$"表示。理论消耗定额与实际消耗定额之间的关系为：

$$(A_{理}/A_{实}) \times 100\% = \eta = 1 - 原料损失率$$

式中，η 为原料利用率，是指生产过程中原料真正应用于生产目的产品的原料量占投入原料量的百分数，说明原料有效利用的程度。原料损失率指的是在投入原料中，由于上述原因无效多消耗的那一部分原料占投入原料的百分率。

【例 3-3】 用原料生石灰、焦炭生产工业碳化钙（电石），已知原料和成品的组成如表 3-1 所示，生产 1t 工业碳化钙实际原料消耗为：生石灰 710kg，焦炭 536kg。试计算生产工业碳化钙的原料消耗定额及原料利用率。

表 3-1 原料和成品的组成

生石灰		焦 炭		工业碳化钙	
组 成	质量分数/%	组 成	质量分数/%	组 成	质量分数/%
CaO	96.5	C	89	CaC_2	78
杂质	3.5	灰分	4	CaO	15
		挥发物	4	C	3
		水	3	杂质	4

解 生成碳化钙的化学反应方程式为:

$$\underset{56}{CaO} + \underset{3\times 12}{3C} \longrightarrow \underset{64}{CaC_2} + CO$$

以 1t 工业碳化钙成品为计算基准,已知

$$A_{实生石灰} = 710 \text{kg 生石灰/t 工业碳化钙},\ A_{实焦炭} = 536 \text{kg 焦炭/t 工业碳化钙}$$

根据反应式化学计量关系,1t 工业碳化钙成品应消耗

CaO: $1000 \times 0.78 \times 56/64 = 682.5$ (kg)

C: $1000 \times 0.78 \times 3 \times 12/64 = 438.75$ (kg)

即,

$A_{理生石灰} = 682.5/0.965 = 707.25$ (kg 生石灰/t 工业碳化钙)

$A_{理焦炭} = 438.75/0.89 = 492.98$ (kg 焦炭/t 工业碳化钙)

所以,生石灰的原料利用率为:

$$\eta_{生石灰} = (707.25/710) \times 100\% = 99.61\%$$

焦炭的原料利用率为:

$$\eta_{焦炭} = (492.98/536) \times 100\% = 91.97\%$$

【例 3-4】 乙醛氧化法生产醋酸,已知原料投料量为纯度 99.4% 的乙醛 500kg/h,得到的产物为纯度 98% 的醋酸 580kg/h,试计算原料乙醛的理论消耗定额、实际消耗定额以及原料利用率。

解 乙醛氧化法生产醋酸的化学反应方程式为:

$$\underset{44}{CH_3CHO} + 1/2 O_2 \longrightarrow \underset{60}{CH_3COOH}$$

原料乙醛的理论消耗定额、实际消耗定额以及原料利用率为:

$A_{理} = (1000 \times 0.98 \times 44)/(60 \times 0.994)$
　　$= 723(\text{kg 原料乙醛/t 成品醋酸})$
$A_{实} = (1000 \times 500)/580 = 862.06(\text{kg 原料乙醛/t 成品醋酸})$
$\eta = (723/862.06) \times 100\% = 83.87\%$

生产一种目的产品，若有两种以上的原料，则每一种原料都有各自不同的消耗定额数据。对某一种原料，有时因为初始原料的组成情况不同，其消耗定额也不等，差别可能还会比较大。因此，在选择原料品种时，还要考虑原料的运输费用，以及不同类型原料的消耗定额的估算等，选择一个最经济的方案。

二、公用工程的消耗定额

公用工程指的是化工厂必不可少的供水、供热、冷冻、供电和供气等条件。

除生活用水外，化工生产中所用的大量工业用水主要有两种：工艺用水（原料用水和产品处理用水）和非工艺用水。生活用水应使用经过净化处理的自来水。工艺用水直接与产品等物料接触，对水质要求比较高，有明确的规定指标，否则杂质带入生产物料系统会影响产品质量。具体指标要根据目的产品及其生产工艺要求来制定，如水的浑浊度、总硬度、铁离子、氯离子等。工艺用水一般要经过比较复杂的处理，如过滤、软化、离子交换、脱盐等。非工艺用水在化工厂工业用水中占主要部分，冷却水的水质也应有一定要求，如硬度、Fe^{2+}、Cl^-、SO_4^{2-}、pH 值、悬浮物等，以免产生水垢、泥渣沉积或腐蚀管道，促使生物或微生物生长等。此外对冷却水的温度要求应尽可能低一些。为了节约工业用水，化工厂应尽可能循环使用冷却水，冷却水在冷却塔中一般可降低温度5～10℃而重复使用。

供热条件在化工生产中也是不可缺少的，如用来加速化学反应，进行蒸发、蒸馏、干燥或物料预热等操作。根据工艺生产温度要求和加热方法的不同，正确选择热源，充分利用热能，对生产过程的技术经济指标有很大影响。化工厂使用最广的热载体是饱和水蒸气，具有使用方便、加热均匀、快速和易控制的优点。中压蒸汽（4MPa）加热可达 250℃，而加热在 200℃ 以下多用低压蒸汽（1MPa）。其他热载体还可用高温载热体，如：联苯（26.5%）和联苯醚（73.5%）的混合物（熔点 12℃、常压下沸点 258℃，370℃时饱和蒸汽压约为 0.7MPa），用来加热 160~370℃ 间的物料，温度较低时用液态联苯混合物，温度高时用联苯混合物的蒸汽。但联苯和联苯醚有一定的毒性，有污染，因此应尽量采用一些高温导热油来取代此类热载体。当加热温度在 350~500℃ 范围可用熔盐混合物 HTS($NaNO_2$ 40%，KNO_3 53%，$NaNO_3$ 7%，熔点 142℃)。这些中间热载体可以用直接热源烟道气或电加热升温后，再用于加热物料。

化工厂为了将物料温度降到比水和周围空气温度更低或是在此温度下移出热量，需要冷冻系统提供低温冷却介质（载冷剂）。常用的载冷剂有四种：低温水（使用温度≥5℃）；盐水（0~-15℃ 常用 NaCl 水溶液，0~-45℃ 常用 $CaCl_2$ 水溶液）；有机物（乙醇、乙二醇、丙醇、F-11 等）适用于更低的温度范围，但由于 F-11 等种类的氟氯烃（氟里昂）会对环境保护带来很大危害，所以已被逐步淘汰；另一种常用的载冷剂是氨。

化工车间用电一般最高为 6kV，中小型电机只有 380V，而车间用电通常由工厂变电所或由供电网直接供电，输电网输送的都是高压电，一般为 10、35、60、110、154、220、330kV，必须变压后才能使用，因此车间内部或附近通常设有变电室，将电压降低后分配给各用电设备。根据化工生产的特点，为了保证安全生产，对供电的可靠性有不同的要求，对特殊不能停电的生产过程还应有备用电源设施。根据化工过程易燃、易爆介质较多的特点，电气设备及电机等均有防爆和防静电措施，建筑物应有避雷措施。

此外，一般化工车间还需配有空气和氮气的气源。作为氧化剂使用的空气是工艺用空气，除尘、净制要求比较高，以免将杂质带入反应系统。一般的非工艺用空气只需简单除去机械杂质和灰尘，经压缩后即可供给车间作吹净、置换设备等使用。氮气是惰性气体，可作设备的物料置换、保压等安全措施使用。

各化工产品的工艺技术规程对所需使用的公用工程也与原料消耗定额一样要规定每一项目的消耗定额指标，以限制公用工程的使用量。

化工企业的原材料消耗定额数据是根据理论消耗定额，参考同类型生产工厂的消耗定额数据，考虑本企业生产过程的实际情况（工艺允许的物料损失和生产中应该能达到的水平等）估算出来而编入工艺技术规程中作为本企业的控制指标。各企业对每年各种原材料的消耗量变化以及历史最低消耗均要有记载。根据设备实际运转情况、技术管理水平、工艺过程的改造结果等，对本企业可达到的消耗定额标准在修订工艺技术规程时，要做符合实际的修订。化工企业工艺技术管理人员贯彻工艺技术规程的一项重要工作是定期（一般是每月）对产品的产量、各种原料、辅助材料、公用工程的用量、积存情况等全面进行工艺核算，进而计算出本月的产品产量、各种原材料的消耗量以及按单位产品计算的消耗量，最后与规程规定的消耗定额数据比较其经济效果。如果消耗量高于消耗定额指标，必须分析原因，提出改进措施，降低消耗。

降低消耗的措施有：选择性能优良的催化剂，工艺参数（反应温度、压力、停留时间等反应条件及非反应过程各项操作条件）控制在适宜范围，减少副反应，提高选择性和生产强度；提高生产技术管理水平，加强设备维修，减少泄漏；加强生产操作人员的责任心，减少物料浪费现象和防止出现生产事故。

复习思考题

3-1 化工生产过程的组成主要有哪些内容？

3-2 化工企业的生产工艺管理体系包括哪些管理部门？它们各有何职责？

3-3 化工生产过程工艺管理主要应贯彻执行哪些工艺文件？分别说明它们的性质和作用。在化工生产中贯彻执行工艺文件有何意义？

3-4 技术改革与产品更新在化工生产中有何意义？

3-5 试述单程转化率、总转化率及平衡转化率的含义、性质与区别,它们在化工生产中各有何意义?

3-6 收率与平衡产率有何区别?选择性和单程收率两个指标在化工生产中各有什么意义?

3-7 如何用转化率、产率的指标来衡量化学反应的效果?

3-8 通过哪些途径可以提高化学反应的效果?

3-9 什么是原材料消耗定额?降低消耗定额在化工生产中有何意义?

3-10 原料消耗定额、原料利用率和原料损失率之间有何关系?采取哪些措施可以降低原料消耗定额?

3-11 化工厂常用的公用工程包括哪些种类?

第四章 工艺过程的深度与速度

第一节 化学反应的可能性分析

一、判断化学反应可能性的意义和方法

对制备某化工产品所提出的工艺路线,首先应确定在热力学上是否合理,即对有无可能性作出判断,以避免徒劳无功,浪费人力、物力。若反应可以进行,即可进一步根据热力学方法计算出反应能进行到什么程度,可达到的最大转化率是多少,最后结合热力学和动力学分析确定反应应维持在哪些适宜的工艺条件下进行,加快主反应的速率,减少有害的副反应,使可能性变成有现实意义的工业生产。

借助于热力学可以判断各种反应进行的可能性,比较同一反应系统中同时发生的几个反应的难、易程度,进而从热力学的角度寻找有利于主反应进行或尽可能减少副反应发生的工艺条件。通过化学平衡的计算,还可以了解反应进行的最大限度,以及能否改变操作条件提高原料转化率和产物的产率,减少分离部分的负荷和循环量,以达到进一步提高装置生产能力和经济效益的目的。

对于一个反应体系,可以用反应的标准吉氏函数变化值 $\Delta G^{\ominus}$ 来判断反应进行的可能性。

若 $\Delta G^{\ominus} < 0$,反应能自发进行;

若 $\Delta G^{\ominus} > 0$,反应不能自发进行;

而 $\Delta G^{\ominus} = 0$,反应处于动态平衡。

【例 4-1】 试用标准吉氏函数数值判断下列由苯制取苯胺的各种方法的可能性 (101.3kPa,298K)。

① 硝化以后将硝基苯还原［苯的冷凝及由稀酸变为浓酸的 $\Delta G^{\ominus}$ 值（298K）均可忽略］。
② 在氯化以后，用氨作用氯苯。
③ 直接与氨作用。

解 写出各种方法的反应方程式，查得各有关化合物的 $\Delta G^{\ominus}(298K)$，计算出各化学反应方程的吉氏函数变化值 $\Delta G^{\ominus}(298K)$。

① $\quad\quad\quad C_6H_6(l)+HNO_3(aq) \longrightarrow H_2O(l)+C_6H_5NO_2(l)$
$\Delta G^{\ominus}(298K)\quad 124.59\quad -110.58\quad\quad -237.36\quad 146.34$
$\Delta G^{\ominus}(298K)=146.34+(-237.36)-124.59-(-110.58)$
$\quad\quad\quad\quad\quad =-105.03 kJ/mol$

$\quad\quad\quad C_6H_5NO_2(l)+3H_2 \longrightarrow 2H_2O(l)+C_6H_5NH_2(l)$
$\Delta G^{\ominus}(298K)\quad 146.34\quad\quad 0\quad\quad -237.36\quad 153.33$
$\Delta G^{\ominus}(298K)=153.33+2(-237.36)-146.34$
$\quad\quad\quad\quad\quad =-467.73 kJ/mol$

以上两步的 $\Delta G^{\ominus}(298K)$ 都小于零，说明这二个步骤都能在指定条件下自发进行。

② $\quad\quad\quad C_6H_6(l)+Cl_2 \longrightarrow HCl(g)+C_6H_5Cl(l)$
$\Delta G^{\ominus}(298K)\quad 124.590\quad\quad -95.33\quad 116.40$
$\Delta G^{\ominus}(298K)=116.40+(-95.33)-124.59$
$\quad\quad\quad\quad\quad =-103.52 kJ/mol$

$\quad\quad\quad C_6H_5Cl(l)+NH_3(g) \longrightarrow HCl(g)+C_6H_5NH_2(l)$
$\Delta G^{\ominus}(298K)\quad 116.40\quad -16.65\quad -95.33\quad 153.33$
$\Delta G^{\ominus}(298K)=153.33+(-95.33)-116.40-(-16.65)$
$\quad\quad\quad\quad\quad =-41.75 kJ/mol$

由此说明该种方法的两个步骤也都能在指定条件下自发进行。

③ $\quad\quad\quad C_6H_6(l)+NH_3(g) \longrightarrow C_6H_5NH_2(l)+H_2$
$\Delta G^{\ominus}(298K)\quad 124.59\quad -16.65\quad\quad 153.33\quad\quad 0$
$\Delta G^{\ominus}(298K)=153.33-124.59-(-16.65)=45.39 kJ/mol>0$
该反应不能自发进行。

分析以上三种方法的数据,可以看出第一种和第二种方法均可自发进行,所以,这两种方法热力学上可行,是可以考虑的。第三种方法因 $\Delta G^{\ominus}(298\text{K})>0$,因此,该条件下不能用采用此工艺路线。目前,工业上确实有采用前两种方法来生产苯胺。

若 $\Delta G^{\ominus}$ 绝对值较小,则不管其符号如何,都不能作出任何有关过程方向的结论,反应到底向何方向进行要依据于所创造的反应条件。

二、化学反应系统中反应难易程度的比较

生产一种化工产品(尤其是有机产品),在生成目的产品的主反应进行的同时,总是有若干个副反应,包括平行反应和连串反应会同时发生,形成一个化学反应系统。了解其中各种化学反应竞争的情况,尤其是主反应和不希望发生的副反应进行的难易程度,以及这些反应进行的有利条件和不利条件,才能结合各个反应的热力学和动力学基础,寻找出相对有利于主反应的进行而不利于副反应进行的工艺条件,并作为工业生产过程工艺条件控制的目标,从而取得良好的反应效果,得到更多的产品。

任何化学反应几乎都不能进行到底而存在着平衡关系,平衡状态的组成说明了反应进行的限度。在化工生产中,人们期望知道在一定条件下某反应进行的限度,即平衡时各物质之间的组成关系。平衡转化率和平衡产率是反应进行的最大限度,不同之处:平衡转化率是从原料参加反应的程度说明反应进行的最大限度,而平衡产率是从产品生成的程度来说明反应进行的最大限度。

通常在低压下的气相反应可认为是理想气体,根据
$$\Delta G^{\ominus} = -RT\ln K_p$$
式中 $\Delta G^{\ominus}$ ——化学反应的标准摩尔吉氏函数变化,J;

R ——气体常数,$R=8.314\text{J}/(\text{K}\cdot\text{mol})$;

T ——反应温度,K;

K_p ——以气体平衡分压表示的平衡常数。

而
$$K_p = K_y \cdot \left(\frac{p}{p^0}\right)^{\Delta n}$$

式中　K_p——以气体平衡分压表示的平衡常数；

K_y——以气体摩尔分数表示的平衡常数；

p^0——在温度为 T 和标准状态下，理想气体的压力（$p^0 =$ 101.3kPa）；

p——同一温度时任意理想气体的平衡分压，Pa；

Δn——终态气体物质的量（n_2）与始态气体物质的量（n_1）之差，$\Delta n = n_2 - n_1$。

所以可以用反应的标准吉氏函数变化值 $\Delta G^\ominus$ 来判断反应进行的难易程度。当 $\Delta G^\ominus < 0$ 时，K_p 值为一较大的数值。平衡时产物量大大地超过反应物的量，说明反应向正方向进行的可能性很大（容易进行）。反之 $\Delta G^\ominus > 0$ 时 K_p 值为一较小的数值。即平衡时产物的量远比反应物为小，说明反应向正方向自发进行的可能性相当小（很难进行）。故 $\Delta G^\ominus$ 值越小说明反应越容易进行。

在同一化学反应系统中，主、副反应在同一条件下进行化学反应，所以可以根据同一条件下，各主、副反应的 $\Delta G^\ominus$ 值的大小来判断各反应的难易程度。条件变化，难易程度的差距也会随之变化。

三、烃类热裂解反应的热力学分析

以烃类裂解生产乙烯为例。由第一章第二节烃类原料裂解生产乙烯的化学变化过程可知，该反应的原料组成复杂，反应过程复杂，无催化剂存在，若略去其他中间产物，则反应可分为生成目的产物乙烯（和其他低分子烯烃）的主反应及可能分解成碳和氢的副反应两大类。

$$原料烃 \begin{cases} \xrightarrow{脱氢断链} 烯烃 \\ \xrightarrow{完全分解} 碳 + 氢 \end{cases}$$

根据 $\Delta G^\ominus = \sum [m_i \Delta G_f^\ominus (i)]_{产物} - \sum [n_j \Delta G_f^\ominus (j)]_{反应物}$

式中　$\Delta G^\ominus$——化学反应的标准吉氏函数变化，J；

$\Delta G_f^\ominus (i)$——产物的标准生成吉氏函数，J/mol；

$\Delta G_f^\ominus(j)$——反应物的标准生成吉氏函数,J/mol;

m_i——产物 i 在反应方程式中的计量系数;

n_j——反应物 j 在反应方程式中的计量系数。

从有关手册中查得气态烃标准生成吉氏函数 $\Delta G^\ominus$ 数据。将各类原料烃发生以上两类反应的 $\Delta G^\ominus$ 与 T 的关系绘制的图线表示在图 4-1 中,1~7 线(虚线)表示各种烃分解为碳和氢的反应,8~14 线(实线)表示各种烃裂解生成乙烯的反应。

图中各类原料烃的两类反应如下:

(1) $\quad C_6H_6 \longrightarrow 6C+3H_2$

(2) $\quad (环)C_6H_{12} \longrightarrow 6C+6H_2$

(3) $\quad C_5H_{12} \longrightarrow 5C+6H_2$

(4) $\quad C_4H_{10} \longrightarrow 4C+5H_2$

(5) $\quad C_3H_8 \longrightarrow 3C+4H_2$

(6) $\quad C_2H_6 \longrightarrow 2C+3H_2$

(7) $\quad CH_4 \rightleftharpoons C+2H_2$

(8) $\quad C_6H_{12} \longrightarrow C_2H_4+C_4H_8$

(9) $\quad C_3H_8 \longrightarrow C_2H_4+CH_4$

(10) $\quad C_nH_{2n+2} \longrightarrow C_2H_4+C_{n-2}H_{2n-2} \quad (n \geqslant 3)$

(11) $\quad C_2H_6 \rightleftharpoons C_2H_4+H_2$

(12) $\quad CH_4 \rightleftharpoons \frac{1}{2}C_2H_4+H_2$

(13) $\quad C_6H_6+3H_2 \rightleftharpoons 3C_2H_4$

(14) $\quad C_6H_{12} \longrightarrow C_2H_4+C_4H_6+H_2$

由图 4-1 中可以看出原料烃在裂解反应中有以下规律。

① 原料烷烃裂解生成乙烯的主反应(图中 9,10,11,12 线)随温度的升高,吉氏函数改变 $\Delta G^\ominus$ 值逐渐减小,反应从难于自发逐渐变为能自发进行。烷烃裂解的难易程度为甲烷最难,乙烷次之,丙烷以上较为容易,即随碳原子数的增加,裂解反应愈容易进行。同时可见有意义的裂解温度一般甲烷在 1500K 以上,乙烷在 1000K 以上,丙烷以上烷烃在 700K 以上。提高温度可以提高乙烯

的平衡产率。

② 环烷烃（如环己烷）裂解生成乙烯的主反应（图中 8，14 线）随温度升高，$\Delta G^{\ominus}$ 值逐渐减小的变化速度比烷烃更快，说明升高温度对环烷烃裂解生成乙烯的反应更为有利，对提高乙烯的平衡产率也有利。

③ 从图中 13 线可见芳烃（如苯）裂解生成乙烯的反应，$\Delta G^{\ominus}$ 值均为正，且随温度升高而增大，说明苯不能自发裂解生成乙烯。

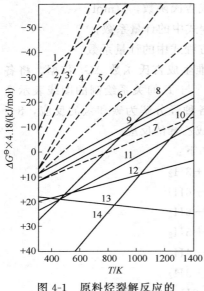

图 4-1 原料烃裂解反应的 $\Delta G^{\ominus}$ 与 T 的关系

④ 原料烷烃、环烷烃、芳烃在高温下分解成碳和氢的反应（图中 1~7 虚线）标准吉氏函数改变 $\Delta G^{\ominus}$ 值均为负值，且随温度的升高而迅速下降。说明原料烃在高温下极易发生分解成碳和氢的副反应，而且温度越高趋势越大。但苯及其他芳烃因受其结构影响，分解方式不是断裂苯环生成碳和氢，而是脱氢缩合放出氢生成大分子稠环烃，最后成焦，在 1273~3273K 下进一步发生石墨化过程而生成热力学上最稳定的碳（石墨）。

⑤ 对同碳原子的烃，分解成碳和氢反应的 $\Delta G^{\ominus}$ 均小于零且比裂解为乙烯的 $\Delta G^{\ominus}$ 还要小很多。这表明在高温下各种烷烃分解成碳和氢的可能性比裂解为乙烯的可能性要大得多。所以，如果裂解反应时间无限延长，让各种烃在高温下任其反应，则最后的产物不是乙烯，而是分解成碳和氢。

由以上分析可得出结论，由各种烃类裂解为乙烯的反应在低温下均不能很好地进行，因为低温下 $\Delta G^{\ominus}>0$，平衡常数 K_p 极小，乙烯的平衡产率极低。若工艺上能创造高温条件，可降低 $\Delta G^{\ominus}$ 值，

从而增大 K_p 值,即提高乙烯的平衡产率,其结果是使生成乙烯的反应具备了可能性。但应注意到,在高温条件下,烃分解为碳和氢的可能性同时也变大,所以从热力学角度分析,单纯提高裂解温度是不能提高乙烯平衡产率的。

四、化学平衡移动的工业意义

化学平衡和一切平衡一样,都只是相对的和暂时的,是有条件的。构成化学平衡的外界条件有温度、压力、系统组成等。当外界条件发生变化时,旧的平衡被破坏,在新的条件下建立新的平衡,此时称为平衡的移动。平衡移动在工业生产中的实际意义是:可以人为地选择适宜的操作条件,使化学反应尽可能向生成物方向移动,即向右移动。对此,人们在大量实践的基础上总结出了如下的平衡移动原理——吕·查得里原理,"如果任何稳定平衡系统所处的条件如温度、压力、浓度有所变动时,则平衡向着削弱或解除这种变动的方向移动。"也就是说,当外界诸条件发生变化时,化学平衡将有如下的移动。

① 温度升高,反应向吸热方向移动,由于吸热反应将温度升高之热量吸收,从而削弱了外界作用的影响。温度下降,反应向放热方向移动,即由于放热反应将放出之热量补偿了温度的下降。

② 压力升高,反应向分子数减少的方向移动,即向 $\Delta n < 0$ 的方向移动,这样使总压下降而削弱了压力的升高。压力下降,向分子数增加的方向移动,即由于 $\Delta n > 0$ 使总压升高,削弱了压力下降的影响。

③ 反应物浓度升高,反应向"右"移动,由于产物增加而减少反应物浓度。产物浓度升高,反应向"左"移动,由于逆反应的发生,减少了产物浓度。

总而言之,温度升高有利于吸热反应的进行,温度下降有利于放热反应的进行;压力升高有利于反应向分子数减少的方向进行,压力降低有利于反应向分子数增加的方向进行;提高反应物的浓度有利于反应向生成物的方向进行。

以一氧化碳和氢合成甲醇 $CO+2H_2 \rightleftharpoons CH_3OH$ 为例,正反应为放热反应,甲醇分解的逆反应为吸热反应。因此,当温度升高时,反应要向吸热的方向(向左)移动,将温度升高的热量消耗吸收,而削弱外界作用的影响;当压力升高时,平衡将向正反应的方向移动,该合成反应正反应的 $\Delta n = -2 < 0$,所以平衡向生成产物的方向(向右)移动,使总压下降而削弱压力的升高,当某种反应物的浓度[CO]或[H_2]升高时,平衡向生成产物的方向(向右)移动,力图减少反应物的浓度。所以从热力学的角度分析外界诸条件中,若能降低温度、提高压力、增加反应物的浓度,均有利于合成甲醇可逆反应的平衡向右移动,有利于甲醇的生成。

但是,以上仅是定性的热力学条件分析,具体到每个反应时,采用多高的温度、压力和反应物浓度(组成或比例)才能求得理想的平衡产率,可通过热力学的定量计算来寻求适宜的外界条件。而且,由于热力学没有时间概念,只考虑了反应到达平衡的理想状况,没有考虑反应速率。因此,只有当几个反应在热力学上都有可能同时发生,反应都很快时,热力学因素对于这几个反应的相对优势才起决定作用。切实可行的外界条件应结合动力学分析和技术上的可行性并经过生产实践验证才能综合确定。

第二节 工艺过程速度的影响因素

一、影响生产能力的因素

化工生产过程目的产品产量的大小是生产效益很重要的一个方面,一套装置能否发挥潜力,达到最大的生产能力和很多方面的因素有关,有设备的因素,人为的因素和化学反应进行的状况等。

设备因素主要是关键设备的大小和设备结构是否合理以及设备的套数。每一台设备的生产能力都比较大,能发挥比较好的效果,总的生产能力就能提高。另一个重要的因素是在整个流程中,各个设备的生产能力相互之间是否匹配也很关键，否则关键设备中只要有一个生产能力跟不上（辅助设备也应该能满足生产能力的要求），其他设备的生产能力也将受到限制，而使企业生产能力降低。

人为的因素主要是指生产技术的组织管理水平和操作人员的操作水平。生产管理水平高一些，对生产过程的调配、协调能力就强一些，生产能够持续平稳、正常地进行。在连续生产中，只要因某种事故开、停车一次，不仅物料浪费很大，也浪费了时间，产量必将受到很大的影响，因而只有在不得以的情况下才能作出停车的决定（计划之内的大、小检修属正常范围）。技术管理搞得好，能够保持在最佳的条件下生产，而且还能不断改进工艺，提高产量。操作人员的操作水平主要体现在能按管理部门提出的工艺指标进行平稳的操作，以及及时发现生产中出现的事故隐患并通过正确的处理，防止事故的发生。平稳的操作不仅指各种参数控制在适宜范围之内，而且指参数的变化小和缓慢，这样才能保证产品质量稳定，催化剂也才能发挥最好的效果。

化学反应是化工生产的核心，因此化学反应效果的好坏直接影响生产能力的大小。反应效果好单程转化率高，选择性高收率才能提高，不仅经济而且产量可望提高。要得到好的反应效果，对反应步骤的温度、压力、停留时间及原料配比的控制就很关键（见第五章第二节）。而影响生产能力，提高产量更关键的一环是如何提高化学反应速率，尤其如何采取措施提高主反应的反应速率。主反应速率提高就能在设备等其他条件不变的情况下，最有效地提高生产能力。

二、影响反应速率的因素

工艺过程的速度是影响产量的关键，而过程的速度主要取决于化学反应速率。同一套化工生产装置，如果主反应速率加快若干倍，单位时间内的产量就有可能提高若干倍，这对企业的经济效益无疑是有极大的影响。

热力学分析只涉及化学反应过程的始态和终态，不涉及中间过程，不考虑时间和速度，仅说明过程的可能性及其进行的限度。而化学动力学是研究化学反应的速率和各种外界因素对化学反应速率影响的学科。不同的化学反应，反应速率不相同，同一反应的速率也会因条件的不同而差异很大。例如氢和氧化合成水，标准吉氏函数 $\Delta G^{\ominus}$ 改变值是 $-239.68 kJ/mol$，数值为负，绝对值也很大，但在常温下，却看不见反应，因为反应速率太慢。而二氧化氮聚合成四氧化二氮的反应，标准吉氏函数 $\Delta G^{\ominus}$ 改变值 $-61.13 kJ/mol$，它虽为负，绝对值并不大，可反应速率却大到无法测定的程度；又如碳氧化为二氧化碳的反应

$$C + O_2 \longrightarrow CO_2 \qquad \Delta G^{\ominus} = -394.67 kJ/mol$$

反应的可能性和程度都相当大。但在常温下，该反应的速率太慢，慢得好像反应不会发生一样，但若将煤炭升温到一定高温时煤在空气中会立刻燃烧发生剧烈的氧化反应，这就是升温加快了反应速率的结果。

如何变更条件使化学反应速率加快，以满足工业生产规模的要求，这是很值得探讨的问题。动力学分析就是在热力学分析的基础上来探索改变化学反应速率，使化工产品的工业生产具有现实意义。也有一些时候，动力学研究的现实意义在于要尽可能地减慢化学反应速率，以防止某种不希望出现的反应发生。如金属的锈蚀反应以及某些有害物质的生成反应等。

影响反应速率的因素是复杂的，其中有一些是在已有的生产装置中不便调节的，如反应器的结构、形状、材质，一些意外的杂质等。这些因素在生产过程中已确定，除非集生产、科研的经验和成果，在重新设计制造设备时进行改进，以有利于化学反应的进行。另一些因素是在生产过程中，通过工艺参数的调节可以达到改变化学反应速率的目的，如温度、压力、原料浓度和原料在反应区的停留时间等，其中影响最大的是温度。此外，对多数反应速率影响最关键的是对所研究的化学反应能起作用的催化剂。

一般以单位时间内某一种反应物或生成物浓度的改变量来表示该化学反应的速率。如对基元反应

$$bB + dD \Longrightarrow gG + hH$$

化学反应速率方程式为

$$r = \frac{-dc_B}{dt} = kc_B^b c_D^d$$

式中 r——反应速率，mol/L·s；

k——反应速率常数，1/s；

c_B——反应物 B 在反应至 t 时刻的浓度，mol/L；

c_D——反应物 D 在反应至 t 时刻的浓度，mol/L。

毫无疑问，除零级反应的反应速率与反应物浓度无关之外，各级反应的速率都随反应物浓度增大而加快。对气体反应来说，提高反应压力可以使气体的浓度增加，所以也可以达到提高反应速率的目的。

k 是反应速率常数，相当于各反应物浓度皆为 1（即单位浓度）时的反应速率，反应速率常数 k 的大小直接显示出反应速率的快慢。不同的反应，k 值不等；对某一个反应，反应速率常数也会随温度、催化剂和溶剂等条件的改变而变化。在一般情况下，诸因素中以温度和催化剂对速率的影响最大。

所以化学动力学的重要任务是要研制出各种化工产品所需的高效催化剂，有效地改变化学反应速率。此外，还要根据各个产品反应的具体情况和催化剂的性能来选择适宜的温度等工艺条件。在一个反应体系中，当几个反应在热力学上都有可能同时发生的情况下，如果各个反应的速率相差很悬殊，则动力学因素对其反应结果将起到关键作用。

三、温度对化学反应速率的影响规律

1889 年阿累尼乌斯提出了反应速率常数 k 与温度 T 之间的经验方程式：

$$k = Ae^{-\frac{E}{RT}}$$

式中 k——反应速率常数；

A——频率因子；

E——反应的活化能，J/mol；

R——气体常数；

T——反应温度，K。

该式对阐述反应速率的内在机理具有极重大的意义。

在分子运动学说中指出，只有一小部分分子具有超过分子的平均能量，从而具有化学反应的活性，称为活化分子。这种超过分子平均能量额外数值的能量称为活化能。温度升高时，分子间碰撞的次数显著增加，而活化的分子数增加得更多。因此升高温度，反应速率加快。在阿累尼乌斯的经验方程式中 $e^{-\frac{E}{RT}}$ 的指数项显然表示温度增加对化学反应速率的影响。例如：根据 N_2O_5 分解反应测定不同温度下反应速率常数 k 的实验结果，计算得到 N_2O_5 转化率达 90% 所需时间。300K 时为 4.23×10^4s，400K 时为 1.39s，可见，从 300K 提高温度到 400K，反应速率加快了约为 4×10^4 倍。

由于化学反应种类繁多，各不相同，因此温度对化学反应速率的影响也是很复杂的，反应速率随温度的升高而加快只是一般规律，而且有一定的范围。图 4-2 表示了五种反应类型的反应速率随温度改变而变化的情况。

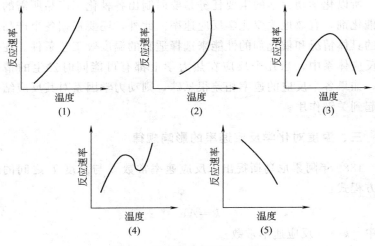

图 4-2　反应速率与温度的关系

第（1）种类型：反应速率随温度的升高而逐渐加快，它们之间呈指数关系，这种类型的化学反应是最常见的，符合阿累尼乌斯公式。

第（2）种类型：反应开始时，反应速率随温度的升高而加快，但影响不是很大，但当温度升高到某一温度时，反应速率突然迅速加快，以"爆炸"速率进行。这类反应属于有爆炸极限的化学反应。

第（3）种类型：温度比较低时，反应速率随温度的升高而逐渐加快，但当温度升高到一定数值时，再升高温度，反应速率却反而减慢。酶的催化反应就属于这种类型，因为温度太高和太低都不利于生物酶的活化。还有一些受吸附速率控制的多相催化反应过程，其反应速率随温度的变化而变化的规律亦是如此。

第（4）种类型：在温度比较低时，反应速率随温度的升高而加快，符合一般规律。当温度高达一定值时，反应速率随温度的升高反而下降，但若温度继续升高到一定程度，反应速率却又会随温度的升高而加快，而且迅速加快，甚至以燃烧速度进行。这种反应比较特殊，某些碳氢化合物的氧化过程属于此类反应，如煤的燃烧，由于副反应多，使反应复杂化。

第（5）种类型：反应速率随温度的升高而下降，如一氧化氮氧化为二氧化氮的反应就是这种少有的特例。

在化工生产中，对第（1）类反应和第（2）、（3）、（4）类反应在比极值（拐点）对应的温度低的温度范围来讨论安全生产和用升高温度的办法来加快化学反应速率都是有意义的。而接近于极值点的温度就应视为过高的温度或不安全的温度。化工生产中应根据这一规律来确定安全生产的适宜温度范围。

四、烃类热裂解反应的动力学分析

烃类原料中，一般 C—C 键键能比 C—H 键键能小（如乙烷分子中 C—C 键 346kJ/mol，C—H 键 406kJ/mol），烷烃裂解的反应是按自由基反应机理进行的，由于链传递的可能途径很多，所以越是高级的烷烃反应就越复杂，裂解产物种类就更多。当用混合烃作原料裂解时，虽然各种组分处于同一裂解条件，但因各自的裂解反应速率不同，因此在相同的裂解时间内，其转化率也各不相同。对于裂解过程发生的二次反应就更加复杂。从烃类热裂解制取乙烯的热力学分析已得出结论，原料烃在裂解过程发生的两类反应中，提高温度可以使生成乙烯的主反应具有热力学上的可能性，也能增大其平衡产率。但高温条件下烃类分解为碳和氢的可能性也变大，在热力学上占有绝对优势，因而单纯提高温度不能达到提高乙烯产率的目的。

再从动力学的角度来看这两类反应在速率上的差异，如：

$$k = A e^{-\frac{E}{RT}}$$

式中两类反应的频率因子大都在 $10^{12} \sim 10^{15} s^{-1}$ 之间，而活化能值却相差较大。一般烷烃裂解为乙烯的反应活化能在 $191.35 \sim 293.93 kJ/mol$ 之间，而分解为碳和氢的反应活化能约为 $326.59 \sim 568.18 kJ/mol$。活化能是决定化学反应速率的关键因素。由烃类裂解两类反应活化能数值的比较可知，生成乙烯的活化能较完全分解反应的活化能低，则反应速率常数就大，反应速率就快。生成乙烯的一次反应较完全分解的二次反应在动力学上占有优势。

从裂解过程的化学变化又可知，生成乙烯的反应是原料烃进行的一次反应，发生在先，完全分解的生碳反应必须是先生成乙炔之后才生成碳，而生焦反应又要经过生成芳烃的中间阶段，所以这些副反应都是一次反应产物发生的连串反应，二次反应发生在后。因此，根据烃类高温裂解生成乙烯的反应速率较烃类分解成碳和氢的反应速率快的这一特性，可以将反应限定在一定的时间范围内。在此时间内，既要使烃类裂解生成乙烯的反应充分进行，又要使烃类分解成碳和氢的反应来不及进行或进行得很少，这样就可以提高乙烯的产率。当然温度必须是高温，因为从热力学分析可知，温度越高，乙烯的平衡产率越高，如果温度不高，接触时间不管如何调整，乙烯产率也不能提高。所以高温和适宜的短停留时间是获得高产乙烯的两个关键因素。

第三节　工业催化剂

一、催化剂的作用及工业意义

在化学反应体系中，因加入某种少量物质而改变了化学反应速率，这种加入的物质在反应前后的量和化学性质均不发生变化，该种物质称为催化剂，这种作用称为催化作用。催化剂的作用若是加快反应速率的称为正催化作用，减慢反应速率的称为负催化作用。

活化能"E"的数值反映了化学反应速率的相对快慢和温度对反应速率影响程度的大小，催化剂的作用就是改变化学反应的途径，降低了反应的活化能，从而加快了化学反应的速率。如碘化氢的分解反应

$$2HI \Longleftrightarrow H_2 + I_2$$

没有催化剂作用时为双分子反应，活化能为 184.23kJ/mol。用金作催化剂时，活化能降低为 104.68kJ/mol，使反应速率增加了若干倍。若反应在 573K 时进行，增加的倍数为

$$\frac{k_2}{k_1} = e^{-\frac{(E_2-E_1)}{RT}} = e^{\frac{-(104.68-184.23)\times 10^3}{8.314\times 573}} = e^{16.70} = 1.78\times 10^7$$

即该反应在相同温度下，使用金催化剂后，反应速率增加了 1.78×10^7 倍。

在化工产品合成的工业生产上，使用催化剂的目的是加快主反应速率，减少副反应，使反应定向进行，缓和反应条件，降低对设备的要求，从而提高设备的生产能力和降低产品成本。某些化工产品在理论上是可以合成得到的，但由于没有开发出有效的催化剂，反应速率很慢很慢，长期以来不能实现工业化生产。此时，只要研究出该化学反应适宜的催化剂，就能有效地加速化学反应速率，使该产品的工业化生产得以实现。目前，化学工业生产中 80% 以上的合成反应都要使用催化剂。对已实现工业化生产的反应过程，不

断地改进催化剂的性能,提高催化剂的活性、选择性和寿命,也是一项很重要的技术研究工作。

催化反应通常区分为单相(均相)催化反应和多相(非均相)催化反应。单相催化反应催化剂和反应物同处于均匀的气相或液相中;多相催化反应的催化剂自成一相,反应在催化剂表面上进行。

均相催化反应中,气相均相催化反应不多。如乙醛或乙醚的分解反应,若加入百分之几的碘蒸气可使反应速率加快几百倍,且反应速率随催化剂浓度的增加而加快。虽然此种反应速率很快,但往往因为过快而不易控制,甚至非常容易出现爆炸危险,因而失去工业生产意义。

均相催化反应中常见的是液相均相催化反应,该类反应多是酸碱催化(广义的酸碱),利用H^+或OH^-的作用对液相反应物起到加快反应速率的作用。如工业上用H_2SO_4、HF、H_3PO_4等质子酸作为芳烃转化的催化剂,活性较高。用$AlBr_3$、$AlCl_3$、BF_3等作为芳烃烷基化和异构化等反应的催化剂,反应可在较低温度的液相中进行。但都因无机酸和酸性卤化物具有强腐蚀性,HF还有较大的毒性,工业上已很少使用,被其他形式的催化剂如分子筛所取代。近年来,具有高活性和高选择性、反应条件也比较缓和的液体催化剂——配合催化剂发展较快,如均相配合催化氧化所用的催化剂是过渡金属的配合物,主要是Pd的配合物。

工业上应用最广的催化反应是非均相催化反应,如气-固相和液-固相,其中又以催化剂为固体而反应物为气体的气-固相催化反应最多。如氨的合成、氯乙烯合成、醋酸乙烯合成、丙烯酸合成等等,固体催化剂又经常将催化剂分散在多孔性物质的载体上使用。

总之,化工生产上常用的催化剂是液体催化剂和固体催化剂两种形式,又以使用固体催化剂更为普遍。

二、液体催化剂的应用

液体催化剂一般是先配制成浓度较高的催化剂溶液,然后按反应需要适宜的用量配比加入到反应体系中,溶解均匀而起到加速化学反应的作用。

例如：乙醛氧化法生产醋酸，反应要求在氧化液体系中催化剂醋酸锰的含量控制在 0.08%～0.12%（质量）。液体催化剂醋酸锰的配制方法是 60% 的醋酸水溶液与固体粉末状碳酸锰按 10：1（质量比）的比例在带有搅拌的配制槽内，维持 95～100℃（夹套通蒸汽加热），使生成醋酸锰的反应充分进行。经 48h 基本反应完全之后，用醋酸或水将催化剂溶液调节到醋酸锰为 8%～12%，醋酸含量为 45%～55%，其余为水，经分析合格即可备用。催化剂溶液用回收的醋酸锰或氧化锰配制也可以。

又如：乙烯络合催化氧化生产乙醛的反应，采用的液体催化剂是过渡金属钯的络合物。对乙烯羰基化反应有催化能力的是 $PdCl_2$，为了使贵重金属 Pd 不被沉淀析出，要加入大量 $CuCl_2$。因此，催化剂溶液由一定量的氯化钯、氯化铜、氯化亚铜、盐酸和水组成。各组分在溶液中离解或配合成 $PdCl_4^{2-}$、Cu^{2+}、Cu^+、Cl^-、H^+ 等离子，并具有强酸性。正常生产时，由于副反应要消耗 Cl^-，因而要不断补加适量的盐酸溶液。同时由于副反应生成草酸铜沉淀，使 Cu^{2+}、Cu^+ 浓度下降，所以要连续从循环使用的催化剂溶液中取出一部分进行再生处理。方法是用过热水蒸气加热，氯化铜就可将草酸铜分解为二氧化碳而除去。用氧气又可将过量的 Cu^+ 氧化为 Cu^{2+} 来调节催化剂溶液中 Cu^{2+} 和 Cu^+ 的适宜比例。

三、工业固体催化剂的组成及制备方法

1. 工业固体催化剂的组成

决定工业固体催化剂性能是否优良的主要因素是催化剂本身的化学组成和结构。化学组成确定之后，其制备方法和条件、处理过程和活化条件也是相当重要的因素。

哪些物质可以作为催化剂使用是由它本身的物理性质和化学组成决定的，有的物质不需要经过处理就可作催化剂使用。例如活性炭、某些黏土、高岭土、硅胶和氧化铝等。更多的催化剂是将具有催化能力的活性物质和其他组分配制在一起，经过处理，制备得

到的工业催化剂。所以一般固体催化剂可能包括的组分如下。

(1) 活性组分　在固体催化剂所含物质中，对主反应具有催化活性的主要物质称为这种催化剂的活性组分或活性物质。活性组分是催化剂不可缺少的组分。例如加氢用的镍催化剂，其活性组分即为 Ni。

(2) 助催化剂　在催化剂所含物质中，一些本身没有催化性能，但却能提高催化剂活性的添加剂称为助催化剂。助催化剂的作用是提高催化剂的活性、选择性和稳定性。例如用于乙烯气相法合成醋酸乙烯的钯-金催化剂中，添加的 NaAc（或 KAc）就是一种很有效的助催化剂，生产中若因气流带出而浓度下降，催化剂活性也明显下降。有的催化剂其活性组分本身性能已很好，可不必加助催化剂。

(3) 抑制剂　用来抑制一些不希望出现的副反应，从而提高催化剂的选择性。这类物质称为调节剂也称抑制剂。例如乙烯氧化制环氧乙烷的银催化剂中，加入适量的硒、碲、氯、溴等物质，均能起到抑制二氧化碳生成，达到提高催化剂选择性的作用。

(4) 载体　当催化剂使用载体时，载体是催化剂组成中含量最多的一种成分。载体作为催化剂的支架，可以把催化剂的活性组分和其他添加剂载于其上。载体的主要功能是：提高催化剂的机械强度和热传导性（载体一般具有很高的导热性、机械强度、抗震强度等优点），还能减少催化剂的收缩，防止活性组分烧结，从而提高催化剂的热稳定性；增大催化剂的活性、稳定性和选择性（因为载体是多孔性物质，比表面积大，可使催化剂分散性增大，另外载体还能使催化剂的原子和分子极化变形，从而强化催化性能）；降低催化剂的成本，特别是对贵重金属（Pt、Pd、Au 等）催化剂显得更为重要。选择载体应考虑载体本身的性质和使用条件等因素合理选择。如结构的特征（无定形性、结晶性、化学组成、分散程度等）、表面的物理性质（多孔性、吸附性、机械稳定性）、催化剂载体活化表面的适应性等。催化剂载体常采用一些天然物质如硅藻土、沸石、水泥、石棉纤维等。也有用经过处理得到的活性炭，目前不少载体改用合成法制得的二氧化硅（硅胶）和氧化铝（铝胶）等。

2. 工业固体催化剂的制备方法

即使催化剂的组分完全相同，但若制备的条件和方法不同，所得的催化剂性质也不尽相同。由于催化剂的制备过程复杂，影响因素很多，到目前为止还缺乏全面的制备技术和理论，所以固体催化剂的制备和生产仍停留在按经验制备的阶段。一般常采用溶解、沉淀、浸渍、洗涤、过滤、干燥、混合、熔融、成型、煅烧、还原、离子交换等单元操作的一种或几种来进行配制。化工生产中经常使用的几种固体催化剂举例如下。

（1）金属催化剂　制备具有活性金属催化剂的经典方法首先是用金属盐类、有机酸盐以及由沉淀法制成的氢氧化物和碱性的碳酸盐为原料，在空气或氧气中煅烧成氧化物。再将氧化物还原，还原法一般在氢或一氧化碳气流中控制一定温度条件下进行。经还原得到的活性金属可加工成型为粒状、管状或片状，也有编织成金属网使用的。

如乙醇氧化生产乙醛和甲醇氧化生产甲醛所用的银催化剂，采用电解法得到的电解银编织成银丝网使用活性较高。有时为了节省贵重金属耗用量，常用银丝网和沸石银（将银截于沸石截体上）混合使用，也有比较理想的催化效果。

（2）载体催化剂　催化剂活性组分和载体的组合方式很多，有机械混合法、沉淀法、浸渍法、离子变换法、共沉淀、液相吸附、喷雾法等。可根据载体的性质而定，采用浸渍法和离子交换法的比较多。

最普通的浸渍法是将一种或几种活性组分载于载体上。通常是将载体与金属盐类的溶液接触（均匀喷洒或均匀混合），金属盐类（活性组分）被载体均匀吸附后（若有过剩溶液应除去），再经干燥、煅烧、活化处理，即得到催化剂。如乙炔气相法制醋酸乙烯的催化剂载于活性炭载体上的醋酸锌，就是用醋酸锌溶液浸渍活性炭配制，然后在流化床中控制一定温度沸腾干燥而成。

(3) 骨架催化剂　从两组分的合金中用溶解的方法去掉其中不需要的一种组分，使所需的金属保持十分分散的状态，这样制备的催化剂称为骨架催化剂，其优点是具有很高的活性。

Muray Raney 在 1925 年首先将质量比为 1∶1 的 Ni-Si 合金粉末，用苛性钠溶液溶解除 Si。制得高活性的镍催化剂。1928 年他又用 Ni-Al 合金，以同样方法制得活性更高的催化剂。因此，骨架催化剂也称雷尼催化剂。雷尼镍是一种常用的加氢催化剂。

骨架催化剂的合金组分对催化剂的活性有很大影响，尤其是合金组分的比率，此外还有催化剂比表面积，孔结构和合金的物理性质如结晶结构、硬度、脆度等。一般认为镍在 30%～50% 才有效，在 50% 以上活性便急剧降低。

溶出的金属，一般采用铝，因为它与其他金属制成合金时，会产生大量的反应热，这样容易制成合金。

四、工业固体催化剂成品的性能指标

1. 催化剂的必备条件

按照催化剂在化工生产中的作用，一种性能良好的工业固体催化剂不仅应该有较高的活性，能选择性地加快目的产物的化学反应速率；同时还必须具有合理的流体流动性质，有最佳的颗粒形状以减少流体阻力，保证流体均匀地通过催化剂层；而且要有足够的机械强度、热稳定性和耐毒性，能长时间地维持稳定的活性，使用寿命长；此外，原料来源方便，容易制备、成本低、毒性小，而且可以再生等都是催化剂的必备条件。

在以上各条件中，活性和选择性是首先应予保证的。在选择催化剂和制造过程中也要尽量考虑同时保证其他各个因素。

2. 工业固体催化剂的性能指标及其工业意义

下面简要介绍几个常用来表示催化剂性能的概念和指标。

(1) 比表面　通常把 1g 催化剂所具有的表面积（外表面和内表面）称为该催化剂的比表面，以 m^2/g 为单位。

气-固相催化反应是气体反应物在固体催化剂表面上进行的反

应。催化剂比表面的大小对于吸附能力、催化活性有一定影响，进而直接影响催化反应的速率。工业催化剂常加工成一定粒度的粉末、多孔物质，或使用载体使活性组分有高度的分散性，其目的也在于增加催化剂与反应物的接触表面。

各种催化剂或载体的比表面大小不等。如乙烯环氧化反应的银催化剂，常使用比表面约<$1m^2/g$，孔隙率30%~50%，平均孔径为$10\mu m$左右的碳化硅或α-氧化铝载体。又如一般的活性炭载体，细孔结构相当发达，由于有无数的微孔［半径（0.1~2）×$10^{-3}\mu m$］、中孔（半径0.002~$0.1\mu m$）及大孔（半径0.1~$10\mu m$）；故有较大的比表面积。有的催化剂比表面为$300m^2/g$甚至高达$500\sim 1500m^2/g$。

性能良好的催化剂应有比较大的比表面，以提高更多的活性中心，因而多是多孔性的。孔径的大小对催化剂表面的利用率及反应速率等均有一定影响，故对不同的催化反应，要选择有与化学反应相适应的孔结构，因此也不必片面地追求大的比表面。

测定比表面的方法很多，通常是通过实验测定吸附气体的数量，然后计算其表面积得到。

（2）活性　催化剂的活性是指催化剂改变化学反应速率的能力。催化剂的活性主要取决于催化剂的化学本性，同时也取决于催化剂的孔结构等性质。一般可以借助于几种方法来定量地表示催化剂活性的大小。

比活性　是利用单位面积上反应速率常数来表示的活性。例如在$20cm^2$的铂片上分解H_2O_2，其速度常数为$k=0.0094$，则铂片上的比活性为$0.0094/20=0.00047$。比活性在一定条件下只取决于催化剂的化学本性，所以用它来评价催化剂是比较严格的方法。但是反应速率方程式比较复杂，特别是在研究工作初期探索催化剂的阶段，常常不易写出每一种反应的速率方程式，因而很难计算出反应速率常数。在工业上一般不采用比活性来衡量催化剂的活性。

转化率　是用单位质量或单位体积催化剂对反应物的转化程度

来表示催化剂的活性,也即是用化学反应过程的单程转化率来衡量催化剂活性的大小。此种方法简单、直观,但由于转化率表示的是原料参加主、副反应的反应程度,因此不能确切地说明催化剂对主反应速率改变的程度,仅能说明一般规律,在要求不很精确时,工业上可用转化率来衡量催化剂的活性。

空时产率 是单位时间内、单位催化剂(单位体积或单位质量)上生成目的产物的量,用"STY"来表示,常以 $kg/(L \cdot h)$、$kg/(m^3 \cdot h)$、$kg/(m^3 \cdot d)$ 或 $kg/(kg \cdot h)$ 等为单位。该指标直接表述了催化剂的生产效益,使用很方便,因此生产和设计部门不仅用其表示催化剂的活性,而且常用来衡量催化剂的生产强度,空时产率也可作为经验法设计反应器的基本依据之一。

提高催化剂的活性是研制新催化剂和改进老催化剂研究工作的最主要目标。高活性的催化剂可以有效地加快主反应的化学反应速率,提高设备的生产强度和生产能力,即在原有设备的基础上提高单位时间目的产品的产量。

(3) 选择性 催化剂的选择性反映的是催化剂促使反应向主反应方向进行而得到目的产物的能力,也就是主反应在主、副反应总量中所占的比率。所以,衡量催化剂的选择性也就是衡量化学反应效果的选择性(即以参加反应原料计算的理论产率)。

选择性是催化剂的重要特性之一,催化剂的选择性能好,可以达到减少化学反应过程的副反应,降低原料消耗定额,从而降低产品成本的目的。

(4) 催化剂的强度、形状和密度 催化剂的机械强度、形状、密度等是催化剂重要的物理性能,对催化剂的使用和寿命有很大影响。

催化剂应具有一定的机械强度,否则在使用过程中容易破碎和粉化。对固定床反应器会堵塞气流通道,增加流体阻力和压差,甚至被迫停车。对流化床反应器会造成催化剂的大量流失,进而导致生产无法进行。

催化剂的形状会影响流体阻力和耐磨性,形状规则的催化剂不仅对流体的阻力小,且耐磨性相对也好一些,尤其以球形为好。

催化剂的密度是单位体积催化剂所具有的质量,即:

$$\rho = \frac{m}{V}$$

式中 ρ——催化剂的密度,kg/m^3;

m——催化剂的质量,kg;

V——催化剂的体积,m^3。

生产上根据催化剂体积计算值的方法不同,催化剂密度有下述几种不同的表示方法。

真密度 为扣除催化剂颗粒间及颗粒内、外孔的一切空隙后的催化剂体积计算值。

表观密度 为包括颗粒内、外孔隙(扣除颗粒间空隙)的催化剂体积计算值。

充填密度 为包括催化剂颗粒内、外孔隙及颗粒间空隙(粒子间的空隙是粒子相互振动后达到距离最小时的空隙)在内的催化剂体积计算值。

堆积密度 为催化剂颗粒自由堆积状态时的全部催化剂体积(不扣除任何空隙)的计算值。

例如一般常用活性炭载体的密度为:真密度 $2g/cm^3$,表观密度$0.8 \sim 1.0 g/cm^3$。

催化剂的密度,尤其是堆积密度的大小影响反应器的装填量。堆积密度大,单位体积反应器装填的催化剂量多一些,设备利用率就大一些。但与此同时,必须要求催化剂的强度要大,否则固定床反应器下层的催化剂容易被压碎;在流化床中,若催化剂堆积密度过小,气流速度就不能大,否则容易将催化剂吹出,而低流速下操作,设备的生产能力又会降低。

(5)催化剂的使用寿命 催化剂从开始使用直到经过再生也不能再恢复其活性,从而达不到生产规定的转化率和收率指标为止的时间,称为催化剂的使用寿命。

催化剂的活性与运转时间有很大关系,不同的催化剂都有它自

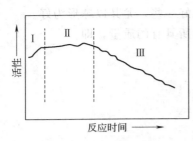

图 4-3 催化剂的活性曲线
Ⅰ—成熟期；Ⅱ—稳定期；
Ⅲ—衰老期

己的"寿命"曲线，即活性随时间变化的曲线。曲线可分为三个时期，如图 4-3 所示。

成熟期 一般情况下，催化剂开始使用时，从较低活性较快地升高到正常活性，可以看成是活化过程的延续。直至达到稳定的活性，即催化剂成熟。

活性稳定期 催化剂活性在一段时间内维持基本稳定。这段时间的长短与使用是否合理及催化剂性能有关，可以从很短的几分钟到几年。稳定期越长越好。

衰老期 随使用时间增长，催化剂的活性要逐渐下降，即开始衰老，直到催化剂的活性降低至不能再使用而必须再生，若再生无效时则需要更换新的催化剂。

催化剂的寿命愈长，催化剂正常发挥催化能力的使用时间就愈长，其总收率（催化剂的生产能力×使用时间）也就愈高。对生产过程有利之处不仅是可以减少更换催化剂的操作以及由此而带来的物料损失，同时在经济上可以减少催化剂的消耗量而降低产品成本。因此，尤其是对价格昂贵的贵重金属催化剂，提高其性能质量，合理地使用，保护催化剂性能的正常发挥，延长使用寿命更具有重要意义。

五、工业固体催化剂的使用

1. 固体催化剂的活化

一般情况下，制备好的催化剂在使用之前应经过活化处理，活化过程中常伴随着化学变化和物理变化。活化是将催化剂不断升温，在一定的温度范围内，使其具有更多的接触表面和活性表面结构，将活性和选择性提高到正常使用的水平。所以，催化剂的活化是一个重要过程，它直接关系到催化剂性能。但有少数催化剂也可不经活化处理,一经配制好,就有较高活性,可直接投入使用。

最常用的活化方法是在空气或氧气中进行,在不低于催化剂使用温度下煅烧。加氢及脱氢催化剂一般在氢气存在下进行活化,或者在使用前用氢气处理,有些催化剂需要在特定条件下进行活化。催化剂的活化可以在活化炉中进行,也可以在反应器中进行,活化后即可正常使用。催化剂活化过程中的温度控制是一个重要因素,包括升温速度、活化速度、活化温度、活化时间及降温速度等,必须严格控制。

2. 催化剂活性衰退的原因

催化剂在使用过程中活性逐渐降低,其中有化学原因也有物理原因,大致有下列几种情况。

(1) 中毒及碳沉积 随反应物带进的某些物质会导致催化剂的活性降低,称为催化剂中毒。这些物质称为催化剂的毒物。各种常见催化剂毒物见表4-1。

表4-1 各种常见催化剂毒物

催化剂	反应	催化剂毒物
Ni、Pt	脱水	S、Se、Te、As、Sb、Bi、Zn 化合物、卤化物
Pd、Cu	加氢	Hg、Pb、NH_3、O_2、CO (小于453K)
Ru、Rh	氧化	C_2H_2、H_2S、PH_3、银化合物、砷化合物、氧化铁
CO	加氢裂化	NH_3、S、Se、Te、磷化合物
Ag	氧化	CH_4、C_2H_6
V_2O_5、V_2O_3	氧化	砷化合物
Te	合成氨	硫化物、PH_3、O_2、H_2O、CO、C_2H_2
Te	加氢	Bi、Se、Te、磷化合物、水
Te	费歇合成汽油	硫化物
Te	氧化	Bi
硅胶、铝胶	裂化	有机碱、碳、烃类、水、重金属

催化剂中毒的一种形式是毒物将催化剂活性物质转变成钝性的

表面化合物，使其活性迅速下降。如果毒物牢固地形成化学吸附，即为永久性中毒。如果是很松弛地吸附，即为暂时中毒，可用再生方法恢复其活性。另一种情况是一些重金属（Ni、Cu、V、Fe等）化合物沉积在催化剂上，使选择性下降。毒物还可能降低催化剂结构的稳定性。如以硅或氧化铝凝胶作为载体的一些催化剂的水蒸气中毒，使催化剂表面积逐渐减小。有时某些毒物阻塞了孔隙，使反应物不能到达催化剂的活性表面。

炭沉积指的是一些有机反应物在进行主反应的同时，因深度裂解而生成炭或由于聚合反应生成聚合物、焦油等物质覆盖了催化剂表面，使催化剂失去活性。

（2）化学结构的改变 催化剂在反应条件下逐渐改变结构如再结晶、熔结、分散、松弛等。如果反应条件控制不好，温度过高或局部过热时更容易引起化学结构的改变。

（3）催化剂成分的改变及损失 由于氧化还原反应的发生及催化剂某些组分挥发或被反应物带走等原因，都会导致催化剂化学组成的变化，从而使其活性降低。

3. 催化剂的再生

催化剂的活性丧失可能是可逆的，也可能是不可逆的。经再生处理后可以恢复活性的属可逆，称为暂时性失活。如由于炭沉积或可以复原的化学变化（如氧化）等引起的活性降低，都是可逆的。经再生处理而不能恢复活性的为不可逆，称为永久性失活。如由于局部过热引起的活性结构改变以及永久性中毒等，这时催化剂只能废弃，要更换新的催化剂。

再生的方法应根据具体情况确定，取决于催化剂的性质和催化剂失活的原因、毒物的性质以及其他有关条件。不同的催化剂各有其特定的再生方法。例如脱氢催化剂，可用氧化还原法进行再生，先在一定温度下使其氧化，然后再用氢气还原法进行还原。石油馏分催化裂化及某些有机反应的催化剂是用空气烧掉催化剂表面上的积炭而使其再生的。除了化学方法外，也可以用物理方法，如用有机溶剂提取法来除去覆盖在催化剂表面上的有机物，对某些组分挥发等损失的催化剂,可以补充损失的组分而恢复其活性等。

4. 催化剂的使用

工业固体催化剂寿命的长短,在生产上发挥作用的好坏,不仅取决于催化剂自身的性能、制备方法等因素,而且在很大程度上与使用过程是否合理,操作是否精心有关。如果使用不妥,催化剂就不能发挥应有的活性,达不到生产装置的设计能力,致使催化剂寿命缩短、失效,甚至使生产不能正常运行。

(1) 固体催化剂使用的注意事项

① 防止已还原或已活化好的催化剂与空气接触。

② 原料必须经过净化处理,使用过程中要避免毒物与催化剂接触。

③ 严格控制操作温度,使其在催化剂使用的允许温度范围内,防止催化剂床层局部过热,以免烧坏催化剂。催化剂使用初期活性较高,操作温度尽量控制低一些,随活性的逐渐下降,可以逐步提高操作温度,以维持稳定的活性。

④ 维持正常操作条件(如温度、压力、反应物配比、流量等)的稳定,尽量减少波动。

⑤ 开车时要保持缓慢的升温、升压速度,温度、压力的突然变化容易造成催化剂的粉碎,要尽量减少停车、开车的次数。

(2) 催化剂的装填　催化剂的装填是一项很关键的操作,尤其是对固定床反应器至关重要。首先,装填是否均匀,直接影响到床层阻力与催化剂性能的正常发挥,导致原料的转化率和设备生产能力下降;另外催化剂装填不均匀、密度过大的地方,阻力特别大,气流速度慢,容易造成局部过热,以致部分催化剂被烧结而损坏。

一般情况下,装填催化剂之前要注意清洗反应器内部,检查催化剂承载装置是否合乎要求(如铺一层铁丝网或耐火球等),并筛去催化剂的粉尘和碎粒,保证粒度分布在生产工艺规程规定的范围之内。然后确定好催化剂的装填高度,均匀装填。尤其是固定床反应器,一定要将催化剂分散铺开,防止催化剂分级散开的倾向,还要检测床层压力降(列管式反应器要校验每组列管的阻力降是否一致)。催化剂装填完毕,要将反应器进出口封好密闭,以防其他气体进入和避免催化剂受潮(对一些还原性催化剂及易吸潮的催化剂,不宜过早配制、过早装填)。

(3) 催化剂活性的保持　催化剂的使用要兼顾活性、选择性和寿命。既要保持暂时的生产能力又要保证产品质量,还要充分发挥催化剂的作用,即催化剂总收率要高。然而多种原因都会使催化剂的活性随使用时间的延长而缓慢正常下降,在流化床反应器中还会因催化剂颗粒之间的磨损而造成粉末飞散损失。为了保证生产过程工艺指标和产品质量的均一性,就应保持催化剂在生产过程中有稳定的活性,以取得好的生产效益,为此在工业生产中常采用如下操作方法。

① 催化剂交换(等温操作)法。此种方法是在恒温操作的反应器中,每天加进一定量的新催化剂,卸出一定量旧催化剂,以保证一定的催化剂内存量和一定的活性。这种操作法产量和质量都比较平稳。交换量可以根据经验找出规律并借助数学计算决定,原则是:加入量=卸出量+损失量。

② 连续等温式操作法。对于有多台反应器组成的多列生产,如果每列独立恒温用新催化剂补充,交换的旧催化剂废弃,则对催化剂的充分利用和管理都是不利的。若每列反应器分作不同温度等级进行恒温操作,最低温列补加新催化剂,卸出的旧催化剂作为比它温度略高之列反应器的补加催化剂,而卸出的催化剂如此类推,直至高温列卸出之催化剂才废弃。这种操作方法称作连续等温式操作法。等温反应器的个数愈多,其催化剂利用率就愈完全。不仅如此,同时还具有下述的优点:a. 各列反应器基本上是恒温操作,可用催化剂交换量来维持催化剂活性在一定水平上,产量、质量都比较平稳;b. 高温反应时,反应器送出的产物质量较差,如果单列生产或几列在同一温度水平操作,一年中反应产物质量变化过大,不利于后系统分离操作,若分为低、中、高三列错开操作,低温列用活性高的催化剂,高温列用活性差的催化剂,则反应产物质量好坏互相掺合,其质量可以基本变化不大;c. 飞散损失可由催

化剂加入量补充；d.因为催化剂活性和温度平稳，产物质量变化不大，便于实现自动化控制，减少系统波动便于管理。

等温交换或连续等温式操作的缺点是每天都要加卸催化剂，劳动强度大，同时前一列卸出的催化剂加到下一列，使多列操作状态互相牵连，要实现最优控制颇难估计和掌握。最严重的缺点是催化剂的能力不能充分发挥，生产能力较低，设备利用率也较低，而且列数愈少，其缺点愈明显。这一点主要表现在全混式交换催化剂时，新加入活性高的催化剂，陆续有一部分因全混合走短路而被提前排出，而应排出已老化的催化剂又没有全部排出，而且永远也排不尽。活性好的新催化剂，本应全部在低温列发挥作用，但一部分被提前卸出，送到高温列，在高温条件下失活速度大大加快，寿命缩短，且副反应增加。反之，活性已大大下降的旧催化剂本应送到高温列升温后提高活性，但相当一部分却留在低温列床内，占据了一定体积。两种情况都使催化剂使用效率降低，从而降低了催化剂的生产能力。

③ 升温操作法。此种操作法与固定床升温操作法相似，用单列反应器独立升温操作，劳动强度可以大大减少，除了补加一些飞散损失的催化剂外，不作催化剂交换。全床的停留时间和活性相同，既可保证一定产量，又可避免催化剂过快失活和影响质量，催化剂利用率提高。

独立升温操作法的缺点是产品质量不如连续等温式稳定，不利于自动化控制。除了升温要根据催化剂活性逐步进行外，补加飞散损失的问题也值得研究，如果一再补加新催化剂，在温度较高时，不仅使这部分新催化剂利用率降低，副反应也会增加。

对固定床反应器只能用升温操作法。即开始时用较低温度操作，待催化剂活性逐渐下降（空时产率降低）时相应地逐步提高反应温度，维持催化剂活性基本稳定在一定水平上。这样既可以保证一定产量，又可避免催化剂过快失去活性或影响产品质量，催化剂利用率也较高。

对流化床反应器，除可用提高温度的方法外，还可用交换催化剂的方法来保持催化剂较高的空时产率。

复 习 思 考 题

4-1 对化工生产过程的化学反应进行热力学和动力学分析的工业意义是什么？

4-2 用什么方法来比较化学反应体系中主、副反应进行的难易程度？目的何在？

4-3 通过烃类原料裂解生产乙烯反应过程的热力学分析可以说明什么问题？为什么单纯提高裂解反应温度不一定能达到提高乙烯产率的目的？

4-4 从化学平衡移动的原理定性分析确定有利于甲醇生成的工艺条件的原则。

4-5 影响工艺过程生产能力的因素有哪些？

4-6 影响化学反应速率的因素有哪些？温度影响化学反应速率有何规律？

4-7 综合热力学和动力学分析结果，为了达到提高乙烯产率的目的，应如何选择适宜的温度条件和停留时间？

4-8 催化剂在化工产品工业化生产上有何意义？

4-9 工业用固体催化剂一般主要由哪些成分组成？各组分所起的作用是什么？

4-10 工业用固体催化剂一般可用哪些方法制备？

4-11 根据什么标准来衡量工业用固体催化剂的性能好坏？

4-12 固体催化剂活化处理的作用是什么？

4-13 固体催化剂使用过程中，活性衰退的原因有哪些？哪些活性衰退可以再生？哪些不能再生？各举例说明。

4-14 正确使用固体催化剂应注意哪些事项？

4-15 可采用哪些催化剂操作方法来维持催化剂稳定的活性？各方法有何利弊？

第五章 工艺过程的分析与组织

第一节 工艺操作方式

一、化工过程的操作方式

化工生产过程的操作状况有稳态操作和非稳态操作之分。按操作方法分为间歇操作过程、连续操作过程和半间歇（半连续）操作过程。

间歇过程 生产操作一开始，将原料一次投入系统，直到操作（或反应）结束之后，立即将产物全部一次取出。间歇过程属非稳态操作。

连续过程 物料连续不断地流过生产装置，送进系统的原料和从系统取出的产品总物料量相等。连续过程多为稳态操作。当生产处于开车、停车或出现操作故障时，属非稳态操作。

半间歇操作（或称半连续操作） 操作过程一次投入原料，连续不断地从系统取出产品；或连续不断地加入原料，而在操作一定时间后一次取出产品；另一种情况是一种物料分批加入，而另一种原料连续加入，视工艺需要连续或间歇取出产物的生产过程。半间歇过程也属于非稳态操作，在分类时，也有将半间歇过程列入间歇过程的。

二、间歇操作过程

间歇操作方法的优点是：生产过程比较简单，投资费用低；生产过程中变更工艺控制条件方便，生产的灵活性比较大，产品的投产也比较容易。但其缺点是：由于是间歇操作，存在加料、出料和清洗等非生产时间,设备利用率不高,生产能力的提高受到一定限制;同时也由于间歇操作,过程实现自动化的程度比较低,工艺参数的控制不如连续化生产严格,产品质量的波动也大一些;此外过程中人工操作的方式比较多,劳动强度比较大。

根据间歇操作过程的特点,一般适用于小批量、多品种的生产,在染料、胶黏剂等多种精细化工生产中较广泛采用这种操作方式。有些化工产品在试制阶段,对工艺参数影响产品质量的规律的认识及操作控制方式不够成熟时,也常用间歇操作法来寻找适宜的工艺条件。大规模的工业生产过程用间歇操作的较少。

图 5-1 107 胶反应釜示意图

例如:用作建筑装饰用的 107 胶(聚乙烯醇缩甲醛胶黏剂,也即是文化用品的胶水)的生产就是采用间歇操作法生产。如图 5-1 所示,原料聚乙烯醇水溶液加入带夹套和搅拌的反应釜中,用盐酸调节其 pH 值为酸性,然后加入原料甲醛,反应在 85～90℃进行约 30min,反应结束,再用 NaOH 中和产物至中性,降温后即可出料得到聚乙烯醇缩甲醛的 107 胶水。该生产过程基本上是一次投入原料,一次出料,属典型的间歇操作。

三、连续操作过程

连续操作过程的特点是生产系统与外界有物料不断地交换,连续进料,连续出料,且进料与出料的质量相等,属稳态操作过程。由于生产连续进行,设备利用率高,生产能力大;连续生产过程容易实现自动化操作,工艺参数控制稳定,产品质量得到较好的保证。但连续性生产过程的投资大,操作人员的技术水平要求比较高。

根据连续操作过程的特点,适用于技术成熟的大规模工业生产。一般实现工业化生产的化工产品的大型生产装置,基本上都是采用连续操作法生产。有些小产品，生产技术比较成熟，过程自动化程度要求比较高，也经常采用连续操作。

对同样一个生产过程，由于生产能力大小不同等具体原因，也可以分别采用不同的操作方式。例如，在乙醛氧化法生产醋酸的装置中，有回收醋酸低沸物的操作。从醋酸低沸塔顶得到的醋酸低沸物中除主要成分50%以上的醋酸以外，还含有5%~15%的乙醛和5%~15%的醋酸甲酯、水分以及少量甲酸。工艺要求将乙醛和醋酸甲酯分离出来作为副产物，余下的稀醋酸也要回收使用。对于生产能力比较大的醋酸生产装置，醋酸低沸物的回收量和副产的乙醛和醋酸甲酯量都比较大，可以形成有一定规模的连续精馏分离装置。其流程如图5-2所示，由三个精馏塔组成。醋酸低沸物连续加入到乙醛塔，在此除掉乙醛后，釜液送入醋酸甲酯塔，除去醋酸甲酯后，釜液

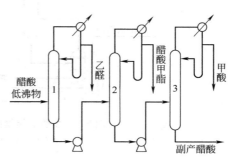

图5-2　醋酸低沸物的连续分离
1—乙醛塔；2—甲酯塔；3—甲酸塔

再送入甲酸塔除去甲酸，余下的釜液就是回收的副产醋酸。即从三个塔的塔顶分别得到回收乙醛、醋酸甲酯和甲酸。

当醋酸装置的生产能力不大时，醋酸低沸物的回收量也不会很大，而其中副产的乙醛和醋酸甲酯量就比较少，要从稀醋酸中除掉的杂质——甲酸就更少。此时不足以形成连续精馏过程的生产能力，若再采用三个精馏塔组成的流程，不仅精馏塔太小，而且设备利用率太低。因此，有的工厂采用如图5-3所示的间歇蒸馏塔来完成上述的分离回收任务。醋酸低沸物可以送入一个容量较大的塔釜中，当储存量达到一定量时，可以开始蒸馏操作。回收乙醛、醋酸甲酯和除去甲酸的操作均用同一个间歇蒸馏塔完成。只需调节不同的塔顶温度，不同的馏出物用不同的物料线送出即可完成，最后塔釜剩余沸点较高的釜液即为副产稀醋酸。

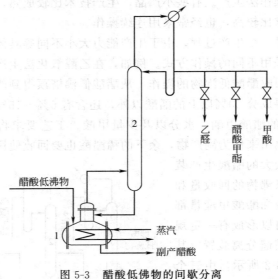

图 5-3 醋酸低佛物的间歇分离
1—蒸发器；2—间歇塔

第二节 影响反应过程的基本因素

化工生产过程的中心环节是化学反应，只有通过化学反应，原料才能变成目的产品。然而化学反应过程往往又是复杂的，对某一个产品生产的化学反应过程而言，往往除了生成目的产物的主反应以外，也还有多种副反应（平行反应和连串反应）生成多种副产物。原料几乎不可能全部参加反应，生产上经常将反应物的转化率控制在一定的限度之内，再把未转化的反应物分离出来回收利用。若要实现消耗最少的原料生产得到更多的目的产品，首先就要了解通过控制哪些基本因素可以保证实现化工产品工业化的最佳效果，明确这些外界条件对化学反应过程的影响规律，从而找出最佳工艺条件范围并实现最佳控制。为了达到上述目的，首先要搞清楚的问题就是化工生产反应过程优化控制的目标是什么。

一、反应过程工艺条件优化的目标

连串反应是化学工业中最常见也是最重要的复杂反应之一,以此为例来进行分析。连串反应可以用下面的通式表示:

$$A \longrightarrow R \longrightarrow S$$

以中间产物 R 为目的产物的生产工艺称为连串反应工艺,S 是目的产物进一步反应生成的副产物。使消耗的原料 A 尽可能多地得到中间产物 R (即目的产物) 是连串反应工艺优化的基本目标。

对连串一级反应的动力学方程进行数学处理,可以得到各组分浓度随时间变化的关系如图 5-4 所示,由图中曲线变化可见,中间产物 R (目的产物)的浓度存在极大值 $[R_m]$,在极大值之前,R 的生成速率大于消失速度,随着反应时间的延长,R 的浓度增大达极大值 $[R_m]$,此后 R 的生成速率小于消失速率,且随反应时间的延长,R 的浓度越来越低,副产物 S 的浓度则越来越大。一般把 R 浓度的极大点 $[R_m]$ 作为

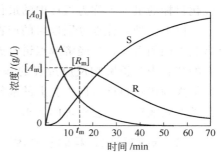

图 5-4 连串一级反应中物质 A、R 和 S 的浓度-时间曲线

连串反应工艺中的最佳点,对应的时间 t_m 称为最佳反应时间,对应反应物 A 的转化深度 $\left[\dfrac{[A_0]-[A_m]}{[A_0]} \times 100\%\right]$ 称为最佳转化深度。若将反应过程中因副反应造成的损失称为化学损失,则这种以 R 浓度最大(即化学损失最小)为优化目标最佳点的方法称为化学上的最佳点。

在工业生产中,为了使原料得到充分利用,反应器之后总有一个配套的分离回收系统。在分离回收过程中,未反应的 A 不可能无损失地全部回收,这种分离回收过程中的物料损失称为物理损失。工艺生产中如果原料 A 的转化率过高,则目的产物 R 转化为

副产物 S 的量就太大，化学损失会很大；然而如果反应物 A 的转化率太低，在工艺系统中循环的原料 A 量就会增大，由分离回收而造成的物理损失也随之增大。上述两种情况下，R 的收率都不可能很高。所以，必然存在一个 R 总收率最大，即化学损失和物理损失两项的总损失最小的最佳点，这就是工艺上 R 总收率最大的操作点。以目的产物 R 总收率最大为优化目标的最佳点称为工艺上的最佳点。

此外，当未反应的 A 在系统中的循环量增大时，分离设备体积也要增大，设备折旧费和能耗都要相应增加。因此，R 总收率最大的最佳点还不是成本最低的最佳点。以目的产物 R 成本最低为优化目标的最佳点称为设计中的最佳点。

以上三种最佳点分别以目的产物不同的标准为优化的目标，各有其不同的含义。从经济观点讲，成本最低应是最终目标，而在已有的装置中分析影响反应过程的基本因素时，以目的产物 R 总收率最大为优化目标（即工艺上的最佳点）来寻求反应过程的最佳工艺条件就能符合工艺管理的要求。

二、影响反应过程的基本因素分析

影响反应过程的进行而能否达到工艺上最佳点的因素很多，如设备的结构、催化剂的性能和用量、反应过程的工艺参数（温度、压力、原料配比、停留时间）以及原料的纯度等。虽然各个化工产品的反应过程各有自己的特点，工艺过程差别很大。但总的说来，每一个工艺因素，不论是温度、压力、原料配比以及停留时间，对化学反应的影响也有一些共同之处。本节内容主要讨论的是工艺参数对化学反应影响的共同规律以及最佳工艺条件确定的原则。应说明的是，在讨论每一个工艺因素对化学反应的影响规律时，一般都是指在维持其他工艺条件不变化的条件下来进行的。

1. 温度对化学反应的影响规律

温度对化学反应的影响很大，一般影响规律可以从下述几方面分析：

平衡常数与温度的关系式

$$\frac{\mathrm{d}\ln K_p}{\mathrm{d}T}=\frac{\Delta H}{RT^2}$$

式中　K_p——以气体平衡分压表示的平衡常数；

　　　ΔH——化学反应前后焓的改变值，kJ；

　　　R——气体常数；

　　　T——反应温度，K。

从关系式可以看出。对于吸热反应，$\Delta H>0$，$\frac{\mathrm{d}\ln K_p}{\mathrm{d}T}>0$，则平衡常数 K_p 值随温度的上升而增大；反之，对于放热反应 $\Delta H<0$，$\frac{\mathrm{d}\ln K_p}{\mathrm{d}T}<0$，则平衡常数 K_p 值随温度的上升而减小。所以从化学平衡的角度看，升温有利于提高吸热反应的平衡产率，降温则有利于提高放热反应的平衡产率。其实际意义说明了应该如何改变条件去提高反应的限度。

从第四章第二节温度与化学反应速率的关系分析可知，提高温度可以加快化学反应的速率，在同一反应系统中，不论主、副反应皆符合这一规律。但温度的升高相对地更有利于活化能高的反应。由于催化剂的存在，相比之下主反应一定是活化能最低的。因此，温度升得越高，从相对速度看，越有利于副反应的进行。所以在实际生产上，用升温的方法来提高化学反应的速率应有一定的限度，只能在有限的适宜范围内使用。

另外，从温度变化对催化剂性能和使用的影响来看，对某产品的生产过程，只有在其催化剂能正常发挥活性的起始温度以上使用催化剂才是有效的。因此，适宜的反应温度必须在催化剂活性的起始温度以上。此时，若温度升高，催化剂活性也上升，但催化剂的中毒系数也增大，若温度过高中毒系数会急剧上升，致使催化剂的生产能力即空时收率急速下降。当温度继续上升，达到催化剂使用的终极温度时，催化剂会完全失去活性，主反应难以进行，反应失去控制，而生产也无法进行，有的反应还甚至出现爆炸等危险。因而操作温度不仅不能超过终极温度，而且应在低于终极温度的安全范围内进行操作。

再从温度对反应效果的影响来看，在催化剂适宜的温度范围内，当温度较低时，由于反应速率慢，原料转化率比较低，但选择性比较高；随着温度的升高，反应速率加快，可以提高原料的转化率。然而由于副反应速率也随温度的升高而加快，选择性下降，且温度越高下降越快；收率的变化规律一般是在温度不很高时，随温度的升高，因转化率上升，单程收率也呈上升趋势，但若温度升得过高后，会因为选择性随温度过高而下降以导致单程收率也下降。由此看，升温对提高反应效果有好处，但不宜升得过高，否则反应效果反而变坏，而且选择性的下降还会使原料消耗量增加。

适宜温度范围的选择首先是根据催化剂的使用条件，在其活性起始温度和终极温度之间。结合操作压力、空间速度、原料配比和安全生产的要求以及反应的效果等项，综合选择，并经过实验和生产实际的验证最后确定。

2. 压力对化学反应的影响规律

由于液体的可压缩性太小，所以一般压力对液相反应的影响不大，液相反应都在常压下进行。对某些气液相反应，为了维持反应在液相中进行，才在与之平衡的气相空间略加一点有限的压力，也属于常压反应。气体的可压缩性很大，因此压力对气相反应的影响比较大。这里仅讨论压力对气相反应的影响规律。

对理想气体，化学平衡常数

$$K_p = K_y \left(\frac{p}{p^o} \right)^{\Delta n}$$

式中　K_p——以气体平衡分压表示的平衡常数；

K_y——以平衡时各物质的摩尔分数表示的平衡常数；

p^o——标准状况下，理想气体的压力（$p^o = 101.3 \text{kPa}$）；

p——总压，kPa；

Δn——反应的分子数变化。对反应

$$bB+dD \Longrightarrow gG+hH$$

其 $K_y = \dfrac{y_G^g y_H^h}{y_B^b y_D^d}$，从热力学可知，常压下的气体反应 K_p 值只与温度有关，与压力无关，当反应温度一定时，K_p 为常数。对 $\Delta n > 0$（即体积增大）的反应，当总压 p 下降时，$\left(\dfrac{p}{p^\circ}\right)^{\Delta n}$ 也下降。为维持 K_p 不变，必然 K_y 要增大，其结果是化学平衡向产物生成的方向移动；对 $\Delta n < 0$（即体积减小）的反应。当总压 p 下降时 $\left(\dfrac{p}{p^\circ}\right)^{\Delta n}$ 增大，要使 K_p 不变，则 K_y 一定下降。结果是化学平衡向逆反应。即向反应物的方向移动；对于 $\Delta n = 0$（体积不变）的反应，因为 $\left(\dfrac{p}{p^\circ}\right)^0 = 1$，所以 $K_p = K_y$，即压力变化对平衡移动无影响。

以上分析说明，从化学平衡的角度看，增大压力对分子数减少的反应是有利的，而降低压力有利于分子数增加的反应。

压力对反应速率的影响是通过压力改变反应物浓度而形成的，一般情况下，增大反应压力，也就相应地提高了反应物的分压（即浓度增大）。除零级反应外，反应速率均随反应物浓度的增加而加快。所以一定条件下，增大压力，间接地加快了化学反应速率。

增加压力可以缩小气体混合物的体积。对于一定的原料处理量来说，意味着反应设备和管道的容积都可以缩小；对于确定的生产装置来说，则意味着可以加大处理量，即提高设备的生产能力。这对于强化生产是有利的。

随着反应压力的提高，一是对设备的材质和耐压强度要求也高，设备造价、投资自然要增加；二是对反应气体加压，需要增加压缩机，能量消耗增加很多。此外，压力提高后，对有爆炸危险的原料气体，其爆炸极限范围将会扩大。压力高，生产过程的危险性也增加，因此，安全条件要求也就更高。

适宜的压力条件应根据该反应使用催化剂的性能要求，以及化

学平衡和化学反应速率随压力变化的规律来确定。若反应有必要进行加压，多高压力适当，要结合必要条件和加压的利弊作经济效果的比较，还要考虑物料体系有无爆炸危险，最后确认生产是在安全确有保证的条件下进行，即为适宜。

3. 原料配比对化学反应的影响规律

原料配比指的是化学反应有两种以上的原料时，原料的物质的量之比，一般多用原料摩尔配比表示。原料配比对反应的影响与反应本身的特点有关。如果按化学反应方程式的化学计量关系进行配比，在反应过程中原料的比例基本保持不变，是比较理想的。但根据反应的具体要求，还应结合下述情况分析确定。

从化学平衡的角度来看，两种以上的原料中，任意提高某一种反应物的浓度（比例），均可达到提高另一种反应物之转化率的目的。

从反应速率的角度分析，在动力学方程 $r=kc_A^a c_B^b$ 中。若其中一种反应物浓度的指数为0，则反应速率与该反应物的浓度无关，无必要过量配比；若某反应物浓度的指数大于0，则说明反应速率与该反应物的浓度有正向关系，可以考虑过量操作以加快反应速率。

在提高某种原料配比时，还应注意到该种原料的转化率一定会下降，况且化学反应是严格按照反应式的化学计量比例关系进行反应，因而随反应的进行，该种过量的原料随反应进行程度的加深，它过量的倍数就越大。那就涉及在分离反应物后，实现该种原料的循环使用从而提高其总转化率的可行性与经济性，过量多少为宜还需经过对比实验，即从反应效果和经济效果综合分析确定。

如果两种以上的原料混合物属爆炸性混合物，则首要考虑的问题是其配比浓度应在爆炸范围之外，以保证生产的安全进行。同时还应该有必要的各种安全措施。

适宜的原料配比范围应根据反应物的性能、反应的热力学和动力学特征、催化剂性能、反应效果、经济衡算结果等综合分析后予以确定。

4. 停留时间对化学反应的影响规律

停留时间也称接触时间,指的是原料在反应区或在催化剂层的停留时间,用"τ"表示,单位是秒。

对气-固相催化反应过程,常采用空间速度来衡量原料气体流经催化剂层速度的快慢。空间速度一般指的是在单位时间、单位体积催化剂上所通过的原料气体(标准状态)的体积流量,用"SV"表示,简称空速。单位是"$m^3/(h \cdot m^3)$或h^{-1}"。

停留时间和空间速度有密切的关系。空间速度越大,停留时间越短;空间速度越小,停留时间愈长,但不是简单的倒数关系。

从化学平衡看,接触时间愈长(空间速度越小),反应愈接近于平衡,单程转化率愈高,循环原料量可减少,能量消耗也少一些。但停留时间太长也是不适宜的,首先是反应时间太长,会有相当一部分与主反应平行进行的和由产物连串进行的副反应发生,尤其是有机物的聚合和分解反应出现的可能性要增加,使催化剂的中毒系数增大,缩短了催化剂的寿命,选择性也随之下降。另一方面,停留时间太长,单位时间内通过的原料气量太少,大大降低了设备的生产能力。

对每一个具体的化学反应,适宜的停留时间(或空间速度)应根据反应达到适当高的转化率(选择性等指标也较高)所需的时间以及催化剂的性能来确定。

三、烃类热裂解反应的影响因素

(一)影响因素分析

1. 裂解温度

裂解温度是影响乙烯收率的一个极重要的因素。从烃类热裂解过程的热力学分析和动力学分析可知,裂解反应是吸热反应,要在高温下才能进行,温度愈高,对乙烯、丙烯的生成愈有利。但温度愈高,同时也更有利于烃类分解成碳和氢的副反应。这一规律从表5-1中数据(用热力学计算得到的在不同温度下乙烷和丙烷热裂解的平衡浓度)也能得到证实。

表 5-1　不同温度下乙烷和丙烷热裂解的平衡浓度

温度 K	$C_2H_6 \rightleftharpoons C_2H_4+H_2$			$C_3H_8 \rightleftharpoons C_3H_6+H_2$			$C_3H_8 \rightleftharpoons C_2H_4+CH_4$		
	C_2H_6	C_2H_4	H_2	C_3H_8	C_3H_6	H_2	C_3H_8	C_2H_4	CH_4
	质量分数/%			质量分数/%			质量分数/%		
500	100			100			80.1	12.7	7.2
700	98.3	1.6	0.1	99.36	0.61	0.03	4.3	60.9	34.8
900	78	20.5	1.5	40.2	67.1	2.7	0.2	63.5	36.3
1100	20.9	73.8	5.3	3.9	91.7	4.4			
1300	2.2	91.3	6.5						

所以综合考虑，温度应有一个适宜值才可能提高乙烯的收率。以乙烷裂解反应为例，一般有下述 7 个反应。

$$C_2H_6 \rightleftharpoons C_2H_4+H_2 \tag{1}$$

$$C_2H_6 \longrightarrow 2C+3H_2 \tag{2}$$

$$C_2H_4 \longrightarrow 2C+2H_2 \tag{3}$$

$$C_2H_4 \longrightarrow C_2H_2+H_2 \tag{4}$$

$$C_2H_2 \longrightarrow 2C+H_2 \tag{5}$$

$$3C_2H_4 \longrightarrow C_6H_6+3H_2 \tag{6}$$

$$C_6H_6 \longrightarrow 多环芳烃 \longrightarrow 焦 \tag{7}$$

首先可以算出反应 (1) 在不同的温度下的标准吉氏函数改变值

$$\Delta G_1^\ominus = \Delta G_f^\ominus(C_2H_4) + \Delta G_f^\ominus(H_2) - \Delta G_f^\ominus(C_2H_6)$$

并将 $\Delta G_1^\ominus$ 值对温度的关系用曲线表示出来，如图 5-5 中曲线 (1) 所示。由图可见，在温度低于 1065K 时，$\Delta G_1^\ominus > 0$，而温度在 1065K 以上，$\Delta G_1^\ominus < 0$，温度愈高，$\Delta G_1^\ominus$ 愈小，反应的可能性愈大。由此说明乙烷裂解生成乙烯的最低温度是 1065K。

用同样的方法，可以在图 5-5 中作出反应 (2)、(3)、(4)、(5)、(6)、(7) 的反应标准吉氏函数改变与温度的关系曲线，如图所示。可以看出，除反应 (4) 而外，其他反应的 $\Delta G^\ominus$ 值在高于

1065K 温度时都比反应（1）的 $\Delta G_1^{\ominus}$ 小很多，说明这些副反应的可能性都比主反应（1）大很多，尤其是生成碳和焦的各反应可能性为最大。

乙烯生成乙炔的反应（4），$\Delta G^{\ominus}$ 值由正值变为负值的对应温度为1380K，低于1380K 时，$\Delta G^{\ominus}$ 为正值，说明此时生成乙炔的反应可能性很小。由裂解反应的动力学分析可知，乙烯的生碳反应要经历生成乙炔的中间

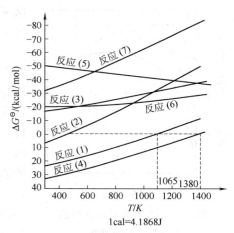

图 5-5　乙烷裂解反应的 $\Delta G^{\ominus}$ 与温度 T 的关系

阶段，然后才由乙炔生成碳。因此，生产乙烯的裂解过程不希望有乙炔生成，所以要减少反应（4）的措施可以是控制裂解温度在1380K 以下。综合热力学分析结果，乙烷裂解制取乙烯的温度应控制在 1065~1380K 范围内，适宜温度选择还应结合停留时间的长短来确定。

2. 停留时间

裂解反应的停留时间指的是原料反应物在高温反应区的停留时间。如果反应物在反应区的停留时间太短，大部分反应物来不及反应就离开了反应区，原料的转化率就很低，增加了未反应原料分离、回收带来的能量消耗；接触时间过长将不利于发挥一次反应动力学因素的优势，由于二次反应有充分的时间进行，虽然转化率很高，但选择性却降低了，既浪费了原料，生成的焦和碳又会影响生产的正常进行。适宜的停留时间要结合温度、原料的组成、原料的转化率和循环量、生产能力和能量消耗等诸多因素综合分析，以获得最好的经济效果为目标来确定。

从热力学和动力学分析可知，烃类在高温下随停留时间增长和

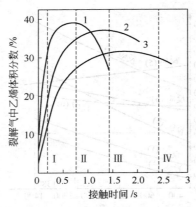

图 5-6 温度和停留时间对乙烷裂解反应的影响

1—温度为 1116K；2—温度为 1089K；
3—温度为 1055K

反应温度的提高，稳定性下降。为了减少二次反应，提高乙烯的产率，均应控制很短的停留时间。图 5-6 所示为温度和停留时间对乙烷裂解反应产物裂解气中乙烯含量的综合影响。若反应温度为 1116K，当停留时间在 Ⅰ 线与 Ⅱ 线之间时，乙烯的生成为主，乙烯消失较少，所以乙烷的转化率、裂解气中乙烯的含量和乙烯的产率都随停留时间的增加而增加。当停留时间增加到 Ⅱ 线和 Ⅲ 线之间时，虽然一次反应能充分进行，乙烷转化率随停留时间的增长而增加，但是二次反应也有充分的时间进行，一次反应生成的乙烯大部分都因发生二次反应而消失，裂解气中乙烯含量下降。所以，乙烯产率也随之下降。当停留时间再增加到 Ⅲ 线甚至 Ⅳ 线以右，则停留时间为过长，乙烯产率将会降得很低，反应效果很差，这是不可取的。因此，乙烷裂解采用 1116K 时，停留时间以裂解气中乙烯峰值产率（曲线极大值）对应的停留时间为最适宜。

由图中所示的 1、2、3 条不同温度的曲线变化规律可见，裂解温度愈高，对应的适宜停留时间愈短，裂解气中乙烯的含量也愈高，则乙烯产率也愈高。总之，温度和停留时间二者的关系一定要配合好。没有高温，停留时间无论如何变动也得不到高产率的乙烯。生产上能缩短停留时间，便有条件提高裂解温度，提高温度有利于提高一次反应对二次反应的相对速度，也有利于提高乙烯的产率。

此外，提高温度、缩短停留时间对裂解产物的分布也有一定的影响。表 5-2 所列为不同温度、不同停留时间石脑油裂解的产物分布。图 5-7 为温度和停留时间对粗柴油裂解产物中乙烯和丙烯收率的影响。

表 5-2 不同温度、不同停留时间石脑油裂解的产物分布

出口温度/℃	788～801	816～843	843～871	899～927
停留时间/s	1.2	0.65	0.35	0.1
产物分布(质量分数)/%				
CH_4	15.6	16.6	16.8	16.7
C_2H_4	23.0	25.9	29.3	33.3
C_3H_6	13.6	12.7	12.2	11.7
C_4H_6	2.2	3.8	4.2	4.8
C_5^+	32.8	29.7	27.8	23.9
CH_4/C_2H_4	0.678	0.641	0.575	0.501
C_3H_6/C_2H_4	0.591	0.490	0.418	0.351
C_4H_6/C_2H_4	0.095	0.147	0.143	0.144
$C_2H_4+C_3H_6+C_4H_6$	38.8	42.4	45.7	49.8

由表 5-2 和图 5-7 可以看出，提高温度和适当缩短停留时间，可以提高乙烯的收率，而丙烯与乙烯的比值却会下降。

所以，可以根据生产上对产物比例的要求和技术经济情况来选择温度和停留时间的合理值。

3. 反应压力

从化学平衡的角度看，烃类裂解的一次反应（断链和脱氢）是分子数增加的反应，降低压力对平衡向生成乙烯的方向移动是有利的。在高温条件下，断链反应的平衡常数很

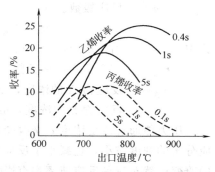

图 5-7 温度和停留时间对粗柴油裂解产物中乙烯和丙烯收率的影响

大，几乎接近全部转化，反应是不可逆的。因此，改变压力对断链反应的平衡转化率影响不大。而对于脱氢反应，是可逆反应，降低压力有利于提高平衡转化率。压力对二次反应中的脱氢和断链反应的影响与一次反应相似，所以降低压力也有利于乙烯脱氢生成乙炔的反应。但是，二次反应中的聚合、脱氢缩合、生焦等反应，都是

分子数减少的反应,所以降低压力对抑制这类有害的二次反应是有利的。

从动力学的角度看,烃类裂解的一次反应大多是一级反应,或可视为一级反应,其反应速率方程式为

$$r_{裂} = k_{裂} c$$

式中 $r_{裂}$——裂解反应速率,mol/L·s;

$k_{裂}$——裂解反应速率常数,1/s;

c——原料烃的浓度,mol/L。

烃类缩合和聚合的二次反应,大多是高于一级的反应,其反应速率方程式为

$$r_{聚} = k_{聚} c^n$$

式中 $r_{聚}$——聚合反应速率,mol/L·s;

$k_{聚}$——聚合反应速率常数,1/s;

c——原料烃的浓度,mol/L;

n——反应级数。

$$r_{缩} = k_{缩} c_A c_B$$

式中 $r_{缩}$——缩合反应速率,mol/L·s;

$k_{缩}$——缩合反应速率常数,1/s;

c_A——反应物 A 的浓度,mol/L;

c_B——反应物 B 的浓度,mol/L。

压力能通过改变浓度 c 来改变反应速率 r。降低压力,会使反应分子的浓度减小,也减小了反应速率 r。由以上三式可见,压力的改变虽然对三种反应速率都有影响,但影响的程度不一样。压力对高于一级反应的影响比对一级反应的影响要大得多。因此,降低压力可以增大一次反应对于二次反应的相对速度。

降低压力有利于生成乙烯的一次反应,又可抑制聚合或缩合的二次反应,从而减轻结焦的程度。总之,压力降低对烃类裂解生成乙烯是有利的。但是,因为裂解过程是在高温下进行的,如果系统在减压下操作,由于高温密封不易,一旦漏入空气,不仅会使裂解原料或产物部分氧化而造成损失,更严重的是空气与气态烃形成爆

炸混合物有爆炸危险。而减压操作对后续分离工序的压缩操作也不利，要增加能量消耗。所以，工业上采取在裂解原料气中添加稀释剂以降低烃分压是一种较好办法。这样，设备仍可以在常压（正压）下操作，而烃分压又可以降低下来。稀释剂可以是惰性气体（氮气）或水蒸气，工业上多用水蒸气作稀释剂，它不仅可以达到减压目的，而且有如下优点：

① 水蒸气比氮气的比热容大，升温时虽然耗能较多，但能对炉管温度起稳定作用，在一定程度上保护了炉管；

② 水蒸气便宜易得，易于从裂解气中分离出来，对裂解气的质量无不良影响；

③ 可以抑制原料中的硫对合金钢裂解管的腐蚀作用，水蒸气对金属表面有一定的氧化作用，使其表面形成氧化物薄膜，减轻铁和镍对烃类气体分解生碳的催化作用；

④ 水蒸气在高温下能与裂解管中沉积的焦炭发生氧化反应，起到对炉管的清洗作用。

但是，水蒸气的用量也不是愈多愈好，过量的水蒸气不仅使炉管处理能力下降，增加裂解炉的热负荷，而且影响急冷速度，并增加急冷剂用量，造成大量废水。水蒸气加入量随裂解原料不同而不等，一般以能防止结焦、延长操作周期为前提，裂解原料含氢量愈低，愈易结焦，水蒸气用量也愈大。一些常用原料的水蒸气稀释比见表 5-3。

表 5-3 不同裂解原料的水蒸气稀释比（管式炉裂解）

裂解原料	原料含氢量(质量分数)/%	结焦难易程度	稀释比 kg/kg
乙烷	20	较不易	0.25~0.4
丙烷	18.5	较不易	0.3~0.5
正丁烷	17.24	中等	0.4~0.5
石脑油	14.16	较易	0.5~0.8
粗柴油	~13.6	较易	0.75~1.0
原油	~13	很易	3.5~5.0

4. 原料烃类组成对裂解结果的影响

除前面所述操作条件对裂解结果有影响之外，裂解产物的分布在很大程度上要取决于裂解原料的组成。一般裂解原料中主要组成为烷烃、环烷烃、芳烃。各类烃裂解时产物分布如下。

(1) 烷烃　主要发生脱氢和断链反应，是生产乙烯和丙烯的最好原料。C_2 以上烷烃，分子量愈小，则烯烃总收率愈高。异构烷烃的烯烃收率低于同碳原子的正构烷烃，随着分子量增大，这种差别变小。

(2) 环烷烃　可生成丁二烯、乙烯，但更容易脱氢生成芳烃。以生产乙烯、丙烯为主产品时，它不如烷烃效果好。

(3) 芳烃　在不太高的温度下，芳环不起变化，在较高温度下也不能断链生成乙烯，而是脱氢缩合成多环烃、稠环芳烃，进而生成焦油和焦炭。虽然烷基芳烃可能发生侧链断裂而生成小分子烯烃的反应，但数量极少，所以裂解原料中应尽量避免含有芳烃。

从能提高乙烯、丙烯收率和减少生焦的角度来衡量原料烃，一般有如下的顺序，即小分子烷烃＞大分子烷烃＞环烷烃＞单环芳烃＞稠环芳烃。

原料含氢量是指原料中氢的质量分数。如果再比较一下烃类原料的含氢量，其顺序为：小分子烷烃＞大分子烷烃＞环烷烃＞芳烃＞稠环芳烃，可见与生成乙烯和丙烯的顺序正好一致。因此，有一种观点认为原料的含氢量是衡量该种原料可裂解性和潜在乙烯含量的重要尺度。原料含氢量愈大，愈不容易生焦，裂解深度便可以愈高，产气率（液态油品作裂解原料时所得的气体总量占原料量的质量分数）和乙烯收率也可以提高。凡是含氢量愈小的原料，产气率和乙烯收率便愈小，同时其液体产物量会增多。

(二) 乙烯裂解炉的自动调节方案

裂解反应是吸热反应，必须由外界不断供给大量热量，在高温下进行。以垂直倒梯台式裂解炉（图 5-8 所示）为例，炉上部为辐射段，下部为对流段，急冷锅炉设置在炉顶上面。炉顶和炉侧设置了许多个喷嘴，燃料油或燃料气由喷嘴喷入燃烧加热裂解管。几十根裂解管垂直排列在裂解炉的辐射段，裂解原料通过裂解管的高温区发生裂解反应。燃料燃烧后的炉气经对流段由排风机排往烟囱。裂解原料先进入对流段的预热管预热，再和稀释蒸汽混合成一定的比例，在对流段进一步加热并全部变为气体进入辐射段反应管裂解（例如裂解原料为柴油时，原料与蒸汽比例为1∶0.75，预热到600℃，裂解温度为765℃，停留时间约为0.45s，反应管出口压力控制在88.3～107.88kPa范围）。

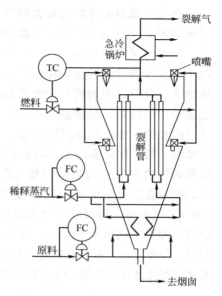

图 5-8　垂直倒梯台式裂解炉流程示意图

反应后的裂解气立即进入急冷锅炉急冷而中止反应，避免已生产的乙烯、丙烯进一步裂解。同时，锅炉产生大于9.8MPa的高压蒸汽。急冷器出口温度535℃左右，裂解气送到油淬冷器进一步急冷，以后再经水冷等降温后送压缩工段分离产品。

由前面分析可知，影响裂解过程的主要因素为反应温度、停留时间和水蒸气用量。其中影响反应温度的因素又主要是原料（温度和流量的变化）、燃料情况（燃料流量和由于成分变化而引起燃烧值变化）、传热情况（如管壁上的结焦会使传热效果变坏）。原料的流量变化不仅影响带出的热量而导致温度变化，也使得原料在反应高温区的停留时间发生变化。此外，蒸汽量变化既影响反应的进行，也因其带走热量的变化而影响裂解温度。因此，要达到裂解炉工艺参数稳定控制的目的，就必须设置原料流量、稀释蒸汽流量和裂解气出口温度三个基本的调节回路，见图5-8所示。

首先,原料流量的变化会给反应带来双重影响,所以对原料流量采用定值调节是首要的。与此同时采用蒸汽流量调节回路保证蒸汽流量的恒量,就可达到以一定比例的蒸汽混入原料油的目的。这两个流量调节回路的稳定控制可以排除了的裂解过程的两个主要干扰因素。此时,对裂解反应效果的影响主要决定于裂解温度。由于裂解管不同位置,反应温度不一样,越接近出口,温度越高,管子又是细长的,难以选择测温位置。此外,不同的管子由于结焦程度等情况不同,反应温度也会有些区别。所以,一般选取裂解管出口处裂解气的温度作为被调参数(控制目标),这一点位置温度比较高,能综合反映裂解管反应温度的情况。而调节手段即为燃料油(或气)的流量,即根据裂解管出口温度的变化来调节燃料的流量,以改变辐射段供热量的大小,最终达到裂解管出口温度稳定控制的目的。与此同时,由于原料流量和蒸汽流量是根据流速(停留时间)及适宜配比计算出来的,则这两个工艺参数的控制也就有了保证。

四、乙炔和醋酸气相合成醋酸乙烯反应的影响因素

(一) 影响因素分析

1. 反应温度

(1) 温度条件对合成反应的影响规律

乙炔和醋酸(HAC)在 $Zn(OCOCH_3)_2$/活性炭催化剂上进行反应生成醋酸乙烯(VAC),具有生产意义的起始温度是160℃,该催化剂的终极温度是242℃。在此温度范围内,随反应温度的升高,反应速率加快,原料转化率上升,因而产率上升。但若温度上升到一定程度后,由于各种副反应(生成乙醛、丙酮、丁烯醛等)的增加,选择性下降,又会导致产率下降。如图5-9所示,尤其是在180~210℃时,空时产率随温度的升高而上升,几乎呈直线关系。210℃以后,空时产率的上升逐渐趋于缓慢,这主要是因为温度过高催化剂中毒系数上升,副反应增加,同时催化剂中的 $Zn(OCOCH_3)_2$ 损失和熔结加剧而造成的。

副产物随温度的升高而增加的趋势如图5-10所示,尤其是丁

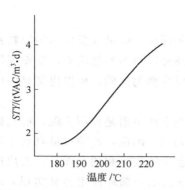
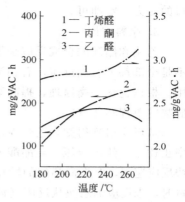

图 5-9 反应温度与空时产率的关系　　图 5-10 温度对副产物生成的影响

烯醛进入反应液后，难于从醋酸、醋酸乙烯中分离出去。丁烯醛存在于单体醋酸乙烯中，是后续聚合反应的阻聚剂。若随循环醋酸返回合成工序，一方面加剧了副反应，另一方面会造成醋酸蒸发器的腐蚀和堵塞。因此，反应温度不宜过高。

（2）最佳温度范围的选择

温度控制在 180～200℃ 范围内，随温度的上升，对原料转化率、选择性及产率都有较好的效果。而最适宜的温度还要根据催化剂的具体情况来选择确定。一般对新配制的催化剂，宜选用较低的温度，以便于随催化剂使用时间增长，催化剂活性下降时，可以用提高温度的方法来维持催化剂活性不变。

2. 反应压力

无论压力条件对合成反应是什么样的影响规律，由于原料乙炔是一种具有爆炸危险性的物质（压力超过 0.15MPa 极易发生爆炸性分解，爆炸极限为 2.55%～80.0%）。故从安全生产第一的要求考虑，加压或减压生产对本工艺过程都是不可行的。因此，用流化床进行乙炔气相法合成醋酸乙烯反应工艺的压力条件只能是：在保证催化剂有稳定的流化质量和足以克服后系统阻力的基础上，使系统维持在尽可能小的正压范围内操作。所以压力条件主要是维持反应器进、出口压力稳定，其关键就在于控制反应器原料混合气体入口的压力一定即可。

3. 原料配比

乙炔和醋酸的合成反应是等分子反应，但进入反应器的原料并不是全部都能参加反应，有相当一部分原料不参加反应，要循环使用。根据化学平衡原理，提高某一反应物的比例，可以提高另一反应物的单程转化率。

从反应机理得知，乙炔在催化剂上的吸附是控制步骤，反应速率正比于乙炔的分压，与醋酸分压无关。因此，乙炔过量有利于加快反应速率，对提高醋酸的转化率也是比较有利的。而且，乙炔过量时，未反应的乙炔从反应气体中分离出来循环使用容易实现，动力、热能和原材料消耗均较少。总之，乙炔过量有利于反应的进行。

乙炔过量多少，即乙炔与醋酸的摩尔配比控制多少合适，要根据实践经验综合分析决定。图 5-11 是原料配比与醋酸转化率的关系，当 $n(C_2H_2):n(HAC)<4\sim5$ 时，随乙炔过量的增加，醋酸转化率上升，而 $n(C_2H_2):n(HAC)>4\sim5$ 以后，醋酸转化率已经很高，用提高乙炔配比来提高醋酸转化率就无意义了；图 5-12 是原料配比与空时产率的关系，当 $n(C_2H_2):n(HAC)$ 在 $2.5\sim3.5$ 之间时，空时产率较高，乙炔配比过高或过低，空时产率都会

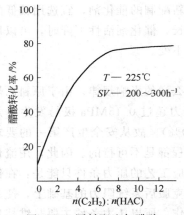

图 5-11　原料配比与醋酸转化率的关系

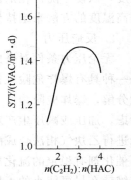

图 5-12　原料配比与空时产率的关系

下降；图 5-13 是原料配比与催化剂中毒系数 K_P（即催化剂中毒速度的系数，K_P 越大，说明催化剂中毒的速度越快）的关系，由此看出，乙炔过量不多时，催化剂中毒系数很小，但当 $n(C_2H_2):n(HAC)>2\sim3$ 以后，乙炔过量越多，催化剂中毒系数越大，也更容易失活；另外，若入口原料气体的摩尔配比 $n(C_2H_2):n(HAC)>1$，由于合成反应是乙炔和醋酸按 1:1 的分子数反应而消耗的，因此，随床层增高（即随反应的进行），乙炔过量的程度会越来越大，且转化率越高，乙炔过量越多。所以，入口原料气体的摩尔配比不宜相差过大，醋酸转化率也不宜追求过高以免降低反应效果和影响产品质量。

根据实践经验，对流化床反应器生产工艺，选择 $n(C_2H_2):n(HAC)=2\sim3:1$（摩尔比），无论从醋酸的转化率、空时产率、催化剂中毒情况以及由于原料循环带来的能量消耗等方面考虑，其综合效果都比较好。

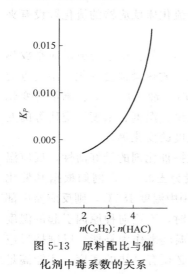

图 5-13 原料配比与催化剂中毒系数的关系

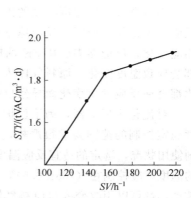

图 5-14 空间速度与空时产率的关系

4. 空间速度

对乙炔气相法合成醋酸乙烯的反应，空间速度很低时，原料在催化剂层的停留时间很长，醋酸可接近完全转化。但因为投料量很少，设备生产能力太低，同时催化剂中毒系数增大且副反应太多而不可取；随空间速度的上升，虽然醋酸转化率有所下降，但若空间速度$<160h^{-1}$时，由于投料量较大，空时产率会随之显著上升，如图 5-14 所示；而空间速度$>160h^{-1}$以后，因为原料与催化剂接触时间太短，很多原料来不及反应就离开了反应器，空时产率则随之上升的趋势就会逐渐缓慢；此外随空间速度的上升，系统阻力、流化床中粉末飞散现象和动力消耗都会有所增加。

根据实际生产经验，流化床操作以控制偏低一些的空间速度为宜。乙炔气相法合成醋酸乙烯的适宜空间速度范围是 $120\sim180h^{-1}$，$150h^{-1}$左右为最佳。

（二）流化床醋酸乙烯合成反应器的自动调节方案

1. 反应温度的自动调节方案

醋酸乙烯合成反应是放热反应，流化床反应器的流化段设有夹套，用 SK 油循环以撤出反应热。

影响合成反应温度波动的因素很多，如：由于合成反应是放热反应，无论何种原因使反应速率变化，放热量都会变化，温度也会相应变化；反应器夹套用 SK 油撤热时，油入口温度、流量的变化都会导致温度变化；原料气体入口流量、温度、浓度、配比等的变化都会使反应发生变化而导致反应温度的变化等。

对流化床反应器，为了保护和发挥催化剂的最好活性，反应温度稳定控制的范围要求很严格，一般为$\pm0.5℃$。例如根据其催化剂使用状况，选定的适宜反应温度为中中温度185℃，则反应器中部的温度就应控制在 $(185\pm0.5)℃$。此时，不论何种原因引起的温度波动，都可以用改变入口原料气体的温度来作为补偿，以维持反应温度的稳定控制。但是此种补偿调节必须有最快的速度，才能满足$\pm0.5℃$狭小范围的要求，因此工业上采用了如图 5-15 所示的方案。

为了满足快速稳定调节合成反应器中部温度在狭小的$\pm0.5℃$范围内的要求，将原料混合气体分为预热（逆路）或不预热（正

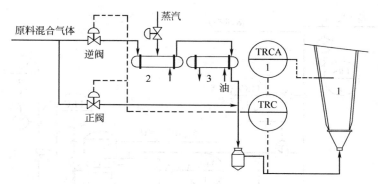

图 5-15 反应温度的稳定控制调节
1—反应器；2—第一预热器；3—第二预热器

路）两路。部分混合气体经逆调节阀进入第一、二预热器预热，另一部分混合气体直接经正调节阀，在进反应器的入口前与热路气体汇合。预热或不预热的比例由合成反应器中部温度和入口温度的串级表控制。正、逆调节阀开关动作相反，总和开度为 100%，保证总量不变。串级表控制将原料气体入口温度 TRC（副环）设置在与流化段中部温度 TRCA（主环）相适应的最佳数值上，使原料气进入反应器后能吸收反应热而达到反应温度。此时，不论何种原因引起的中温（主环 TRCA）有温度波动趋势时，都可以在最短时间内通过气体入口温度（副环 TRC）发出指令指挥正、逆阀作出相应的调整，改变入口温度，以保证反应温度能稳定控制在狭小的温度范围之内。

2. 原料混合气体的稳定控制

如图 5-16 所示，进入反应器的原料混合气体包括原料乙炔和醋酸。原料乙炔是由新乙炔和循环乙炔混合得到的混合乙炔；原料醋酸是由醋酸加料泵加入到醋酸蒸发器的液态醋酸经蒸发而汽化的醋酸蒸气。为了维持合成反应在最佳工艺条件下进行反应，不仅要求进入反应器的原料混合气体中的乙炔和醋酸严格按照规定的原料摩尔配比，而且原料混合气体的总流量还应该在规定的空间速度指标范围内。因此混合乙炔与醋酸蒸气的加入量是根据生产任务和上

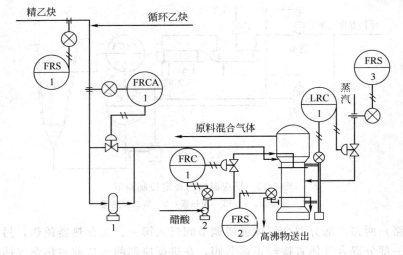

图 5-16 原料混合气体流量的稳定控制
1—鼓风机；2—醋酸加入泵；3—醋酸蒸发器

述原则严格计算得到的，在工业生产中，就必须保证其流量稳定控制在规定的范围内。

原料混合气体的稳定控制也就是混合乙炔和醋酸蒸气流量的稳定控制。如图 5-16 所示，如果保证新乙炔和循环乙炔的流量和纯度均为稳定，则混合乙炔流量即可实现稳定控制，而循环乙炔的纯度可通过放出的回收乙炔量来调节使其稳定。醋酸蒸发量的稳定控制方案，第一是液态醋酸加入量除保证醋酸蒸发量之外，还要补充醋酸蒸发器底部排出的醋酸高沸物消耗的醋酸量；第二是根据醋酸蒸发器液位计显示的液位来调节醋酸蒸发器的蒸气加入量，以此来达到维持醋酸蒸发器液位稳定控制的目的。

五、醋酸乙烯聚合反应的影响因素

醋酸乙烯聚合采用液相聚合法，但根据产品用途的不同，又可采用不同的液相聚合法。一般作胶黏剂使用的聚醋酸乙烯乳液采用乳液聚合法。而作生产聚乙烯醇用的聚醋酸乙烯则采用以甲醇作溶剂的溶液聚合法。下面以溶液聚合法为例来讨论醋酸乙烯聚合反应的影响因素及主要工艺条件的控制。

(一) 影响因素分析

醋酸乙烯的聚合反应在引发剂偶氮二异丁腈（AZN）的作用下，在甲醇溶剂中按自由基连锁反应的机理进行反应，反应在常压下进行，影响化学反应进行的主要因素如下。

1. 原料的配比

聚合反应的原料是单体醋酸乙烯，反应在引发剂的作用下，在溶剂甲醇中进行。因此，需要讨论的问题是引发剂的用量及甲醇的用量对聚合反应的影响。

(1) 引发剂的选择与用量　用作醋酸乙烯聚合反应的引发剂种类很多，通常有过氧化二苯甲酰、过氧化氢、重氮氨基苯、四乙基铝、偶氮化合物等。其中应用最多的是偶氮二异丁腈和过氧化二苯甲酰，但是过氧化二苯甲酰的分解速率随聚合率（参加聚合反应的单体占单体总投料量的质量百分数）的变化而变化，因此不容易稳定控制。

偶氮二异丁腈在有机溶剂中加热时可分解成游离基，在反应的适宜条件下，分解速率与温度、溶剂的性质、浓度等关系不大，分解速率基本恒定，聚合率与聚合停留时间成直线关系，因此可以用聚合停留时间来控制聚合率的高低。同时偶氮二异丁腈使用比较安全，价格也比较低，广泛用作醋酸乙烯聚合的引发剂。一般配制成1.2%（质量）的甲醇溶液使用。

引发剂用量多少直接影响聚合反应速率和聚合度。引发剂用量越多，聚合反应速率越快；维持一定的聚合率即可以缩短停留时间，进而提高产量。但引发剂用量越多，活性中心就增加，致使聚合度降低。因此，要严格控制引发剂的用量，以保证产品质量。

醋酸乙烯在甲醇溶液中进行聚合反应，引发剂用量可用下式计算：

$$Z = \left[\frac{\eta}{\kappa\tau}\right]^2$$

式中 Z——偶氮二异丁腈占单体总量的质量分数，%；

η——醋酸乙烯的聚合率，%；

τ——聚合停留时间，min；

κ——与单体醋酸乙烯活性有关的系数，可由图 5-17 根据醋酸乙烯的活性度查得 κ 值。

活性度是表示单体醋酸乙烯中所含有害杂质对聚合引发时间影响程度的指标，可用规定方法测定。

一般情况下，引发剂用量是单体的 0.03% 左右。

(2) 溶剂的选择与用量　虽然可用于醋酸乙烯聚合的溶剂很多，如氯苯、甲苯、丙酮、三氯乙烯、苯、醋酸乙酯、无水乙醇、甲醇等，但对生产聚乙烯醇用的聚醋酸乙烯，采用甲醇作溶剂的溶液聚合法是有利的。不仅因为甲醇对聚合反应影响不大，而且得到的聚醋酸乙烯甲醇溶液不需分离溶剂，醋酸乙烯和甲醇可以在碱催化剂作用下直接进行醇解反应，流程可以大大简化。

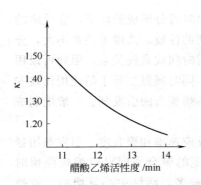

图 5-17　醋酸乙烯活性度与 κ 值的关系

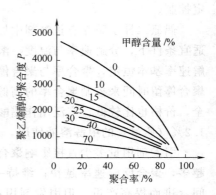

图 5-18　在不同甲醇含量时聚合率与聚合度的关系

溶剂甲醇的用量对聚合度（表示高分子链中所含重复结构单元的数目，因为高聚物大多是不同分子量的同系物之混合物，故一般指平均聚合度）和聚合率的影响比较大。最终产物——聚乙烯醇的聚合度 P（聚醋酸乙烯经醇解反应生成聚乙烯醇时聚合度略有下降）、醋酸乙烯的聚合率和甲醇含量三者关系如图 5-18 所示。从图中曲线可以看出，当聚合度不变时，聚合率愈高，甲醇的含量应愈低。若聚合率为 50% 左右，当要求聚乙烯醇的平均聚合度为 1750，溶剂甲醇的含量就应控制在 22% 左右。为了保证一定的聚合度，根据不同的聚合率要求，必须调整溶剂甲醇的用量。

所以甲醇在聚合过程中所起的作用不仅是作为溶剂使用，便于聚合物的输送，使过程能方便而稳定地控制温度条件以利于产品质量（反应温度正好是甲醇的沸点），而且在单体聚合过程中，还可以用改变甲醇的配比来作为调节聚合度的辅助方法。

2. 聚合停留时间（平均聚合时间）

聚合停留时间对聚合率、聚合度和聚合度分布都有影响。缩短停留时间，在一定程度上可以提高设备的生产能力，而且还可以通过改变引发剂用量、溶剂甲醇的含量、改变聚合率等措施使聚醋酸乙烯的平均聚合度能达到要求。但是产品的聚合度分布曲线会变宽，低聚合度和高聚合度的百分含量都会增加，而具有平均聚合度的聚合物含量却减少了，即增大了聚醋酸乙烯的多分散性。控制不同的停留时间，就有不同的聚合度分布曲线，实验结果如图 5-19 所示。

聚合度分布可由下式表示：

$$\frac{dI}{dP} = ab\exp(-aP^b P^{b-1})$$

式中　P——聚合度；
　　　I——聚合度为 P 的聚合物在聚合物总量中所占的摩尔分数；
　　　a——常数；
　　　b——常数。

以用于生产纤维用的聚乙烯醇为例，缩短了停留时间，聚合度分布曲线变宽，将使纤维的物理、机械性能变坏。低聚物增加使结

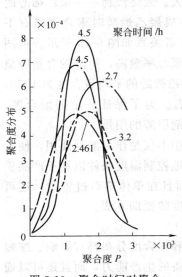

图 5-19 聚合时间对聚合度分布的影响

晶度降低，软化状态时的塑性增大，纤维的耐热水性降低；高聚合度的聚乙烯醇增加，又会使纤维变硬，手感变坏，强度降低。总的说来，多分散性增大后，会使纤维的干强度、湿强度、打结强度和弯曲强度降低，耐热水性也降低。

聚合停留时间过长，不仅生产能力降低，而且副反应生成的乙醛等物质增加。从图 5-19 看出，当聚乙烯醇平均聚合度要求在 1750 左右时，聚合停留时间为 4.5h 是比较合适的。

3. 聚合反应温度

温度对醋酸乙烯聚合反应速率的影响很大。温度高诱导期短，引发剂分解速率快，活性中心多，因而加快了聚合反应速率，但结果会使聚合度下降。而且高温聚合得到的聚醋酸乙烯最终加工出来的纤维物理机械性能变坏。

低温聚合得到的产品结晶度高，用它生产的纤维耐热水性好。但低温聚合不仅速率慢，而且工艺过程复杂，动力消耗大。

聚合温度一般选择在 64～65℃ 为好，此温度正好是溶剂甲醇的沸点，可借甲醇的蒸发回流带走反应热，不仅便于控制，温度稳定，同时产品质量也易符合要求。

4. 杂质的影响

某些杂质在聚合反应中会起到阻碍聚合反应进行的作用，因此原料中应避免带入这些杂质。

乙醛和丁烯醛的存在会使聚合物的平均聚合度下降，并使成品聚乙烯醇着色度下降，而且丁烯醛还有一定的阻聚能力。乙烯基乙炔和二乙烯基乙炔的阻聚能力更大，即使微量亦会显著地影响聚合反应的进行。上述有害杂质在单体精制过程中应当尽量除尽。

水分含量在 5% 以下时,对聚合反应无多大直接影响,但水分会促使醋酸乙烯水解生成乙醛的副反应发生。

在影响醋酸乙烯聚合的各种杂质中,氧是比较特殊的。由于活性的醋酸乙烯分子易吸收氧形成过氧化物,这种过氧化物在低温下很稳定不分解,使活性的醋酸乙烯失去活性,因而阻止了聚合反应;而过氧化物在高温下能分解形成游离基而引发聚合反应,说明氧对聚合反应有双重作用。在低于 120℃ 以下时,分子氧会迟缓甚至阻止醋酸乙烯聚合,在物料送入聚合釜之前,应将物料中可能溶解的氧除去。

(二) 醋酸乙烯聚合反应的自动调节方案

醋酸乙烯聚合反应釜自动调节方案如图 5-20 所示。聚合反应是放热反应,反应在溶剂甲醇的沸点范围进行。因此,反应热由部分溶剂甲醇蒸发带出,温度条件稳定,不用再设置自动控制调节系统;反应在常压下进行,压力条件也不必采用自控调节;在影响反应进行的工艺参数中,还有原料投料量、原料配比及反应的停留时间应采用自动控制方案进行调节。

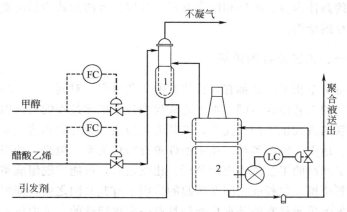

图 5-20 醋酸乙烯聚合反应釜自动调节方案示意图
1—预热器;2—聚合釜

在加入物料中，引发剂偶氮二异丁腈甲醇溶液加料量很少，由双柱塞计量泵送入即可稳定流量，加料量按单体醋酸乙烯加料量及规定的引发剂用量比例计算得到。

单体醋酸乙烯加入量根据生产任务确定，并按单体与溶剂甲醇适宜配比计算出甲醇加入量，二者分别控制流量送入聚合反应系统的预热器经预热后，汇合引发剂溶液，一并进入聚合釜。

聚合停留时间在原料加料量稳定的前提下，控制聚合釜液位（根据聚合适宜停留时间计算出的聚合釜内滞留物料量对应的液位）稳定就可以满足所需的停留时间，即送出量也稳定，反应釜内累积物料量不变。因为聚合液黏度大，需用齿轮泵送出，所以液位稳定控制用调节聚合液送出泵出口物料的回流量来完成。

第三节 工艺流程

化工生产的工艺流程反映了由若干个单元过程（反应过程和分离过程、动量和热量的传递过程等）按一定顺序组合起来，完成从原料变成为目的产品的全过程。化工工艺流程的组织是确定各单元过程的具体内容、顺序和组合方式，并以图解的形式表示出整个生产过程的全貌。

一、工艺流程的组织

每一个化工产品都有自己特有的工艺流程。对同一个产品，由于选定的工艺路线不同，则工艺流程中各个单元过程的具体内容和相关联的方式也不同。此外，工艺流程的组成也与它实施工业化的时间、地点、资源条件、技术条件等有密切关系。但是，如果对一般化工产品的工艺流程进行分析、比较之后，可能发现组成整个流程的各个单元过程或工序在所起的作用上有其共同之处，即组成流程的各个单元具有的基本功能是具有一定规律性的。下面按一般化工产品生产过程在现场的划分和它们在流程中所担负的作用作一介绍。

(1) 生产准备过程（原料工序） 包括反应所需的主要原料、氧化剂、氯化剂、溶剂、水等各种辅助原料的储存、净化、干燥以及配制等。

(2) 催化剂准备过程（催化剂工序） 包括反应使用的催化剂和各种助剂的制备、溶解、储存、配制等。

(3) 反应过程（反应工序） 是化学反应进行的场所，全流程的核心。以反应过程为主，还要附设必要的加热、冷却、反应产物输送以及反应控制等。

(4) 分离过程（分离工序） 将反应生成的产物从反应系统分离出来，进行精制、提纯、得到目的产品。并将未反应的原料、溶剂以及随反应物带出的催化剂、副反应产物等分离出来，尽可能实现原料、溶剂等物料的循环使用。

(5) 回收过程（回收工序） 对反应过程生成的一些副产物，或不循环的一些少量的未反应原料、溶剂，以及催化剂等物料均应进行必要的精制处理以回收使用，为此要设置一系列分离、提纯操作，如精馏、吸收等。

(6) 后加工过程（后处理工序） 将分离过程获得的目的产物按成品质量要求的规格、形状进行必要的加工制作，以及贮存和包装出厂。

以上是一般化工生产流程中的主要单元过程，它们的通常组合形式如图 5-21 所示。不过有的化工产品生产过程比较简单，可将其中两个或两个以上的工序合并为一个工序。

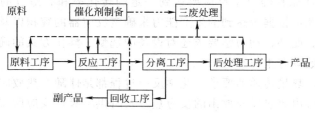

图 5-21 化工工艺流程中各个工序的通常组合形式

(7) 辅助过程　除了上述六个主要生产过程外，在流程中还有为回收能量而设的过程（如废热利用），为稳定生产而设的过程（如缓冲、稳压、中间储存），为治理三废而设的过程（如废气焚烧）以及产品储运过程等。这些都属于辅助过程，但也不可忽视。

二、主要设备的选择

由于化工过程的复杂性，设备类型也非常之多，实现同一工艺要求，不但可以选用不同的单元操作方式，也可以选用不同类型的设备。当单元操作方式确定之后，应当根据物料量和确定的工艺条件，选择一种合乎工艺要求而且效率高的设备类型。一般定型设备应按产品目录选择适宜的规格型号，非定型设备要通过计算来确定设备的主要工艺尺寸。设备的选择与计算要充分考虑工艺上的特点，尽量选用先进设备并力求降低投资，节省用料。同时，还必须满足容易制造维修，便于工业上实现生产连续化和自动化，减少工人劳动强度，安全可靠，没有污染等要求。

1. 反应器的选择

反应器是用来完成化学反应过程的设备，各类化学反应过程大多数是在催化剂作用下进行的，但实现过程的具体条件却有许多差别，这些差别对反应器的结构型式有一定影响。因此，应该根据所要完成的化学反应过程的特点，分析过程具体条件对工艺提出的要求来选择反应器。一般情况下，可以从下述几方面的工艺要求来选择反应器。

(1) 反应动力学要求　化学反应在动力学方面的要求主要体现在要保证原料经化学反应要达到一定的转化率和有适宜的反应时间。由此可根据应达到的生产能力来确定反应器的容积以及各项工艺尺寸。此外，动力学要求还对设备的选型、操作方式的确定和设备的台数等有重要影响。

(2) 热量传递的要求　化学反应过程都是伴随有热效应的，必须及时移出放热反应放出的反应热或及时供给吸热反应所需足够的反应热。所以，必须有传热装置和适宜的传热方式问题，同时辅以可靠的温度测量控制系统，以使反应温度实施有效的检测和控制。

（3）质量传递过程与流体动力学过程的要求　为了使反应和传热能正常地进行，反应系统的物料流动应满足流动形态（如湍动）等既定要求。如：物料的引入要采用加料泵来调节流量和流速；釜式反应器内要设置搅拌；一些气体物料进入设备要设置气体分布装置使之分布均匀等。

（4）工程控制的要求　化工工艺过程很重要的一条是一定要保证稳定、可靠、安全地进行生产。反应器除应有必要的物料进出口接管外，为便于操作和检修还要有临时接管、人孔、手孔或视镜灯、备用接管口、液位计等。另外有时偶然的操作失误或者意外的故障都会导致重大损失，因此对反应器的造型必须十分重视安全操作和尽可能采用自动控制方案。例如在反应器上设置防爆膜、安全阀、自动排料阀，在反应器外设置阻火器，为快速终止反应而设置必要的事故处理用工艺接管、氮气保压管以及一些辅助设施（如流化床反应器更换催化剂的加入卸出槽）等均需要仔细考虑。此外尽量采用自动控制以使操作更稳定、可靠。目前，很多重要的化工反应器都已采用计算机控制，实现化工过程的全面自动化生产。

（5）机械工程的要求　对反应器在机械工程方面的要求一是要保证反应设备在操作条件下有足够的强度和传热面积，同时便于制造。二是要求设备所用的材料必须对反应介质具有稳定性，不参与反应，不污染物料，也不被物料所腐蚀。

（6）技术经济管理的要求　反应器的造型是否合理，最终体现在经济效果上。设备结构要简单、便于安装和检修，有利于工艺条件的控制，最终能达到设备投资少、保证工艺生产符合优质、高产、低耗的要求。

总之，反应设备的选择应结合化学反应器课程所分析各种反应器的性能、特点，根据具体产品生产工艺的需要，综合上述各条要求来选择确定。

2. 精馏设备的选型

精馏设备按内部构件的不同主要可分为板式塔和填料塔两种，

板式塔又有筛板塔、浮阀塔、泡罩塔、浮动喷射塔、斜孔塔等多种型式,填料塔也有多种型式的瓷环填料和波纹填料以及性能较好的新型填料。在选择精馏设备时要注意以下几方面的要求。

(1) 能力大、效率高、结构简单 化学工业的发展趋势是装置向大型化发展。因此,要求精馏设备生产能力大,效率比较高,设备体积尽可能小,结构简单,这样不仅制造、维修方便,成本也可以降低。

(2) 可靠性好 由于化工生产多为连续进行,要求精馏设备有较好的可靠性能保证长期运转不出故障。因此,设备的机械性能一定要好,同时设备要具有足够的操作弹性,以便处理量或气液比变化时,仍能保持较高的效率,稳定运转。

(3) 满足工艺要求 由于化学工业涉及的物料性能的差异很大,对精馏操作提出的要求也有很大的区别。如有加压精馏或减压精馏,有时又采用特殊精馏,有的物料有腐蚀性,有的又含有污垢或沉淀,许多单体在精馏的高温条件下还很容易自聚或分解等。因此,在精馏设备的选型或选择材料时,都应充分考虑满足具体工艺特殊性的要求。如对容易自聚的单体的精制,可以选择不易堵塞且便于清扫的大孔筛板等结构简单的塔设备。

(4) 塔板压力降要小 对某些精馏过程来说,压力降对精馏操作有很重要的意义。如减压精馏的塔板压力降过高会使塔釜温度上升到致使产品变质的程度,而对塔板数多(如大于100层)的精馏塔,塔板压力降过大又会导致塔釜温度上升,再沸器加热温差则显著减小。所以塔板压力降不能过大。

对精馏设备的上述要求,往往不能同时满足,有时甚至相互抵触,所以在选择塔设备时,必须根据塔设备在工艺流程中的地位和特点,注意满足主要的要求,同时结合化工原理所分析各种塔型的特点和性能选择确定。

三、工艺流程的组织原则与评价方法

对化工产品生产的工艺流程进行评价的目的是根据工艺流程的

组织原则来衡量被考查的工艺流程是否达到最佳效果。对新设计的工艺流程，可以通过评价，不断改进，不断完善，使之成为一个优化组合的流程；对于既有的化工产品生产工艺流程，通过评价可以清楚该工艺流程有哪些特点，还存在哪些不合理或可以改进的地方，与国内外相似工艺过程相比，又有哪些技术值得借鉴等，由此找到改进工艺流程的措施和方案，使其得到不断优化。

在化工生产中评价工艺流程的标准是技术上先进，经济上合理，安全上可靠，而且应是符合国情，切实可行的。因此，组织工艺流程时应遵循以下的原则。

（1）物料及能量的充分利用。在组织工艺流程时，要注意以下几个问题。

① 尽量提高原料的转化率和主反应的选择性。因而应采用先进技术，合理的单元，有效的设备，选用最适宜的工艺条件和高效催化剂。

② 充分利用原料，对未转化的原料应采用分离、回收等措施循环使用以提高总转化率。副反应物也应加工成副产品，对采用的溶剂、助剂等一般也应建立回收系统，减少废物的产生和排放。对废气、废液（包括废水）、废渣应尽量考虑综合利用，以免造成环境污染。

③ 要认真研究换热流程及换热方案，最大限度地回收热量。如尽可能采用交叉换热、逆流换热，注意安排好换热顺序，提高传热速率等。

④ 要注意设备位置的相对高低，充分利用位能输送物料。如高压设备的物料可自动进入低压设备，减压设备可以靠负压自动抽进物料，高位槽与加压设备的顶部设置平衡管有利于进料等。

（2）工艺流程的连续化自动化 对大批量生产的产品，工艺流程宜采用连续操作，设备大型化和仪表自动化控制，以提高产品和降低生产成本，如果条件具备还可采用计算机控制；对精细化工产品以及小批量多品种产品的生产，工艺流程应有一定的灵活性、多功能性，以便于改变产量和更换产品品种。

(3) 易燃、易爆的安全措施 对一些因原料组成或反应特性等因素潜在的易燃、易爆炸等危险性，在组织流程时要采取必要的安全措施。如在设备结构上或适当的管路上考虑防爆装置，增设阻火器、保安氮气等。工艺条件也要作相应的严格规定，可能条件下还可安装自动报警及联锁装置以确保安全生产。

(4) 适宜的单元操作及设备形式 要正确选择合适的单元操作，确定每一个单元操作中的流程方案及所需设备的形式，合理安排各单元操作与设备的先后顺序。要考虑全流程的操作弹性和各个设备的利用率，并通过调查研究和生产实践来确定弹性的适应幅度，尽可能使各台设备的生产能力相匹配，以免造成浪费。

根据上述工艺流程的评价标准和组织原则，就可以对某一工艺流程进行综合评价。主要内容是根据实际情况讨论该流程有哪些地方采用了先进的技术并确认流程的合理性；论证流程中有哪些物料和热量充分利用的措施及其可行性；工艺上确保安全生产的条件等流程具有的特点。此外，也可同时说明因条件所限还存在有待改进的问题。

四、工艺流程图

工艺流程图是以工程的语言来表达某一化工产品生产过程的工艺流程，以设备形状示意图或框图分别表示化工生产设备或单元操作，用箭头表示物料及载能介质的流向，并辅以必要的文字说明。按照不同的需要，工艺流程图一般有下列不同的表示方法。

1. 工艺流程方框图

工艺流程方框图（或方块图）是最简单的工艺流程图示法。该图以方框表示单元操作过程或设备，顺序排列，详略可根据需要而定。方框之间以箭头表示物料的流向，并注明原料与辅助物料的来源、产物、副产物、残渣（残液）、废气等的去向。

工艺流程方框图图例见图 5-22 所示，以羰基合成法生产丁辛醇为例。

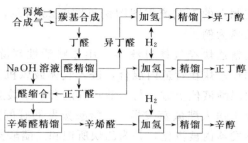

图 5-22　羰基合成法生产丁辛醇工艺流程

羰基合成法生产丁辛醇的工艺过程是将丙烯、合成气、催化剂溶液加入到羰基合成反应器，在铑、三苯基膦催化剂的作用下生成粗丁醛，粗丁醛经精制分离为正丁醛和异丁醛。一部分正丁醛在2%NaOH 的水溶液催化剂作用下，在缩合反应器中进行醛缩合反应，生成辛烯醛，精制后进入加氢反应器与氢气反应生成辛醇，最后经真空连续精馏得到目的产品辛醇；而另一部分正丁醛和异丁醛则分别进入各自的加氢反应器与氢气反应生成正丁醇和异丁醇，再经精制后分别得到目的产品正丁醇和异丁醇。

2. 工艺流程示意简图

工艺流程示意简图是对某种化工产品的某种生产方法工艺流程的一般性说明。该图以设备形状（或一般常用图示符号）示意每一个主要设备，按流程顺序排列，并区别必要的高低位置；用箭头表示物料及载能介质的流向，标出其名称、注明来源及去向；按流程顺序标注各设备的位号，并在图下方注明各位号的设备名称。

工艺流程示意简图的图例可见图 7-9、图 8-5、图 9-5、图 9-11、图 9-16、图 9-18、图 10-4 等。

3. 带仪表控制点的工艺流程图

带仪表控制点的工艺流程图是组织和实施化工生产的技术文件，一般多作为化工产品生产工艺规程的附图使用。该图在工艺流程示意简图的基础上，不仅要求绘出全部工艺主、副设备，主物料管线、载能介质管线和辅助管线，而且在各物料管线及设备上还要标出计量-控制仪表和测量-控制点及其控制方案。

带仪表控制点的工艺流程图图例见图 5-23 所示，以 2 炔气相法合成醋酸乙烯为例。

净化后的精乙炔经气体过滤器 1 用棒状活性炭除去水分和杂质，与系统循环乙炔在管道内混合，进入气体鼓风机 2，然后送入醋酸蒸发器内醋酸液位上方，与醋酸蒸气混合。醋酸加入槽 3 中的醋酸经加料泵 4 送入醋酸蒸发器 5，醋酸蒸发器管间通蒸汽加热，液体醋酸在蒸发器内被汽化，并为乙炔所饱和。醋酸蒸发器内因醋酸蒸发有高沸物逐渐浓缩，要不断排出部分釜液，以防列管堵塞及传热效果下降。乙炔和醋酸蒸汽混合气体出蒸发器后进入液滴分离槽 6，为了减少冷凝，分离槽有夹套加热，冷凝液定期由底部排出。混合气体出分离槽后经正、逆阀控制，分为预热（逆路）或不预热（正路）两路，热路经第一预热器 7（用蒸汽间接加热）、第二预热器 8（用反应器夹套出口的热油间接加热）预热（第一、二预热器亦有冷凝液，要定期排出），预热气体与不预热气体在管道中混合，经入口分离器 9 分离出酸雾后，从反应器底部进入反应器 10。反应器为锥形流化床，混合气体经气体分布板均匀分布后进入床层与催化剂接触进行反应，反应放出的热量一部分用作预热反应气体，一部分随反应气体带出，另一部分为夹套的循环油所撤出。反应器出来的气体中会因催化剂磨损而夹带一些粉末，所以要经粉末分离器 11 除去粉末，粉末分离器分离下来的粉末进入粉末受槽及取出槽 12，定期卸出。粉末分离器出来的气体进入气体分离塔 13 的下部，由下至上被三段循环液洗涤冷凝，塔顶排出的不凝性气体主要是乙炔、氮气和少量的乙醛、醋酸乙烯、二氧化碳、水，在液滴分离器 14 中分离液滴后，有少量（约 $0.5\%\sim1.0\%$）送往回收部分提纯，其余大部分作为循环乙炔送回合成反应器。二、三段循环液除保证塔内回流量外，其余为反应液采出（循环液流程略）。

4. 工艺配管流程图

工艺配管流程图也是组织和实施化工生产的技术性文件，一般多作为化工产品生产岗位操作法的附图使用。该图在带仪表控制点的工艺流程图的基础上，还必须在所有管线上绘出所有的阀门和管件。

工艺配管流程图图例见图 5-24 所示，以醋酸乙烯精馏系统为例。

粗醋酸乙烯物料加入到醋酸乙烯精馏塔 1 中部。塔顶馏出低沸物经冷凝器 2 冷凝，凝液送入馏出槽 3，馏出液用馏出泵 4 送出，一部分作回流，另一部分去低沸物回收塔；由塔釜再沸器 5 底部排出重组分，送去回收阻聚剂；由塔中部侧线气相采出的精醋酸乙烯经中采冷凝器 6 冷凝后进入中采槽 7，用中采送出泵 8 送出。

5. 物料流程图

物料流程图（或称物料平衡图）是工艺流程中物料量的变化情况或物料衡算结果的一种简单而清楚的图示方法。物料流程图由设备框图、物料线及物料表组成，物料表包括物料组分名称、物料量（kg/h 或 kmol/h）、百分含量（质量%或 mol%）。

物料流程图例见图 5-25 所示，以醋酸乙烯精馏系统为例。

五、醋酸乙烯溶液聚合法生产聚醋酸乙烯工艺流程

（一）聚合反应及聚合产物分离对工艺过程的要求

根据醋酸乙烯溶液聚合法工艺条件（详见本章第二节）的要求。聚合反应的特点及聚合反应产物中欲分离的各种物料的特性、分离目的，在组织工艺流程时，应提出如下要求。

1. 聚合釜进料要求

① 单体醋酸乙烯的加料量是决定本套装置生产能力的基本条件，因此醋酸乙烯送入聚合釜的流量应计量并稳定控制流量；根据单体醋酸乙烯的加料和溶剂甲醇的最佳用量配比确定甲醇加料量，同样也应计量并稳定控制流量；引发剂偶氮二异丁腈是一种易分解的化合物，因此只能在使用前充分溶解配制成 1.2%（质量分数）浓度的甲醇溶液，低温储存。生产时依据单体加料量按引发剂用量配比，用计量泵连续、稳定地送入聚合釜。

② 为了稳定控制聚合反应温度，原料单体及溶剂甲醇在进入聚合釜之前，应混合并预热到 60℃，同时除去物料中溶解的氧，

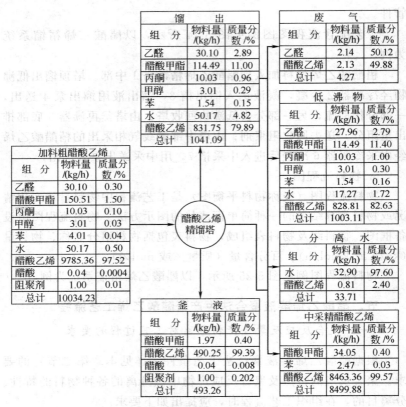

图 5-25 醋酸乙烯精馏系统物料流程

该图即是与图 5-24 醋酸乙烯精馏系统工艺配管流程图对应的物料流程图。

以避免对聚合反应带来不良的影响。为了避免在预热器中引发聚合，引发剂最好不进入预热器，而在预热器之后加入到物料系统中。因为引发剂溶液加入量很小，故对聚合反应温度影响不大。

2. 对聚合反应器的要求

① 为了使聚合反应能均匀进行，溶液聚合反应釜内应设置搅拌器，使径向各处物料尽量混合均匀。聚合过程中物料随聚合率的增大逐渐变黏，要减少附壁现象。为了使聚合反应有利于自由基链锁反应中链的增长，形成高分子聚合物，搅拌速率应比较慢，且随

聚合度的升高，更慢一些为好。聚合度分布对产品影响很大，为了使聚合度分布的多分散性减小，要尽量减少纵向搅拌，以避免返混现象而导致聚合度分布曲线变宽。

② 聚合反应要控制在 65℃ 条件下进行，开车时应有加热装置使反应温度升到适宜的温度。生产时聚合反应又是放热反应，因而应有移出反应热的措施，保证反应温度稳定。

③ 聚合反应进行比较慢，物料在反应器内的停留时间比较长，达 4.5h，为了使聚合物分布集中于平均聚合度，聚合釜的直径不宜过大，而轴向高度比较大。

④ 聚合反应若由于一些偶然的原因，如局部过热等使反应速率突然加快，会发生爆聚现象，压力也将瞬间增大，因此在聚合反应釜上应设有必要的安全措施，避免爆聚现象的发生或因爆聚事故而损坏设备。

3. 聚合反应产物分离过程要求

从聚合釜送出的聚合反应产物中有聚醋酸乙烯、溶剂甲醇和未反应的单体醋酸乙烯以及极少量副反应生成的杂质。其分离目的，一是将未反应的单体醋酸乙烯从聚醋酸乙烯甲醇溶液中分离出来，以免残存的单体醋酸乙烯在后续工序醇解过程中生成乙醛而使目的产物聚乙烯醇色泽变黄，质量下降。二是要将脱除的单体醋酸乙烯及同时带出的甲醇分离精制，而循环使用。

单体醋酸乙烯与相关物料甲醇、水往往形成共沸物，醋酸乙烯、甲醇、水共沸组成及共沸点如表 5-4 所示。因此，在选择分离方案时，可以有效地利用这一特点和醋酸乙烯与水不相混溶的特性，组成分离流程。

(二) 流程组织及主要设备选型

1. 原料准备

根据聚合反应对进料物料的要求，原料准备部分的工艺流程方案可组合成图 5-26 所示过程，单体醋酸乙烯和溶剂甲醇的流量控制见图 5-26。

表 5-4　醋酸乙烯、甲醇、水共沸组成及共沸点

A 组分			B 组分			C 组分		共沸点 /℃
物料	组成 质量分数/%	沸点 ℃	物料	组成 质量分数/%	沸点 ℃	物料	组成 质量分数/%	
醋酸乙烯	65	73	甲醇	35	64.5			60
醋酸乙烯	61	73	甲醇	36	64.5	水	3	62
醋酸乙烯	93.5	73	水	6.5	100			65

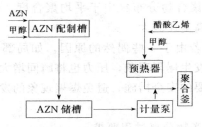

图 5-26　醋酸乙烯聚合原料准备流程方案

对有关设备的选择最主要的是预热器。由于开车时要有热源加热，而反应正常进行时又可以用聚合釜蒸发的甲醇蒸气直接加热原料，同时还要能脱出原料液中的溶解氧。所以预热器可以选择立式两段式结构，如图 5-27 所示。上段内设五层泡罩式塔板，下段加热釜带有夹套。单体醋酸乙烯和溶剂甲醇从上段的五层塔板之上进入，沿塔板逐层溢流到下段加热釜。开车时下段夹套内通蒸汽将物料预热到 60℃ 送入聚合釜。正常生产时，停止通入蒸汽，因聚合反应放出的热量将部分溶剂甲醇蒸发，甲醇蒸气从聚合釜上升至预热器上段的五块塔板之下进入，穿过塔板逐层上升，与原料液直接接触，甲醇冷凝放出的热量即将原料液预热，甲醇凝液随物料一并回聚合釜。在塔板上进行气液相传质、传热的过程中，

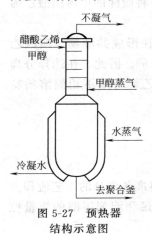

图 5-27　预热器结构示意图

原料液中的溶解氧即可脱出随不凝气体一道从预热器顶部排除。

此外，要注意的是引发剂槽应带搅拌，引发剂储槽要有夹套，用$-7℃$的盐水保冷以防止高温下偶氮二异丁腈分解；计量泵可选用双柱塞泵使引发剂溶液加料连续而稳定。

2. 聚合反应设备的选择

由于聚合反应停留时间比较长，因此，选择聚合反应在串联的两个液相聚合釜中进行，这样聚合釜的直径不必太大，两个釜直径一样，高度不等，结构相同。若选择聚合率为50%，则第一聚合釜控制在约20%，第二聚合釜最终达50%即可。聚合釜带有偏心框式搅拌器，它由两根不锈钢立管和上下横梁组成。两根立管的中心距聚合釜轴心的距离不等，搅拌器转动时，由于两根立管的回转半径不同，一根管走大圆，另一根管走小圆，这样可以使物料搅拌均匀，传热效果好，温度分布均匀。回转半径大的立管还可起到刮壁的作用，防止聚合物粘壁。搅拌器设有下轴承，保证搅拌器在转动中稳定。根据聚合反应的要求，第一聚合釜搅拌器转速为 8r/min，第二聚合釜搅拌器转速为 5.2r/min。

聚合釜的液面之上留有较大的气相空间，以有利于溶剂甲醇蒸发而带走聚合反应放出的反应热。此外，如果聚合釜内发生爆聚时，物料呈沸腾状态，这部分空间也可起到缓冲作用。聚合釜带有上、下两段夹套，下夹套开车时通水蒸气或热水升温，正常运转时停止通蒸汽或热水。上段夹套正常运转时通冷却水，将气相的甲醇、醋酸乙烯蒸气部分冷凝下来，同时起到将壁上所附聚合物冲洗下来的作用。聚合釜上盖还设有安全板（椭圆形铝板），耐压147～196kPa，当聚合釜发生爆聚时可排泄压力而保护聚合釜。

3. 聚合反应液的分离

由于聚合反应的聚合率控制在约50%，所以聚合反应液的组成一般为：聚醋酸乙烯 39.13%，醋酸乙烯 38.81%，甲醇 21.67%，水0.27%，醋酸甲酯 0.10%，乙醛 0.02%（均为质量分数）。因此，可以根据醋酸乙烯与甲醇和水组成三元共沸物的特性，第一步采取共沸精馏的方法，加入一定量的甲醇，不仅使釜液的聚醋酸乙烯甲醇溶液符合后续工序醇解反应所需浓度要求，而又能充分地将醋酸乙烯从塔顶成共沸物蒸出。同时，在塔顶加入少量工艺水，既能使馏出液为三元共沸组成，又能控制釜液中有适当少的水含量。

第二步对共沸物的分离须采用萃取精馏法来完成，在塔顶加入萃取水来改变醋酸乙烯和甲醇的相对挥发度，塔顶馏出为醋酸乙烯和水的共沸物，因为两种物料基本不相混溶，可以分层分离。而塔釜液即为甲醇水溶液，可用一般精馏塔分离回收甲醇。

三个精馏塔中，为了提高精馏效果，第一精馏塔和第二精馏塔均采用泡罩塔。第三精馏塔，采用筛板塔。

（三）工艺流程

醋酸乙烯溶液聚合法生产聚醋酸乙烯甲醇溶液的工艺流程如图5-28所示。

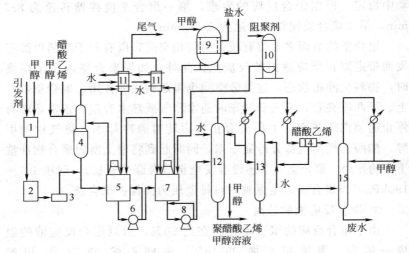

图 5-28 醋酸乙烯溶液聚合法工艺流程示意图

1—引发剂配制槽；2—引发剂储槽；3—计量泵；4—预热器；5—第一聚合釜；6，8—齿轮泵；7—第二聚合釜；9—事故甲醇储槽；10—阻聚剂储槽；11—冷凝器；12—第一精馏塔；13—第二精馏塔；14—水分离器；15—第三精馏塔

首先将一定量的甲醇加入引发剂配制槽 1 中，启动搅拌缓慢加入计量的引发剂偶氮二异丁腈，继续搅拌到完全溶解，并控制浓度为 1.2% 后放入引发剂储槽 2，夹套内通盐水保持低温。引发剂溶液用计量泵 3 连续送入聚合系统。

溶剂甲醇和单体醋酸乙烯按工艺配比规定流量加入预热器 4，并预热到 60℃，从预热器底部出来与引发剂溶液汇合后进入第一聚合釜 5。第一聚合釜中蒸发的甲醇上升到预热器中直接预热原料液，预热器中没有冷凝的甲醇等气体送入尾气冷凝器，再次将甲醇凝液回收并回流到第一聚合釜，尾气通过尾气冷凝器（盐水降温）排放。

物料在第一聚合釜 5 中进行引发（诱导期约为 20min）和初聚合，平均停留时间 110min，聚合率约为 20%。从第一聚合釜底部出来的物料用齿轮泵 6 打入第二聚合釜 7。第二聚合釜平均停留时间 160min，醋酸乙烯的聚合率达 50% 左右。聚合热也靠甲醇蒸发带走，甲醇蒸气在冷凝器中冷凝下来回流到第二聚合釜。没有冷凝的尾气也通过尾气冷凝器排放。总聚合率可以通过改变聚合时间和引发剂用量来调节，但引发剂用量改变不宜过大。

流程中还设有两个高位槽，即事故甲醇储槽 9 和阻聚剂储槽 10。当聚合反应速率过快时，可向釜中加入事故甲醇，稀释聚合溶液而抑制反应速率；若事故甲醇的加入也不能制止反应速率的剧增而可能发生爆聚危险时，也可以向釜内加入阻聚剂（硫脲）以中止聚合反应。但加入硫脲后，物料很难回收使用，故应慎重，一般极少用。

从第二聚合釜底部出来的物料为聚醋酸乙烯的甲醇溶液，还含有未聚合的醋酸乙烯单体，用齿轮泵 8 连续打入第一精馏塔 12 中。两个聚合釜的聚合液送出泵 6、8，出口均设有回流管和调节阀来控制聚合釜的液面稳定。但是为了保证聚合物分子量的均匀分布，第二聚合釜的回流不宜送回聚合釜而进入泵的入口管，以减少纵向搅拌及返混现象。

为了降低从第二聚合釜至第一精馏塔管道中及第一精馏塔内物

料的黏度，聚合液送出泵 8 的出口管线上要连续加入一定量的稀释甲醇。

第一精馏塔 12（也称脱单体塔），该塔的作用是将聚合反应液中未聚合的单体醋酸乙烯从塔顶脱出，保证塔釜液聚醋酸乙烯甲醇溶液中单体含量符合质量要求。釜液中还要加入一定量甲醇，使其中聚醋酸乙烯浓度符合后续工序醇解反应的要求，约为 22% 左右。

第一精馏塔顶馏出物为醋酸乙烯、甲醇、水三元共沸物加入到第二精馏塔 13（也称萃取精馏塔），加萃取水用萃取精馏法分离醋酸乙烯和甲醇。塔顶馏出为醋酸乙烯和水的共沸物，在水分离器 14 中分层，上层醋酸乙烯再经精制除去醋酸甲酯、水等杂质后可循环使用，下层水全部回流作萃取水的一部分。

第二精馏塔的釜液为 35% 左右的甲醇水溶液，送第三精馏塔 15（也称甲醇回收塔）用直接蒸汽蒸馏，塔顶即可得到精甲醇，可作溶剂循环使用。塔釜废水排地沟。

根据工艺流程的组织原则和评价工艺流程的标准来分析上述醋酸乙烯溶液聚合法生产聚醋酸乙烯的工艺流程，主要具有如下特点。

（1）聚合反应的温度选择在溶剂甲醇的沸点范围操作，放热反应的热效应，由甲醇的蒸发潜热即可带走，无需采用更多的自动控制系统，温度稳定，产品质量也稳定。

（2）聚合釜中蒸发的甲醇蒸气用来与原料单体、溶剂甲醇直接换热，既预热了原料，又回收了物料，并充分利用了反应热。预热器设计合理，在塔板上进行气液相传质、传热的过程中，即可脱除物料中的溶解氧，有利于聚合反应的进行。

（3）流程中充分考虑了物料的回收和综合利用，如：

① 聚合釜蒸发的甲醇，除在预热原料时冷凝回收外，不凝气体还要经水冷、盐水冷凝器充分回收尾气中的甲醇之后才排出；

② 未反应的单体醋酸乙烯和为分离回收醋酸乙烯而带出的溶剂甲醇在流程中均采取有效的分离措施回收使用，提高了物料利用率；

③ 第二精馏塔萃取精馏加入的萃取水,尽量使用馏出液(分层)分离出来的水,减少了外加工艺水用量和废水排出以及由此带来的物料损失。

(4) 为防止聚合反应可能出现的爆聚现象以及由此带来的损失,流程中充分设置了应急处理及安全措施,如:

① 设置了备用的事故甲醇和阻聚剂储槽,以尽可能制止爆聚现象的出现;

② 不仅在聚合釜上设置了防爆板,还在尾气冷凝器上设置了防爆膜,以减少可能发生爆聚现象时带来的设备损坏。

(5) 除上述特点外,流程中利用常压生产的特点,充分考虑了设备的位差,多处应用高位槽自动下料,减少了能耗。另外,实际生产中第一精馏塔正常生产时塔釜直接采用后续回收工序甲醇精馏塔塔顶馏出的甲醇蒸气作塔釜蒸气,不仅节约了第一精馏塔再沸器甲醇蒸发的耗热量,也免去了后续工序中甲醇蒸气的冷凝过程,热量利用充分合理。

复习思考题

5-1 化工生产过程的间歇操作和连续操作有何区别?如何选择?

5-2 反应过程工艺条件优化的最佳点选择的三种方式有何不同含意?用哪种方式作为分析最佳工艺条件的优化目标比较符合实际?

5-3 温度、压力、空间速度(停留时间)、原料配比对化学反应过程的影响各有什么共同的规律?应根据什么原则来选择温度、压力、空间速度和原料配比的最佳控制范围?

5-4 烃类热裂解反应的裂解温度和停留时间对裂解反应过程有何影响?如何选择适宜的裂解温度和停留时间?

5-5 反应压力对烃类热裂解反应有何影响?裂解过程加入水蒸气有哪些好处?如何选择合适的原料和水蒸气的稀释比?

5-6 原料烃的组成对裂解结果的影响有何规律?

5-7 以垂直倒梯台式裂解炉为例,说明乙烯裂解炉的自动调节方案是如何确定的?

5-8 温度对醋酸乙烯合成反应有何影响规律?适宜的温度条件如何选择确定?狭小范围的适宜温度条件是如何实现稳定控制的?

5-9 空间速度、原料配比对醋酸乙烯合成反应有何影响规律？如何实现原料混合气体流量的稳定控制？

5-10 试分析引发剂用量、溶剂甲醇用量、聚合停留时间、聚合反应温度等因素对醋酸乙烯溶液聚合法生产聚醋酸乙烯的影响规律，各工艺条件在何范围合适？

5-11 醋酸乙烯聚合反应应选用哪些自动调节系统？

5-12 化工产品的生产工艺流程一般由哪些环节组成？各环节应具有什么功能？

5-13 在组织工艺流程时，应根据哪些要求来选择化学反应器和精馏塔等主要设备？

5-14 组织化工生产工艺流程的原则是什么？对工艺流程进行评价的标准和方法是什么？

5-15 根据醋酸乙烯溶液聚合法的特点及对工艺过程的要求，如何确定该工艺流程的组织方案？如何选择聚合反应器等主要设备？

5-16 什么是化工生产工艺流程图？化工生产工艺流程图一般有哪些常用的表示方法？各种流程图都各有何用途？有何区别？

5-17 醋酸乙烯溶液聚合法生产聚醋酸乙烯甲醇溶液的工艺流程有哪些特点？

第六章 化工过程技术开发

第一节 技术开发的基本过程

技术开发的内容包括开发新产品、新工艺、新材料及新设备,对化工企业来说最重要的就是新产品,即本企业过去没有试制和生产过,在结构、原理、性能、用途等方面又区别于老产品,或有较大提高的产品。

一、化工过程开发的目的和内容

化工过程开发是指从实验室过渡到第一套工业装置的全部过程。由于化工过程开发涉及化学工艺、化学工程、机械设备、调节控制、材料与防腐、技术经济、环境保护等各个学科和工程领域,同时还包括试验,设计和试生产等各个环节。因此,它是范围极广的一门综合性工程技术。

当代的化学工业迅速发展,化工产品日新月异,工艺方法和设备都在不断更新。因此,如何缩短从实验室过渡到工业化的开发周期,对推动化学工业的发展有重大意义。由于过程开发的复杂性,不可能有一个统一的模式,但自觉地运用化学工程的理论和方法,运用科学规律加上经验总结的开发方法,可以大大缩短工业化的周期,加快化学工业发展的速度。

在近代的化工企业和工业研究部门中,为了有效地进行化工过程的开发,大都设立了"研究与开发"部,使研究和开发紧密相连。化学工业研究与开发的任务,主要在于发展满足国民经济各部门所需的化工新产品和对老产品的工艺生产方法进行改造。一般可将开发过程分为两个阶段,第一阶段主要是在实验室进行,即所谓

"基础研究"，在此阶段要对多种方案作比较试验，经筛选后确定一种比较有把握的方法。也可利用他人的基础研究成果，或者根据文献报道的方法来开发，但应进行验证试验，证实其可靠性。第二阶段即是过程开发，过程开发应建立在明确的目标上。

实验室研究的目的是得到一种生产方法的"设想"，它只能说明该过程方法的可能性，不足以用来设计一个生产装置。而过程开发的目的是要把实验室研究结果的"设想"变为工业生产的"现实"。因此，过程开发的任务是要获得所有必需的信息资料，对这种生产方法的"设想"，在技术上和经济上的可能性和合理性进行考核，得到为设计工业装置所必需的完整的工程资料和数据。为了进行试验而所需的模型装置或中试装置的设计、安装和开车均应直接包括在过程开发的阶段中。

化工过程开发的主要内容或主要环节包括：

① 从实验室研究结果中获得必要的数据和资料，并用工程观点收集和整理与过程有关的技术信息资料；

② 提出初步方案；

③ 对方案进行技术与经济评价；

④ 进行模型试验或中间试验；

⑤ 对试验结果进行分析、整理；

⑥ 进行工业装置的初步设计。

以上几个环节在执行时相互穿插进行，对某些化工过程有时还要增加一些内容，总之，对化工过程的开发，并没有一个完全一样的模式。在建立第一套装置以后还有进一步考虑化工装置最优化的问题。

当代化工生产的特点是生产装置的规模和产量不断增大，为了加快工业化速度，要求尽可能减少中间试验的级数，也就是增大放大倍数。因此，工程放大问题已成为当前过程开发的核心问题。长期以来，化学工业多采用传统的相似模型放大，但对于复杂的化工过程，由于无法同时满足各种相互矛盾的相似条件而显示了一定的局限性。目前，化工过程的开发正处于逐步从经验过渡到科学的过程。用电子计算机进行数学模型放大的方法是在充分利用现有的技术信息资料、化工数据、化学工程的理论和小试验结果的基础上整理成抽象的理论模型（初级模型），并反复对模型进行修正，若模型在一定精度要求内符合试验结果，则可以直接用于放大设计。采用数学模型的优点是可以实现高倍数的放大，并且用数学模型在电子计算机上进行"数学试验"可节省大量人力、物力和时间。由于数学模型放大的关键是要在充分掌握过程基本的物理和化学规律的基础上，建立一个在一定范围内能反映原型本质的数学模型。因而目前只能在少数的过程中进行放大，但无疑它将是今后过程开发研究的一重要方向。还应注意的是一个正确的数学模型往往要经过小试、中试甚至通过工业生产检验后才能完善地建立。所以，当前化工过程的开发，还不能完全排除经验或半经验的放大方法。

开发一个过程时，经济观点十分重要，但还必须对技术、三废、安全和可靠性等一系列问题作综合考虑。由于化工过程开发涉及面很广，因此要求过程开发者除了掌握一定的数学、物理、化学、机械和材料等基础学科和工程技术知识外，还应具有良好的化学工程理论素养，以及丰富的化工生产和设计经验。在开发过程中还应该尽可能采用现有化工生产中或其他领域内一切可以利用的成熟经验。

开发一个新产品时，还应特别注意新产品开发的标准化，以为企业提高质量、提高效率、降低消耗、降低成本服务。新产品开发阶段的标准化也就是指在新产品的研制、试制、鉴定等过程中，应当执行产品的品种规格系列标准、相关的配套零部件标准、互换性标准、通用试验方法和基础标准、安全卫生标准、环境保护标准等，并贯彻上级主管部门颁发的有关法规和管理规定。

二、化工过程开发的基本条件

建立化工过程技术开发的基本条件有以下几点。

① 过程所涉及的产品是有经济价值的，并能满足国民经济的需要。

② 有关的化学反应都应经过实验室研究，已获得主反应和可能出现的副反应及反应效果随操作条件变化规律的数据。

③ 根据参与过程的物料性质设想可能的分离方法和步骤。预先拟定好关于中间产品、副产品等物料的分析方法以及目的产品纯度等质量指标的测定方法。

④ 在实验室研究结果的基础上是否着手进行开发，除了根据需要外，关键还要看技术经济指标是否先进。此外还要考虑原料的供应、副产品的销路、三废处理等一系列问题。若工艺本身是成熟的，一般来说进行开发问题不大。但如果该工艺过程在本企业中只是原则上了解，具体情况却不清楚，一般以购买专利更为经济，因为独立开发一项工艺要比购买专利所花费的代价高得多。

⑤ 如果是涉及一项新工艺，是否进行开发主要取决于技术风险、竞争状态和该工艺路线的发展前途。要从事的这项开发工作，必须在技术上是先进的、可靠的，经济上是合理的，而且该项新工艺对其他相关的技术领域也是有用处的。

三、化工过程开发的步骤

化工新产品技术开发过程一般可以分为以下几个阶段：计划决策阶段→探索试验阶段→实验室研究阶段→中间试验阶段→工业化试验阶段→正式批量生产阶段。

过程开发的着眼点是把一种生产方法的"设想"变为工业生产的"现实"。在实验室研究阶段得到的信息资料是很不够的，而开发的成果在技术上和经济上又都希望达到最优，因此过程开发阶段要进行大量的工作。一个化工过程的开发是十分复杂的，一般过程开发的循环要经过如图 6-1 框图所示的过程。整个过程开发的步骤如图 6-2 所示。

过程开发其中最主要的是以下几个步骤的工作。

第一步是在实验室研究的基础上提出设想流程。由于实验室研究阶段的资料和数据有限，因此还要以工程的观点来收集与过程开发有关的信息资料，查找所需的物理化学数据、经验公式以及与所

第六章 化工过程技术开发

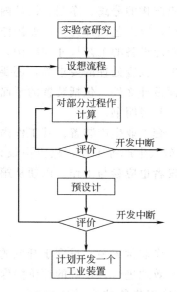

图 6-1 过程开发循环框图

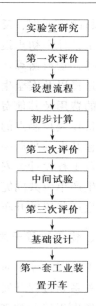

图 6-2 过程开发步骤

开发产品相关的市场信息，整理出一套完整且可靠的技术资料。同时，还要有对主要资料的分析评价，作为过程开发的初步依据。在此基础上就可提出设想的流程，进行全过程的物料衡算、能量衡算，估算生产过程的原材料消耗、能耗，并作出评价（包括对流程和生产过程的分析，说明哪些是成熟的经验，哪些部分有待进一步做试验来验证或取得可靠的依据等）。根据评价可知设想流程的把握性有多大，即可以决定是继续开发还是中断开发。

　　第二步是中间试验。如果设想流程的评价认为可以继续进行开发，就可以按评价分析中提出的不充分的那部分数据和资料来拟定中试方案及规模。中间试验一般不是作方法的比较，而是为了收集设计工业装置所需的数据。对于用电子计算机辅助开发的过程，中试更重要的工作是为了验证和修改数学模型，总之是为工业装置的预设计提供可靠的依据。

　　第三步是进行工业装置的预设计，或称为基础设计。设计范围涉及原料的预处理、反应过程和反应产物的分离、净制。设计内容应按化工设计中初步设计要求来进行，以工艺设计为主，如操作条件的选择，物料衡算，热量衡算，确定设备的工艺尺寸和结构，设备材料选择以及安全生产、劳动保护、三废处理的要求等，还要估算装置的费用及其他费用，并提供预设计文件，包括装置的平面布置图、带仪表控制点的工艺流程图及其说明书。

过程开发的最后一步是建立第一套工业生产装置。其工作内容主要涉及工程设计、安装施工和开车试生产等工作，故应由设计、施工及生产单位共同完成。过程开发者也应参与工作，以便从第一套工业生产装置的开车中总结经验。

四、化工过程开发的评价

化工过程开发中对过程的评价工作非常重要，贯穿于开发的全过程，关系到过程开发能否顺利、有效地进行。正确的评价能保证开发者作出正确的决策，不重视评价工作往往会导致决策上的失误。化工过程开发评价的原则是：技术上的可靠性和经济上的合理性，前提条件是要符合国家在环境保护方面的要求，不允许对人和环境造成危害。对过程的评价在过程开发不同的阶段，要求和程度有不同的侧重。

在实验室研究工作结束后的评价，其目的是要确定是否进行开发，此次评价是比较粗略的估计，评价的依据是实验室研究所获得的信息和资料。主要评价的内容是工艺方法的先进性，原料来源是否方便充足、价廉，根据产品成本估算利润以及产品的市场需求量和迫切性。

提出设想流程并作出初步计算后的评价，目的是确定中断开发还是继续开发，属关键性的评价，如果不慎重进行而作出错误决定，将会造成经济上的很大损失。评价的依据除实验室研究的数据、资料外，主要是所提出设想的流程图以及用化学工程的理论和方法经初步计算得出的有关结果：估算中试装置与工业装置的投资；产品的成本；与相关产品、相关生产过程在技术上、经济上的对比；本过程在工艺上和技术上的优缺点等。评价的内容主要是：过程中哪些因素对产品成本影响最大，哪些设备、过程和技术还不够成熟，还缺乏哪些数据。由此可作出评价结果，如果该过程在技术上不成熟、经济上不合理就中断开发，反之若技术、经济上均具有基本条件，就可继续进行开发，但必须针对还缺乏的数据、资料确定中试要进行哪些研究和试验来作补充。

中间试验之后评价的目的不仅是为了决定是否继续开发，更是为了决定如何着手建造工业生产装置。一般中试后，除非是因原料或市场变化的影响所致，否则中断开发的情况极为少见。评价的依据是设想流程和中试的结果。评价的内容包括：工艺流程及组成流程的设备、自控系统、操作条件，产品质量及原材料等物料的分析方法，原材料的消耗、能量消耗，设备材料的耐腐蚀性能，连续运转的可靠性、安全性、三废物料的处理，设备放大的可能性等。中试后的评价工作十分复杂，涉及的面宽、范围广，必须集多种相关专业如工艺、化工机械、化工仪表、工业分析、电气、管理等的技术人员共同完成。

近代化工过程开发的特点是：不仅要建立一个技术上先进、经济上合理的化工过程，而且只要有可能，就应该使过程尽可能达到最优化。因此，在开发过程中建立数学模型是极为重要的，只要获得了符合实际生产要求的模型后，就能为今后装置的设计和控制实现最优化打下基础。

第二节 实验室研究与中间试验

一、实验室研究

（一）实验室研究的任务

在化工生产中，很多过程开发都是在小规模的实验室研究的基础上进行的。实验室研究的目的是要得到一种生产方法的设想，说明该过程的可能性,为过程的开发提供必要的依据。

实验室研究的任务,基本上可以归纳为以下几个主要方面。

① 在严格的温度条件下,对一些化学现象进行研究,并得出定量的结果。不能因传质、传热的阻力而产生干扰作用和不精确性。

② 由于实验室研究能精确地测定系统中的操作参数,也能独立调节主要的操作参数,所以要为开展中间试验研究提供更为深刻的理解和必要的依据。

③ 通过实验室研究对反应和催化剂性能可以较快地得到基本了解,因此,对于确定反应的动力学关系和催化剂的基本特性是很有价值的。

④ 精细化工等化工新产品的研究,对寻找新的配方,得到有特殊性能和用途的新产品,也是很有必要的。

(二) 实验室研究的特点

① 实验设备(主要指化学反应器)应尽可能做得小一些。对于筛选催化剂,或是比较不同反应物在系统中不同条件下对反应特性的影响等,都宜选用一些纯物质来做试验,然后综合对不同化合物分别进行的试验来了解反应性能的差别。此时,如果用实际的复杂进料研究是难于得到结果的,所以只有小型系统才有可能使用价格昂贵的纯化合物。

② 实验室研究是按严格的操作参数来设计和进行研究的。在很多情况下,小型反应器的特性与实际的大型反应器几乎没有什么相似之处,因此很少有可能根据小型反应器数据来放大。但是,如果把化学动力学研究结果与大型系统中过程的合理模型结合起来,就可以作出有用的预测和正确的设计。

一种优良的实验方案,应该是能以最少的实验工作量取得中间试验所需的基础资料和数据。

(三) 实验用反应器

实验室研究也如同中试、工业生产装置一样,反应器不一定是工艺装置中最费钱的部分,但它总是关系最大的部分。实验室反应器的类型不仅决定实验的技术而且决定于设计的方法,一般认为有两种实验反应器,一种是要求在严格限定的条件下容易单独考察化学现象,为了达到某些特定的目的使用的小反应器,另一种是按工业设计规模缩小至实验室规模的反应器,两种都称为小型反应器。而实验室规模的生产流程,称为微型装置。

常用的小型反应器大致分为静态(间歇)反应器和流动(连续)反应器两类。静态反应器一直是化学家为了取得准确的动力学数据而采用的传统方法,特别适用于只进行单个反应而且确定规定条件之系统的基础研究。但在某些情况下,为了取得动力学数据还是非采用流动反应器不可。一般是根据试验要求来具体选择。

二、中间试验

中间试验是过程开发的一个重要环节。一般地说,在现阶段要想不经过中间试验而获得建造工业生产装置所需的数据资料是很少的。即使是通过中试后,还要考虑有较大的安全系数才能放大到工业装置上。目前,有人设想避开中试,直接由小试验一步放大到工业规模的大装置上,但实例不多。即使是对过程的机理及反应动力学研究得较深透,用电子计算机建立数学模型也要经过多次试验验证后才能应用。因此,开发工作首先是力求减少试验级数。

(一) 中间试验的任务

进行中间试验的目的是为了求取建造大型工业装置所需要的数据资料,以及对已掌握的数据资料进行验证。所以中间试验的主要任务是:

① 获取设计工业装置所必需的工艺数据和化学工程数据;
② 研究和实施生产控制方法;
③ 考核杂质积累对过程的影响;
④ 考核设备的选型及材料的耐腐蚀性能;
⑤ 确定实际的原材料消耗等技术经济指标;

⑥ 提供一定数量的产品,考核产品的加工和使用性能;
⑦ 修正和检验数学模型。

(二) 中试装置的完整性

关于中试装置的完整性问题,一般认为中试装置不一定必须与大型装置完全一样。根据对过程技术的掌握程度和对中试本身的要求。可以采用全流程、部分流程、局部的过程步骤和关键设备来作中试,但必须对试验作出科学的规划,合理的组织,以便用最小的代价来获取最有用又最可靠的数据和结论。如果对某工艺流程中仅仅要求对某一关键步骤作详细研究,以便求取较为精确的工艺和工程设计数据,其他步骤已经掌握并不需要做试验,此时试验装置可只限于反应过程,只对模型反应器进行试验,将全部精力集中在研究反应过程上。全流程试验要求装置的所有部分都能正常运转以便保证提供试验结果,因为反应产物和后加工均是相连的,故得到的是综合结果,但此时操作条件只能在一个较窄的范围内变化。全流程中试不仅要花费巨大的人力、物力和时间,而且还要担风险。因此,必须对过程中的每一个步骤作详细推敲,尽量避免做完整的全流程中试。究竟应把试验装置完备到何种程度,在某种情况下,采取"不断增添"的办法比较有利,例如在开始时以反应器为主,待反应器或已有的过程步骤均得到充分研究后,再追补其他过程步骤。此方法可以保证整个开发过程的某种可变性,只是开发时间较长。

不论是为了求得缺少的数据资料,还是验证已掌握的数据,都离不开测量仪表和必要的自控系统。中试装置选用的仪表应尽量与大型装置使用的仪表相一致,而且为了便于对过程的研究,经常还要使测量点数目及控制范围远超过工业装置的要求。同时由于中试的物料量较小,还必须选用精密的测量仪表。中试装置采用自动化控制可以节省操作人员,提高试验结果的可靠性,迅速进行大量的试验项目,加快进度。但是自动化控制方案必定会延长其准备时间。若新开发的过程通用性不大或该装置今后不经常用,时间有限就没有必要采用全盘自动化控制方案。只有在做一个试验项目要运转很长时间或该中试装置只要局部调整后可以作其他试验用,甚至可作为经常性的试验装置,这样的特殊情况下才值得采用全盘自动化控制。总之,应该是通过中试装置的考核,求得大型装置可靠的测量仪表和自动控制方法。

(三) 中试装置的规模及放大

中间试验是一种小型装置,它是由准备要建立的过程或工业过程中的主要步骤所组成。根据所要求的产量以及被试验设备的特性,规模可大也可小,可以从实验设备(微型中间试验装置)到半工业装置间取任何大小规模。中间试验所耗费的人力、物力和时间是最多的。因此,必须合理组织中间试验,尽可能缩小规模。原则上是装置规格愈小,所花费的设备和操作费用就愈小。因此,目前已发展了"微型中间试验"的装置,其优点是建造快、容易改装、操作费用低和比较安全。若试验装置的规模已小到开始出现不便于对过程参数的调节,以及取样发生困难时,则表示装置已达到下限。实际上,当试验装置的规格小到某种程度时,再缩小其规模,某些种类的费用(如测量和控制仪表的费用等)已不会再降低,而且装置太小,就不能提供足够的产品以供试用。此外,随着试验装置的缩小,即意味着放大倍数的增大,如果因为放大无把握,而必须追加相同类型较大的试验装置,说明所选用的试验装置规模太小。能放大多大倍数,主要取决于对过程规律本身的掌握程度。有的过程包含许多难于放大的因素,甚至放大十倍就已成问题。相反,有的过程却放大 $10^3 \sim 10^4$ 倍也是有把握的。因此,在选择试验装置时,应先作粗略估计再确定中试规模。在允许条件下,中试规模应尽可能小一些。

化学反应器是每一个化工过程的核心,多数情况下化学反应器也是中试装置中研究的主要对象。如果小型反应器不适宜于进行放大研究,相比之下中型反应器常常是比较有利的。中型反应器是指一种较大程度按比例缩小的反应器,其规模又大到不适宜建立在标准的实验室内。较大的模型反应器比较容易模拟大型反应器的参数进行试验。

化工过程开发中选择反应器的型式是很重要的问题，如同工业生产中反应器的选型一样，要依据反应过程在操作条件下的相状态、传热、传质、转化率、选择性等条件来选择。而对过程开发来说，还应考虑反应器放大的可能性，而反应器的放大又是化工过程开发中的核心问题。在由实验室研究经中间试验过渡到工业生产规模的装置这一过程中，理想的是从实验室的小型反应器一步直接放大到工业规模，目前几乎是不可能的，甚至中间试验往往也是要分为几个大小不同的等级来逐级放大的。化学反应本身是复杂的，每一个反应之间各不相同，而工业规模生产上的化学反应过程，影响因素又更为错综复杂，不仅有化学热力学、动力学因素的影响，还有来自流体流动、传热、传质等各方面因素的影响。其中很多因素在实验室规模的试验，或是小型的中间试验中是不成问题的，然而放大时反应的效果等指标就大不一样了。此外，还有在放大后连续运转的生产过程中因为设备材质的腐蚀作用、微量杂质累积对生产过程的影响、设备和仪表长期连续运转的可靠性，以及产品质量、污染问题等。这些问题一般在小型的实验中得不出结论，只能在逐级放大时进一步考证。

化工设备（包括化学反应器）的规格放大，目前常用且比较有成效的放大原理有两种，相似模拟放大和数学模拟放大。

相似模拟放大　在研究化工过程中的物理、化学现象时，往往可以将化工过程中的有关物理量组成复杂的不同类数量之比，成为一个没有单位的数群，称为相似准数。如同数学中相似三角形的道理一样，在研究化工生产过程时，只要是两个系统或两个大小不同的设备具有相同的准数，它们之间就存在相似关系。这样只要从一个系统或一个小的设备上得到的结果，就可以推广到另一个系统或大型的设备上。这就是相似放大的原理，称为相似模拟放大。

相似模拟放大的好处在于由于少数几个准数就包纳了许多物理量，因此，不必导求大量的各个物理量之间的相互关系，只需找出少数几个准数间的关系即可。于是试验和数据整理工作大为简化、方便。但若过程中涉及的变量较多、问题复杂,尤其是对复杂的化学反应过程,相似模拟放大就具有一定的局限性,甚至无能为力。

数学模拟放大 根据化学工程的原理和必要的试验,通过适当的简化和假定,用数学公式(通常是一组代数方程或微分方程)来描述化工过程的物理、化学规律,这就是数学模型。如果在电子计算机上解算数学模型或是改变模型的各种参数作模拟实际生产过程或装置的实验称为"数学试验"。而用数学试验的方法求出过程或装置在不同条件下的效果称为"数学模拟法"。如果模拟的结果与试验结果或实际生产过程情况一致,说明建立的该数学模型正确,可以用作放大设计。如果不符,说明应修改数学模型。

数学模型放大的优点是:可以减少中间试验的级数,增大放大倍数,有效地缩短化工过程开发的周期;用数学模型在计算机上做试验,与中间试验相比,可节省人力、物力和时间;在计算机上改变条件做试验非常方便,有利于寻求最优化的条件;此外也为化工生产过程的计算机控制打下了良好的基础。

相似放大方法属半经验的放大方法,只适用于变量不多的简单物理过程,放大倍数一般只在 10~100 倍。随着化学工业的迅速发展,新产品更新换代很快,因此过程开发应避免逐级放大,放大倍数要求达千倍、万倍以上,这就更需要利用电子计算机这种先进的工具来辅助过程开发。

下面用几个例子来讨论反应器的放大。

(1)间歇操作的搅拌釜 这种反应器在放大时问题最小,一般讲只要维持相同的停留时间即可。但如果在放大时热量的输入或导出方式有所变化,或反应器的器壁对反应有催化作用,则可能会出现困难。在这种情况下,应考虑改变表面积与体积的比例。

(2)连续操作搅拌釜或搅拌釜串联 如果大型设备与模型一样具有良好的混合状态,则连续操作的搅拌釜串联也是容易放大的,放大后的效应可借调整面积与体积之比容易解决。对于双相反应,反应是由流动速度控制的,只要维持雷诺数(Re)相同就能放大。

若过程受到传质的限制，放大就有困难。一般规律是对于单位体积所输入的搅拌功率必须保持相同。

（3）活塞流反应器　活塞流反应的停留时间状况在很大程度上取决于反应混合物的流动状态，在放大时应加以考虑。若是几何相似放大，则在湍流流动状态时，大型管子和模型管子中的停留时间状况可以达到足够精确一致。对于体积急剧增大的反应，则不能满足压差不变，有必要适当调整几何尺寸。对于化学反应伴随有放热效应的情况，工业反应器大都由相对较小直径的管束组成。在做模型试验时，可取一根与工业设备相同直径的管子，并在相同流动状况下操作，这是一种非常好的反应器模型。对于非均相催化反应的这种"1∶1模型"是惟一可以很好放大的模型。

许多工业反应器不完全是上述型式，往往在一开始并不知道哪些特征数控制整个过程，或发现有重要意义的特征数不止一个。在开发这种反应器时，通常还是要逐级放大，并通过试验求得最优操作条件。

复 习 思 考 题

6-1　化工过程技术开发的目的是什么？在当代化学工业发展中有何意义？

6-2　技术开发的基本条件是什么？主要包括哪些内容？

6-3　过程开发一般要经过哪些循环和步骤？

6-4　过程评价在过程开发中有何意义？

6-5　实验室研究的任务和特点是什么？

6-6　中间试验的任务是什么？

6-7　在设计中试的流程方案时，是否一定要完整的流程？为什么？

6-8　确定中试装置规模的原则是什么？

第七章 合 成 氨

第一节 概 述

氨为无色、有强烈刺激性臭味的气体。能灼伤皮肤、眼睛、呼吸器官黏膜。空气中含有 0.5% 体积分数的氨，就能使人在几分钟内窒息而死。氨的密度为 $0.7710 kg/m^3$，固体氨的熔点 $-77.7℃$，沸点 $-33.35℃$。液氨挥发性很强，汽化潜热较大（25℃时为 $1167kJ/kg$）。氨极易溶于水，常温常压下溶解度为 $600L(NH_3)/L(H_2O)$，溶解时放出大量的热。工业上常生产含氨质量分数15%～30%的氨水作商品出售，氨水溶液呈弱碱性，易挥发。氨在空气中燃烧分解为氮和水，氨与空气遇火能爆炸，常温常压下爆炸范围为 15.5%～28%（在空气中）或 13.5%～82%（在氧气中）。

氨的化学性质活泼，与酸反应生成盐类，与二氧化碳作用生成氨基甲酸铵，然后脱水成尿素。

氨是制造氮肥的最主要原料。氮肥在化学肥料中占很大的比例，是化学工业中一个极为重要的产品。

氮是蛋白质中的主要组成部分，蛋白质用来维持植物和动物的生命。空气中含有 79%（体积）的氮。但是大多数植物不能直接吸收这种游离的氮。只有当氮与其他元素化合以后，才能为植物所利用。这种使空气中游离态氮转变成化合态氮的过程。称为"氮的固定"。固定氮的方法很多，合成氨法是目前世界各国采用最广、最经济的方法。

氨的合成及其加工，首先是用于生产肥料，液氨含氮 82.3%，本身就是一种高效肥料，可直接施用，但因易挥发，液氨的储存、运输与施肥都需要一套特殊的设备。目前大多将氨与其他化合物加工成各种固体氮肥和部分液体肥料，如尿素、氯化铵、氨水和碳化氨水等。

氨不仅对农业有着重要作用，而且也是重要的工业原料。氨可以加工成胺与磺胺，是合成纤维及制药的重要原料；尿素不仅是高效肥料，而且又是制造塑料、合成纤维和医药的原料；在制碱、石油炼制和橡胶工业以及冶金、采矿、机械加工等工业部门，也都要用到氨或氨的加工品；此外，在食品、冷冻工业上，氨是最好和最常用的冷冻剂。氨对于国防工业也十分重要，氨氧化可制成硝酸，在炸药工业中，硝酸是基本的原料，用硝酸作硝化剂可以制得三硝基甲苯、三硝基苯酚、硝化甘油及其他各种炸药。所以氨是基本化工产品之一，在国民经济中占有十分重要的地位。

合成氨工业是近几十年发展起来的。氨是 1754 年由普里斯利加热氯化铵和石灰时发现的，但人们在实验室内直接合成氨的研究工作经历了一百多年都未能成功；1909 年哈伯开始用锇作催化剂，在 17.5~20MPa、500~600℃ 合成得到 6%NH$_3$；1911 年米塔希研究成功以铁为活性组分的合成氨催化剂，其活性好，比锇价廉、易得，广泛应用到目前；1913 年在德国奥堡建成世界上第一个合成氨厂，生产能力为日产 30t 氨。氨合成方法的研究成功，不仅为获取化合态氮开辟了广阔的道路，而且也促进了许多相关科学技术（如高压技术、低温技术、催化、特殊金属材料、固体燃料汽化、烃类燃料的合理利用等）的发展。

中国的合成氨工业，虽早在 20 世纪 30 年代南京和大连就已建有氨厂，但直到解放，全国仍只有这两个厂，生产能力每年不过几万吨氨。建国以后，合成氨工业得到很大发展。20 世纪末期已经拥有多种原料，不同流程的大、中、小型合成氨厂 1000 多个，其中大、中型企业达 137 个，而年产 30 万吨合成氨的引进装置就有 21 个。年产量进入了世界的前列（年产量达近亿吨），而且有了一支从事合成氨生产的科研、设计、制造与施工的技术队伍。

进入 21 世纪，中国年产 30 万吨以上的合成氨厂已有 30 个，氨产量超过俄罗斯、美国、印度，跃居世界第一位。

合成氨的生产过程主要包括三个步骤：

第一步是造气,即制备含有氢、氮的原料气;

第二步是净化,不论选择什么原料,用什么方法造气,都必须对原料气进行净化处理,以除去氢、氮以外的杂质;

第三步是压缩和合成,将纯净的氢、氮混合气压缩到高压,在铁催化剂与高温条件下合成为氨。

目前氨合成的方法,由于采用的压力、温度和催化剂种类的不同,一般可以分为低压法、中压法和高压法三种。

低压法 操作压力低于 20MPa 的称低压法。采用活性强的亚铁氰化物作催化剂,但它对毒物很敏感,所以对气体中的杂质(CO、CO_2)要求特别严格。也可使用磁铁矿作催化剂,操作温度 $450 \sim 550℃$。该法的优点是由于操作压力和温度较低,对设备、管道的材质要求低,生产容易管理。但低压法合成率不高,合成塔出口气中含氨约 $8\% \sim 10\%$,所以催化剂的生产能力比较低;同时由于压力低,必须将循环气冷至 $-20℃$ 的低温才能使气体中的氨液化,分离比较完全,所以需要设置庞大的冷冻设备,使得流程复杂,且生产成本较高。

高压法 操作压力为 60MPa 以上的称高压法,其操作温度大致为 $550 \sim 650℃$。高压法的优点是:氨合成的效率高,合成塔出口气中含氨达 $25\% \sim 30\%$,催化剂的生产能力较大。由于压力高,一般用水冷的方法气体中的氨就能得到较完全的分离,而不需要氨冷。从而简化了流程;设备和流程比较紧凑,设备规格小,投资少,但由于在高压高温下操作,对设备和管道的材质要求比较高。合成塔需用高镍优质合金钢制造,即使这样,也会产生破裂。高压法管理比较复杂,特别是由于合成率高,催化剂层内的反应热不易排除而使催化剂长期处于高温下操作,容易失去活性。

中压法 操作压力为 $20 \sim 35MPa$ 的称为中压法,操作温度为 $450 \sim 550℃$。中压法的优缺点介于高压法与低压法之间,但从经济效果来看,设备投资费用和生产费用都比较低。

氨合成的上述三种方法,各有优缺点,不能简单地比较其优劣。目前,世界上合成氨总的发展趋势多采用中压法,其压力范围多数为 30～35MPa。中国目前新建的中型以上的合成氨厂都采用中压法,操作压力为 32MPa。

氨加工是以氨为基础原料来合成各种化学产品的总称。这些产品大部分是用作氮肥,而氮肥又是产量最多的一种化学肥料。因此,以氨为基础的化学合成主要包括氨氧化法生产硝酸以及尿素、硝酸铵、磷酸铵、碳酸氢铵等的生产。

第二节 氨的合成

一、反应原理

氨合成的化学反应

$$3H_2 + N_2 \rightleftharpoons 2NH_3$$

该反应是由氨的合成和氨的分解形成的可逆反应,正反应是放热反应,且是分子数减少的反应。该反应只有在高温、加压和催化剂存在下才能较快地进行。

1. 反应热效应

氨合成反应是可逆的放热反应,反应热的数值随反应的温度、压力而改变。同时,由于工业生产中合成氨的氢、氮原料气中还含有甲烷、氩等气体,加之合成反应不能进行到底,反应后气体产物中含氨一般在 20% 以下,其余为未反应的氢、氮气和不参加反应的惰性气体。这些气体混合在一起时要吸收热量,因此最终表现出来的反应热称为表观反应热 ΔH_T。表观反应热可以通过计算得到。一般若压力为 15、20 和 30MPa 时,不同温度条件时的表观反应热 ΔH_T 的值也可从图 7-1 氨合成表观反应热与温度的关系曲线中查得(图中 ΔH_T 数值已考虑了氨含量的影响,应用时误差小于 3%)。

2. 平衡氨浓度的影响因素

平衡氨浓度指的是反应达平衡状态时,氨的摩尔分数。由于平衡常数是温度和压力的函数,而在氨合成的混合气体中又含有氢、

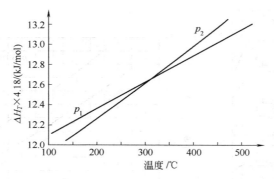

图 7-1　氨合成表观反应热与温度的关系
p_1—15MPa；p_2—20(或 30)MPa

氮、氨及惰性气体，所以平衡氨浓度要受温度、压力、氢氮比和惰性气体浓度的影响。

温度和压力对平衡氨浓度的影响规律是：随着温度的降低和压力的提高，平衡氨浓度逐渐增加。

氢氮比（混合气中所含氢和氮的物质的量之比）对平衡氨浓度的影响从图 7-2 平衡氨浓度与氢氮比的关系中可见，在各个不同的压力条件下，平衡氨浓度的最大值对应的氢氮比均为 3。只不过压力越高，相应的平衡氨浓度也可以提高。

当氢、氮混合气体中有惰性气体存在时，就会使反应达平衡时混合气体中的氨浓度显著下降，其降低的程度较相应的氢与氮的分压降低的程度数量级更大。不同惰性气体浓度下温度对平衡氨浓度的影响如图 7-3 所示。

提高平衡氨浓度的意义在于可以提高反应推动力。综上所述，提高平衡氨浓度的措施：降低温度；提高压力；控制氢氮比为化合比（3∶1）；尽可能降低混合气中惰性气体的含量。

3. 催化剂

长期以来，人们对氨合成的催化剂作了大量的研究工作，发现原子次外层电子轨道上电子数不饱和的金属 Os、U、Fe、Mo、Mn、W 等对氨合成均有活性。其中以铁为主体，添加有促进剂的

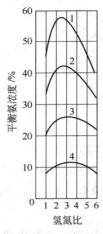
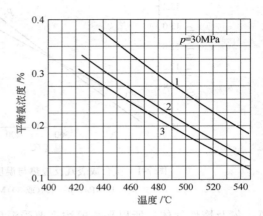

图 7-2 平衡氨浓度与氢氮比的关系
温度为 500℃时，曲线 1,2,3,4 分别表示氨压力为 100MPa，60MPa，30MPa 和 10MPa

图 7-3 不同惰性气体浓度下温度对平衡氨浓度的影响
曲线 1,2,3 分别表示惰性气体浓度为 0、0.12%、0.15%

铁系催化剂其使用效果较好。与其他催化剂相比，铁系催化剂的优点是：在较低温度下就有较高的活性；原料来源广、价格低廉、对毒物（如含氧化合物）的敏感性较低。因此，目前国内外合成氨生产中广泛使用加入各种促进剂的铁催化剂。

(1) 催化剂的化学组成和结构　铁催化剂多采用经过精选的天然铁矿通过熔融法制备，其活性优于其沉淀法制备的催化剂。

铁系催化剂的活性组分为金属铁，未还原前为 FeO 和 Fe_2O_3，Fe^{2+}/Fe^{3+} 约为 0.5（一般在 0.47～0.57 之间），成分可看成是 Fe_3O_4，具有尖晶石（$MgAl_2O_4$）类似的结构。

促进剂的成分有 K_2O、CaO、MgO、Al_2O_3、SiO_2 等多种，所以，Al_2O_3 与 Fe_3O_4 生成的固熔体均匀分布在 Fe_3O_4 中。当铁催化剂用氢还原时，氧化铁被还原为 $\alpha\text{-}Fe$，未还原的 Al_2O_3 仍保持尖晶石结构而起到骨架作用，增大了催化剂表面，提高了活性，对氮的活性吸附也更加有利。加入 Al_2O_3 与 FeO 作用形成的

$FeAl_2O_4$,同样具有尖晶石结构,所以 Al_2O_3 是通过改善还原态铁的结构型促进剂。

K_2O 是电子型促进剂,当氮在催化剂表面上活性吸附形成偶极子时,电子偏向于氮,有助于氮的活性吸附,从而提高其活性。CaO 也属于电子型促进剂,同时 CaO 又能降低固溶体的熔点和黏度,有利于 Al_2O_3 与 Fe_3O_4 固溶体的形成。同时还可以提高催化剂的热稳定性。

SiO_2 是磁铁矿的杂质,具有"中和"K_2O、CaO 等碱性组分的作用,SiO_2 还具有提高催化剂抗水毒害和耐烧结的性能。

过量的促进剂对催化剂也是不利的,图 7-4 为促进剂添加量与出口氨含量的关系,可作为选择催化剂适宜成分时参考。

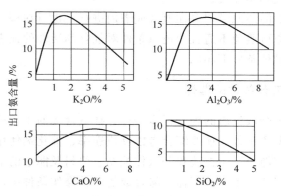

图 7-4 促进剂添加量与出口氨含量的关系

通常制成的铁系催化剂为黑色不规则颗粒,有金属光泽,堆积密度约为 $2.5 \sim 3 kg/L$,空隙率约为 $40\% \sim 50\%$。

(2) 铁催化剂的还原 氨合成的铁催化剂中的 Fe_3O_4 必须将其还原成金属铁后才有催化活性,催化剂还原的反应式为:

$$Fe_3O_4 + 4H_2 \Longrightarrow 3Fe + 4H_2O$$

催化剂经还原处理后,Fe_3O_4 晶体被还原成细小的 α-Fe 晶体,它们疏松地附在氧化铝的骨架上,还原前后表观容积并无显著改变,因此,除去氧后的催化剂便成为多孔的海绵状结构。催化剂的颗粒密度(表观密度)与纯铁的密度($7.86 g/cm^3$)相比要小得多,说明孔隙率是很大的,一般孔呈不规则树枝状。还原态催化剂的内表面积约为 $4\sim6m^2/g$。

确定还原条件的原则一方面是使 Fe_3O_4 充分还原为 $\alpha\text{-Fe}$,另一方面是还原生成的铁结晶不因重结晶而长大,以保证有最大的比表面积和更多的活性中心。为此,宜选取合适的还原温度、压力、空速和还原气组成。

提高还原温度能加快还原反应速率,但必须按不同的阶段,逐渐升温,才能保证活化质量,还原温度不超过正常使用温度;还原压力宜控制在比正常的操作压力低一些的条件下进行;还原的起始空速可选择在 $3000\sim5000h^{-1}$ 或略高一些;同时采用正常操作时的氢氮混合气作还原气。

工业上的还原过程多在氨合成塔内进行。也可在塔外进行,而且塔外还原可避免不适宜的还原条件对催化剂活性的损害,使催化剂可以在最佳条件下还原。

二、工艺条件的选择

影响氨合成反应的因素很多,在选择氨合成的工艺条件时除了考虑平衡氨含量外,还要综合考虑反应速率、催化剂使用性能以及系统的生产能力、工艺流程和操作控制、原料及能量的消耗等,以便达到良好的技术经济指标。氨合成的各种操作条件中,最重要的是反应的压力、温度、空速和气体组成等。

1. 压力的确定

在氨的合成中,合成压力是决定其他工艺条件的前提,也是决定生产强度和技术经济指标的重要因素。提高压力对氨合成反应的平衡和速度都是有利的,催化剂的生产强度也随压力的升高而增加。这不仅因为压力升高可以增加氢、氮分子碰撞反应的机会,还由于当空速一定时,接触时间与压力成正比。压力升高,接触时间增长,使目的产物氨的含量离平衡浓度近一些,氨净值(氨净值指的是氨合成塔出口与入口气体中氢的百分含量的差值)自然也会升高,不同压力下氨净值与空速的关系如图 7-5 所示。

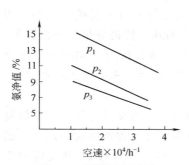
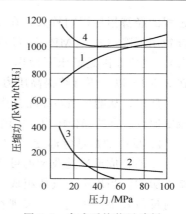

图 7-5　不同压力下氨
净值与空速的关系
p_1—30MPa；p_2—18MPa；
p_3—14MPa

图 7-6　合成系统能量消耗
与操作压力的关系
1—原料气的压缩功；2—循环压缩功；
3—冷冻功；4—压缩总功

例如，当空速为 25000h^{-1} 时，压力从 14MPa 升到 18MPa，氨的净值从 7% 升到 8.7%，若压力再升高到 30MPa，则氨净值更会增至 12.8%。可见压力越高，产量越大。

另外，压力高时，氨分离流程也可以简化，因为高压下分离氨只需水冷却就足够，设备较为紧凑、占地面积小。但是，压力高时对设备材质、加工制造的要求均高，同时，高压下反应温度一般较高，催化剂使用寿命较短。生产上选择操作压力的主要依据是能量消耗及包括能量的消耗、原料费用、设备投资在内的所谓综合费用，即是说主要取决于技术经济效果。

能量消耗主要包括原料气压缩功、循环气压缩功和氨分离的冷冻功。图 7-6 表示合成系统能量消耗与操作压力的变化关系。提高操作压力，原料气压缩功增加，循环气压缩功和氨分离冷冻功却减少。总能量消耗在 30～40MPa 区间时能耗随压力的变化相差不大，压力过低则循环气压缩功、氨分离冷冻功又太高。

综合费用是综合性的技术经济指标，它不仅取决于操作压力，还与生产流程、装置的生产能力、操作条件、原料及动力以及设备的价格、热量的综合利用等因素有关。通常原料气和设备的费用对过程的经济指标影响较大，在 10~35MPa 范围内，提高压力则综合费用下降（从 10MPa 提高到 35MPa，综合费用可下降 40% 左右），主要原因是低压下操作，设备投资与原料气消耗均增加。而在 35MPa 以上再继续提高压力，综合费用下降的效果就不再显著。

所以，从能量消耗和综合费用分析，可以认为 30MPa 左右是合成氨比较适宜的操作压力，中国中小型合成氨厂多采用 20~32MPa。

2. 反应的最适宜温度

氨的合成反应是典型的可逆放热反应，温度对这类反应有较复杂的影响。当压力、气体组成、催化剂活性及停留时间一定时，温度对反应效果的影响主要表现在对正反应速率常数 k_1 和反应的平衡常数 K 的影响。当温度升高时，根据阿累尼乌斯方程 k_1 随温度的升高而升高，反应速率加快，氨的生成率上升；而温度升高的同时，平衡氨浓度降低，氨的生成率也下降。这两个因素对氨的生成率的影响是矛盾的，因此，必定存在一个温度，在这个温度下氨的生成率将达最大值。通常将某种催化剂在一定生产条件下具有最高氨生成率的温度称为最适宜温度。不同的催化剂具有不同的最适宜温度；同一种催化剂在不同的使用时期，其最适宜温度也不同；此外，最适宜温度还与空间速度、压力等条件有关。

氨产率与温度和空间速度的关系见图 7-7。在一定的空速下，开始时氨生成率随温度的升高而增加，到达最高点后，温度再升高，氨产率反而降低。图中可以看出，不同的空速都分别有一个氨产率的最高点，其对应的温度就是最适宜温度。在最适宜温度以外，无论是升高或降低温度，氨产率都会下降。理论上可解释为：对一定的空速即一定的接触时间，在最

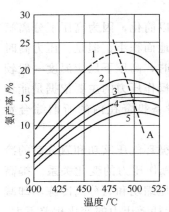

图 7-7　氨产率与温度和空间速度的关系

曲线 1，2，3，4，5 分别表示空速为 15000h^{-1}、30000h^{-1}、45000h^{-1}、60000h^{-1} 和 90000h^{-1}；A 为最适宜温度曲线

适宜温度时氨合成的反应速率最大,温度降低正反应速率减慢起主导作用,温度升高逆反应速率加快又起了主导作用,都会影响氨合成的反应速率。从图 7-7 中还可看出,为了获得最大的氨产率,合成氨的最适宜温度随空速的增加而相应提高。这是因为当空速增加时,催化剂的生产负荷也增加了,所以催化剂的最适宜温度需要提高,才能获得较快的氨生成速率。

操作压力、气体混合物中初始惰性气体含量对最适宜温度也有一定影响。当初始气体组成一定时,提高操作压力,最适宜温度亦相应提高;当操作压力及初始气体中的氢氮比一定时,初始惰性气体含量高,则最适宜温度要相应地降低。

前面所述的最适宜温度一般是指催化剂层在等温下的情况,实际上,合成反应的热效应比较大,在催化剂层内传热的情况相当复杂。因此,催化剂层内沿着气体流向的每一部位温度都不相同,即使气体流过催化剂层的同一个平面,温度也有差别。催化剂层属于变温操作,一般讨论的反应温度,指的是催化剂层内温度最高的某一部位的温度,称为热点温度。如何正确地控制催化剂层的温度分布,是维持反应温度在最适宜情况下的重要因素之一。

催化剂层内温度分布的理想状况应该根据氨合成反应的化学平衡和反应速率的要求综合确定。刚进入催化剂层的循环气中含氨量很低,距离平衡值尚很远,需要迅速地进行合成反应以提高氨产量。因此,催化剂层上部温度高就能加快反应速率。待循环气进入催化剂层下部时,气体中氨含量已比较高,这时催化剂层温度低一些,可以提高循环气的平衡氨浓度,而有利于增大反应的推动力。因此,催化剂层内温度分布的理想状况应该是呈降温分布状态,并维持在最适宜的温度范围内。如图 7-8 中的曲线 1 是理想状况的分布线,即进催化剂层的温度高,

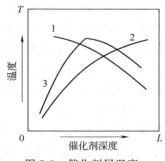

图 7-8 催化剂层温度分布的几种情况
1—理想分布;2,3—实际分布

出催化剂层的温度比较低，这是一种高速反应（催化剂层上部）与最大平衡（催化剂层下部）相结合的方法。由于反应速率与化学平衡得到了有效的结合，从而提高了总的合成效率。

实际上欲使刚进催化剂层的气体达到最高适宜的温度是很困难的，一般生产中催化剂层的温度分布只可能如曲线 2 和 3 所示。显然，曲线 2 不论对趋近化学平衡和加快反应速率都是不理想的，而曲线 3 则比较接近理想状况，但气体进催化剂层的温度还是太低。为了满足上述提高总合成效率的要求，以及弥补催化剂层进口温度较低之不足，工业上装填催化剂的方法可以采取上、下层为低温度活性催化剂，中层为高温活性催化剂，这样更有利于提高合成氨反应速率和氨平衡浓度。

3. 合成塔进口气体组成

为了提高原料的利用率，未转化的原料经分离后循环使用，所以合成氨进口气体中含有 N_2、H_2、NH_3、CH_4、Ar、CO、CO_2 和 H_2O 等成分。为了有利于氨的合成反应，对气体的组成要严格控制。

(1) 氢氮比　一般 H_2+N_2 约占合成塔入口气体的 80%，从化学平衡的角度看，当氢氮比为 3 时，反应进行得最完全，可获得最大的平衡氨浓度。但氮的吸附是反应的最关键步骤，适当提高氮气的浓度，对氨合成反应速率是有利的。若从动力学角分析，最适宜的氢氮比随反应的进行逐渐从 1.5 增大到 3 是最适宜的。由于氨合成时氢氮比是按 3:1 消耗的，若入口气体中氢氮比小于 3，则随反应的进行还会不断减小。因此，实际生产中的氢氮比一般采用 2.8~2.9，此时的反应速率与最适宜氢氮比条件下的反应速率相差很小，综合考虑对反应是有利的。

(2) 惰性气体含量　入口气体中的惰性气体主要是甲烷和氩，来源于新鲜原料气（其含量经常达到 0.5%~1.2%，很难预先除净）。惰性气体虽对催化剂无毒害作用，但它的存在降低了氢和氮的浓度，对提高平衡氨浓度和氨合成反应速率都有不良影响，因此惰性气体含量越少越好。另外，惰性气体不参与反应，因而会在系统中积累,如果要控制循环气体中惰性气体含量一定,必须不断地排放一定量的循环气体,但如果维持过低的惰性气体含量又必然导致原料气消耗量的增加。实际生产中氨合成循环气惰性气体含量的控制要根据催化剂活性、温度、压力等条件来确定,一般多在8%~18%范围内。

(3) 初始氨含量 氨合成塔进口混合气体中的氨含量主要取决于氨分离的冷凝温度和分离系统的效率。降低进塔气体中的氨含量可以提高催化剂上层的反应速率,最终达到提高氨净值,强化催化剂生产能力的目的。但若要使进口氨含量降得很低,就必须将循环气冷至很低的温度,氨蒸气的压力也要降得很低,这样不仅多消耗了动力,不利于氨加工的操作,而且进口混合气中氨含量过低时,合成反应过于激烈,催化剂床层温度也不易控制。实际生产中进塔混合气中的初始氨含量随操作压力的不同而不同,一般 30MPa 时为 3.2%~3.8%,15MPa 时为 2.0%~3.2%。生产中也可用适当调节进塔氨含量的方法来改变反应速率和放热量,达到调节催化剂层温度的目的。

此外,进塔混合气中还应尽量减少致使催化剂活性下降的有害气体(氧气、水蒸气、一氧化碳、二氧化碳和硫化氢等)的含量。原料气经过净化处理,绝大部分有害气体均已除去,生产上规定进入合成系统的新鲜原料气中 $CO+CO_2$ 总量应在 0.001%~0.002%以下,水蒸气含量低于新鲜气温度条件下的饱和含量。

4. 空间速度

当反应温度、压力、进塔气体组成一定时,对于既定结构的氨合成塔,增加空速必然缩短了气体与催化剂的接触时间,合成塔出口气体的氨含量下降,氨净值也降低。但催化剂层中对于一定位置的氨平衡浓度与气体中实际氨含量的差值增大,则氨合成的推动力增大,反应速率也相应增大。由于氨净值降低的程度比空间速度增大的倍数要少,所以当空速增加时,氨合成的生产强度有所提高,即氨产量有所增加。表 7-1 中所列的合成氨塔出口氨含量及生产强度是在 30MPa,进口氨含量为零,氢氮比为 3,惰性气体含量为零的条件下,500℃等温反应的数据。

表7-1 空间速度的影响

空间速度[①]/h^{-1}	$1×10^4$	$2×10^4$	$3×10^4$	$4×10^4$	$5×10^4$
出口氨体积分数/%	21.7	19.02	17.33	16.07	15.0
生产强度/[kg/(m^3·h)]	1350	2417	3370	4160	4920

① 标准状态下。

实际生产的效果也证明增大空速对提高合成塔的生产能力作用十分显著。但是空间速度不能无限制地增大,这不仅是因为空速过大使催化剂生产能力的增长率逐渐降低,对催化剂的生产能力提高已不明显,而且更受到以下几个因素的限制:

① 空速增大,整个合成系统的阻力增大,能量消耗也增加,设备、基建、管理费用也都相应增加;

② 空速增大,压缩设备进出口压差也会增大,而压缩机的进出口压差有额定数值,超过一定范围会影响设备的正常运行和安全,从而缩短设备的安全使用时间;

③ 空速增加时,合成塔出口气体中氨的浓度降低,单位氨产量的循环气量增加,使气体的冷凝、分离发生困难,冷却水和冷冻能量的消耗增加;

④ 氨合成反应的放热维持了催化剂床层的温度稳定,使生产正常进行,当空速过大时,会使气体从催化剂床层带走热量过多,以至催化剂层不能维持正常温度,因而就不能稳定、持续地进行反应。

适宜的空速范围必须综合催化剂的生产强度、系统和设备的压力降、能量消耗、合成塔操作的稳定性、安全生产等因素选定。一般操作压力为30MPa的中压法合成氨,空速(标准状态)在20000~30000h^{-1}之间,此时氨净值可达10%~15%。

三、工艺流程

工业上采用的氨合成工艺流程虽然很多,而且流程中设备结构操作条件也各有差异，但实现氨合成过程的基本步骤是相同的，都必须包括以下几个步骤：氮、氢原料气的压缩并补充到循环系统；循环气的预热与氨的合成；氨的分离；热能的回收利用；对未反应气体补充压力，循环使用；排放部分循环气以维持循环气中惰性气体的平衡等。

流程设计在于合理地配置上述几个步骤，以便得到较好的技术经济效果，同时在生产上稳妥可靠。因此，对下述问题应特别注意合理安排确定。

为使气体达到氨合成时所要求的压力，需将经过精制净化除去有害成分的氢氮混合原料气经压缩机进行压缩，由于压缩后气体中夹带油雾，新鲜气的引入及循环压缩机的位置均不宜在氨合成塔之前，需经滤油器除油后再引入合成塔。同时循环压缩机还应尽可能设置在流程中气量较小，温度较低的部位，以降低功耗。为避免气体带油，目前已推广无油润滑的往复式压缩机或采用离心式压缩机，以便从根本上解决气体带油问题，并使流程简化。

氢氮混合气体需预热到接近反应温度后进入催化剂层，才能维持氨合成反应的正常操作，反应前的氢氮混合气是用反应后的高温气体预热的。这种换热过程一部分在催化剂床层中通过换热装置进行，另一部分在催化剂床层外的换热设备中进行。合成过程中的反应热有很大回收价值，还可以在反应器之外设置废热锅炉来副产蒸汽。

进入氨合成塔的氢、氮混合气，一次通过催化剂层的单程转化率是有限的，大部分氢氮气并没有反应，所以必须将出合成塔气体中的氨分离出来，得到纯净的氨产品，同时将未反应的氢氮气体送入合成塔循环使用。从氢氮混合气体中分离氨的方法大致有两种。

（1）水吸收法　氨在水中溶解度很大，与溶液成平衡的气相氨分压也很小，因而用水吸收法分离氨的效果良好。但是气相也会被水蒸气饱和，为防止催化剂中毒，循环气需严格脱除水分后才能循环送入合成塔。水吸收法得到的产品是浓氨水，若要制取液氨还必须经过氨水蒸馏及气氨冷凝等步骤而消耗一定的能量，所以工业上用该法分离氨的较少。

(2) 冷凝法　由于气氨容易液化,在压力条件下,采用一般降温的方法就可使气氨液化成液氨,而循环气中其他气体由于沸点很低,仍呈气态,所以可使氨从中分离出来。但冷凝法不可能达到百分之百氨分离的目的,氨的液化分离效率与温度、压力及分离器结构等因素有关。例如操作压力在45MPa以上时,用水冷却降温即能使氨冷凝;操作压力在20~30MPa时,水冷降温仅能分出部分氨,气相尚含氨7%~9%,需进一步以液氨作冷冻剂降温到0℃以下,才能使气相中的氨含量降至2%~4%,以符合循环气回合成塔使用的条件。

一般含氨混合气体的冷凝分离是经水冷却器和氨冷却器两步实现的(冷却用的液氨由冷冻循环供给,或直接利用一部分产品液氨)。液氨在氨分离器中与循环气体分开,减压送入储槽。储槽压力一般为1.6~1.8MPa,此时,冷凝过程中溶解在液氨中的氢、氮气及惰性气体大部分可减压释放出来。

在合成塔中参加反应的原料氢、氮量可用氨合成率来表示(氨合成率是参加反应的氢氮量占反应前氢氮量的百分数),一般氨合成率只有25%,因而有75%的氢氮气体未参加反应,工业上一般都采用循环法来回收这部分未反应的氢氮混合气。经分离氨后的循环气用循环压缩机补充压力,与新鲜原料气汇合,重新进入合成塔进行反应。循环压缩机进出口压差(即气体增压)约为2~3MPa,它说明了整个合成循环系统阻力降的大小。采用循环法操作时,新鲜原料气中的氢和氮会连续不断地合成为氨,而惰性气体除一小部分溶解于液氨中被带出外,大部分会在循环气中积累下来。因此,在工业生产中,常采用放空的方法,即将一部分含惰性气体较高的循环气体连续或间断地排出氨合成系统,以维持循环气体中惰性气体含量稳定。

常见的氨合成系统工艺流程为两次分离液氨产品的中型氨厂工艺流程。在该类流程中,新鲜气与循环气均用往复式压缩机加压,设置水冷器与氨冷器两次分离产品液氨,氨合成反应热仅用于预热进塔气体。如图 7-9 所示,由压缩机送来的新鲜氮氢混合气先进入滤油器 5 与循环压缩机 4 来的循环气汇合,在滤油器内除去这两部分气体的油、水等杂质,同时,新鲜气带入的微量 CO_2 和 H_2O 也会与循环气中的 NH_3 作用生成碳酸氢铵结晶(NH_4HCO_3),一并在滤油器中除去。从滤油器出来的气体,温度为 30~50℃,进入冷凝塔 6 上部的热交换器管内,在此处被从冷凝塔下部氨分离器上升的冷气体间接降温到 10~20℃,然后进入氨冷器 7,在氨冷器内,气体在高压盘管内流动,液氨在管外蒸发而吸取了热量。管内气体进一步被冷却至 -5~5℃,并使循环气体中的气氨进一步冷凝为液氨。氨冷器蒸发后的气氨可送冰机,经压缩冷凝成液氨。从氨冷器出来带有液氨的循环气,进入冷凝塔下部的氨分离器,以分离液氨。在此,气体中残存的微量水蒸气、油及碳酸氢铵,也被液氨洗涤随之去除。除氨后的循环气上升至上部热交换器的管间,被管内的热气体预热至 20~40℃出冷凝塔,分两路进入合成塔 1,一路是主线(大量)经主阀由塔顶入塔,另一路副线(其量由反应温度需要而定)经副阀从塔底进入作调节催化剂层温度之用。进合成塔

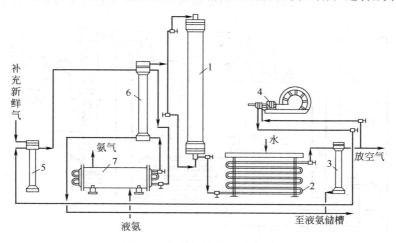

图 7-9 中型氨厂流程示意图
1—氨合成塔;2—水冷器;3—氨分离器;4—循环压缩机;
5—滤油器;6—冷凝塔;7—氨冷器

的循环气中，含氨量约 2.8%～3.8%。

自合成塔出来的气体，温度在 230℃ 以下，含氨量 13%～17%，经水冷器 2 间接冷却至 25～50℃，使大部分气氨初步液化。从水冷器出来带有液氨的循环气，进入氨分离器 3 分离液氨。在氨分离器的气体出口管上设有放空管，可排放惰性气体。从氨分离器出来的气体进入循环压缩机 4，经压缩补偿系统压力损失以后，又开始下一循环，如此实现连续生产。同时，从氨分离器和冷凝塔不断地分离出液氨。经减压至 1.6～1.8MPa，由液氨管道送往液氨仓库。

该类流程是中国中、小型合成氨厂普遍采用的工艺流程，合成压力 2.8～3.4MPa。随着合成氨生产技术的不断改进，在流程中主要的改进措施如图 7-10 副产蒸汽的氨合成流程图所示。如：增加中置式锅炉 2，利用合成塔出口高温气体中的反应热副产蒸汽，充分回收热能；改进设备结构，将冷交换器 6、氨冷器 7、氨分离器 8 一起安装在同一个高压容器内组成一个"三合一"的设备，使高压设备结构、流程布置等都更加紧凑，在一定程度上可提高设备

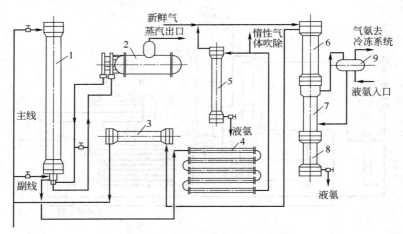

图 7-10　副产蒸汽的氨合成流程图

1—氨合成塔；2—中置式锅炉；3—透平式循环气压缩机；4—水冷器；5—氨分离器；6—冷交换器；7—氨冷器；8—氨分离器；9—液氨补充槽

生产能力；采用透平式循环压缩机，免去了压缩机使循环气流带油和水的问题。

两次分离液氨产品的流程具有如下特点。

① 流程中考虑了物料充分利用的措施。将反应的原料氢、氮气与产品氨分离后循环使用，提高了原料的利用率；为了维持系统中惰性气体含量稳定，循环系统中要不断排放一定量的气体，而放空气体的位置设在惰性气体含量最高而氨含量较低的部位，减少了产品氨和原料气的损耗。

② 流程中多处采用了充分利用反应热，合理地节约能量的措施。反应器内部设置热交换器，用高温的反应后气体来间接预热低温的原料气，是反应热效应的合理利用方案；反应器外设废热锅炉，进一步回收反应后气体中热能并副产蒸汽，更充分地回收了反应热；根据加压下，氨易于液化的特点，第一次氨分离用能耗低的冷却水使循环气降温，可将大部分成品氨冷凝分离而减轻了第二次氨分离用液氨汽化而使循环气再次降温分离液氨时消耗的能量，两次氨分离的流程能合理地节约能量；二次氨分离的冷凝塔采用了交叉换热的方案来预热原料气，能量利用合理。

③ 循环压缩机位于第一、二次氨分离之间，循环气温度较低，有利于压缩作业。改用无油压缩机后的流程，压缩机在第二次氨分离之后，温度更低、更为有利。

④ 新鲜原料气在滤油器中补入，除了可除去油和水以外，在第二次氨分离时还可以进一步达到净化原料气的目的。

四、氨合成塔

1. 氨合成塔应具备的基本条件

氨合成塔是实现用氢和氮来合成氨的化学反应器。根据氨合成反应的工艺条件和物料性能等特点，氨合成塔应具备以下基本条件。

(1) 氨合成反应在高压下进行，因此氨合成塔必须符合一般化工高压容器的特点。

(2) 合成氨反应的原料气是氢和氮，选择合成氨塔的设备材质时，应注意高温、高压条件下氢和氮对设备的腐蚀问题。

(3) 氨合成反应要在一定高温的适宜范围内进行催化反应，而且催化剂层的温度分布应尽量接近于理想的降温趋势，而合成反应又是放热反应。所以，首先塔内应设置换热器，用反应后的高温气体来预热进塔的低温原料气；其次氨合成塔的结构要便于温度的调节控制，并有适当的移出反应热措施，以保证适宜的温度分布。

(4) 为了提高合成塔单位容积的生产能力，在设计合成塔时要用高效的热交换器（如螺旋板换热器或小口径的列管式换热器），减少热交换器的体积，增加催化剂筐的容积，多装催化剂。

(5) 合成塔内的流体阻力要尽可能小，以避免因催化剂层和内件局部阻力过大而影响空速的增加或出现不利于安全生产的情况。

在合成氨工业中，凡承受 19MPa 以上压力的容器。一般都称为高压容器或高压装置。其外径与内径之比等于或大于 1.1。高压容器一般都具有下列结构特点。

(1) 高径比较大。由于筒体的壁厚和法兰尺寸都随直径的增大而增大，因而金属用量大，并给制造、安装、密封都带来困难。为了得到一定的容积，一般是增加设备的高度，以减少金属用量，常见的高压容器高径比为 12～28。

(2) 高压密封比较困难，应尽可能避免可拆卸的连接，没有必要两头开口时一端应为死头结构，开孔直径尽可能缩小。

(3) 顶盖一般采用较易制造的平板。

(4) 工艺或其他用途的开孔一般不在筒体上，而在封头或筒体法兰上，以保证筒体强度。

(5) 设置在高压容器内的部件。例如内套筒、催化剂筐、热交换器等，由于高压容器直径小、高度大，难以在设备内安装，一般应在容器外装配后吊装入高压容器。

氨合成系统的高压容器还都要接触氢、氮等腐蚀性、易燃、易爆气体。为了保证安全生产，除筒体的结构设计、密封方面有特殊要求外，金属材料的选择也很重要。

氢、氮等气体在常温、常压下对大多数金属没有侵蚀作用，而在高温、高压下对金属材料，特别是氢对碳钢的腐蚀十分严重。造成腐蚀的原因一种是氢脆，氢溶解于金属晶格中，使钢材在缓慢变形时发生脆性破坏（只要将钢中的氢脱出后，其脆性便会消失，性能基本上可以恢复）；另一种是氢腐蚀，即氢分子或氢原子渗透到钢材的内部，使碳化物分解并生成甲烷。

$$Fe_3C+2H_2 =\!=\!= 3Fe+CH_4$$
$$2H_2+C =\!=\!= CH_4$$
$$4H+C =\!=\!= CH_4$$

反应生成的甲烷聚积于晶界微观孔隙中形成高压，导致应力集中沿晶界出现破坏裂纹。若甲烷在靠近钢表面的分层或夹杂的缺陷中聚积还可以出现宏观鼓泡。这些情况均使钢的结构遭到破坏，机械强度下降。氢腐蚀现象一般在温度超过221℃、氢分压大于1.41MPa时开始发生，而碳钢中含碳量越高，越容易发生氢腐蚀。氮主要是在高温、高压下与钢中的铁及其他很多合金元素生成硬而脆的氮化物，导致金属机械性能降低。

2. 氨合成塔的内件和外筒

为了满足氨合成反应条件的要求，合理解决存在的矛盾，氨合成塔通常都由内件与外筒两部分组成，内件置于外筒之内。进入合成塔的气体先经过内件与外筒之间的环隙，内件外面设有保温层，以减少向外筒的散热。外筒主要承受高压（操作压力与大气压力之差），但不承受高温，可用普通低碳合金钢或优质的低碳钢制成，在正常情况下，寿命可达40～50年以上。内件虽然在500℃左右的高温下操作，但只承受环隙气流与内件气流的压差，一般仅1～2MPa，从而可降低对内件材料的要求，用合金钢制作即可。某些外筒内径在500mm左右的合成塔，采用含碳量在0.015%以下的微碳纯铁内件材料，也可满足生产上的要求。

氨合成塔的内件包括以下几部分：

（1）催化剂筐 氨合成塔属固定床反应器，催化剂筐是装填催化剂的容器，由于氨合成反应时放出大量反应热，应有冷却装置。

(2) 热交换器　进入合成塔的气体一般在 50℃ 以下,必须预热到 380℃ 以上才能进入催化剂层,因此,可采用与反应后的热气体进行间接换热的方式进行预热。

(3) 电加热炉　是补充热量的装置,用于刚开车时,催化剂层处于"冷态"没有热量放出,或催化剂处于氧化态的铁,还原时需要吸热时的加热。

(4) 热电偶温度计　用于及时测量催化剂层的温度,以防止"冷却"或者"过热"。

3. 氨合成塔的结构

氨合成塔结构繁多,按照催化剂层内移出反应热的方法不同,催化剂筐和换热器排列的不同气体在塔内轴向和径向流动的不同,平板封头和瓶式结构的不同等有多种结构型式的合成氨塔。近年来传统的塔内气流轴向流动改为径向流动以减少压力降,降低循环功耗普遍受到重视。传统和常见的塔型举例如下。

(1) 内部换热式氨合成塔　在催化剂层中设置冷管,将反应前的气体先经过冷管取走催化剂层的热量,然后进入催化剂层,这样既提高了原料气体的温度,使其满足催化剂活性的要求,又防止了催化剂过热,称为冷管式氨合成塔。中国中、小型合成氨厂多采用的轴向流动催化剂层冷管换热的几种型式如图 7-11。该塔早期为双套管并流冷管,如图 7-11(a)所示,内冷管气体与外冷管气体先进行逆流换热,然后外冷管气体与催化剂层气体再进行并流换热。双管并流式内件的催化剂层温度分布如图 7-12 的曲线 2 所示。当气体在内冷管中自下而上流动时,温度不断升高,经内冷管顶端折入外冷管的环隙中自上而下流动。温度先升高,达最大值后再下降或者不下降,这要由催化剂床层传给环隙中气体的热量与环隙中气体传给内冷管中气体的热量之相对大小而决定。气流在中心管内温度略有升高,进入催化剂床层时,由于顶部设有绝热层,迅速升温,进入冷却层后,开始时继续升温,达热点温度(最适宜温度),然后因冷管移出反应热,温度逐渐下降。双管并流式内件结构可靠,操作稳定,热点以后较符合最适宜温度分布曲线。因此,在中

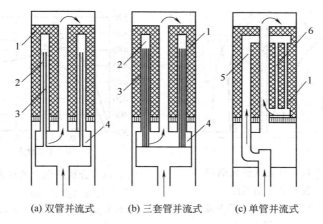

图 7-11 轴向流动催化剂层冷管换热的几种形式
1—催化剂；2—外冷器；3—内冷管；4—分气盒；5—气体上升管；6—冷管

压法合成塔内，这种换热方式沿用了相当长时间。但是，内冷管的逆流热交换效果比较显著，气流到达内冷管的上部温度已经比较高，影响了催化剂层上部的换热。图 7-11（b）所示的三套管并流式内件结构是双套管并流式内件结构的改进，即在内冷管外衬一根薄壁的内套管。内套管与内冷管一端封死，形成了滞气层。由于气体导热系数很小，实际上起了隔热作用，冷气自下而上流经内冷管时的温升很小，内冷管只起导管作用，主要靠外冷管传热，气流自内冷管顶端折入外冷管环隙时温度较低，与冷管外经过绝热层后进入冷却层的气体温度差较大，传热推动力比双管并流式明显增大，传热强度显著提高，使冷却层中的反应气体较快地达到热点温度，热点位置高。热点以后催化剂床层中气体温度缓慢下降，基本上符合最适宜温度分布曲线，如图 7-12 冷管式催化剂层温度分布曲线图中的曲线 3 所示。同时，外冷管环隙最下端气流温度较高。则进入催化剂床层的零点温度就较高，也就能较好地发挥上段催化剂的活性，提高催化剂的生产强度。图 7-13 是某厂合成塔催化剂层实际的温度分布曲线。

三套管并流内件的优点是床层温度分布较合理，催化剂生产强

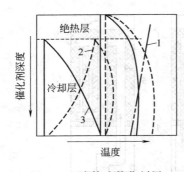
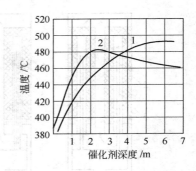

图 7-12　冷管式催化剂层
温度分布曲线图
1—最适宜温度线；2—双管并流式；
3—三套管并流式

图 7-13　合成塔催化剂层温度
分布曲线（空速 30000h^{-1}）
1—双管并流换热；2—三套管并流换热

度高（如操作压力为 30MPa，空速 20000～30000h^{-1}，催化剂的生产强度可达 1.7～2.5（t/m^3·h)，结构可靠、操作稳定，适应性强，其缺点是结构较复杂、冷管与分气盒占据较多的空间，催化剂还原时床层下部受冷管传热的影响升温困难，还原不易彻底。

三套管并流合成塔主要由外筒和内件两部分所组成。

外筒是一个多层卷焊或锻造的高压圆筒，最高操作压力为 32MPa，筒体内径为 800～1000mm 左右，高达 12～14m，上盖设有热电炉的安装孔及热电偶温度计的插入孔，下盖开有气体出口以及冷气入口。筒体材料为低碳钢或合金钢。

三套管并流内件结构如图 7-14 所示，上、下部内件为合金钢材料。内件的上部为催化剂筐 2，筐的中心管 1 内垂直悬挂电加热炉 4，下部为热交换器 7，中间是分气盒 6，催化剂筐由合金钢板（或低碳钢、纯铁）焊接而成，外包石棉（或玻璃纤维）保温。筐内装有数十根冷管 3 及二根温度计套管 5。催化剂装填量与合成塔的直径和高度有关，一般可装约 2～4.5m^3。内件的下部是热交换器 7，其内排列若干根小直径的热交换管，管中插有扭成麻花形而截面呈方形的铁棒，以使管内气速增加而提高传热效率。管间也装有挡板以增强传热效率。热交换器中央有一根冷副线管 8，由塔底副线来的气体由此直接送入催化剂层以调节反应层温度。

合成塔内气体的流程：温度为 20～40℃ 的循环气由塔顶进塔，

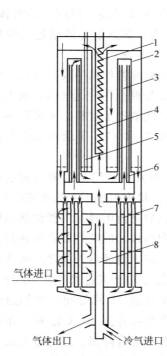

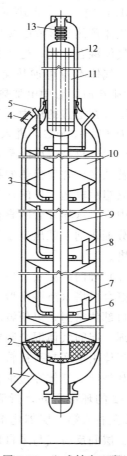

图 7-14　三套管并流
内件结构示意图
1—中心管；2—催化剂筐；
3—冷管；4—电加热炉；
5—温度计套管；6—分
气盒；7—热交换器；
8—冷副线管

图 7-15　立式轴向四段
冷激式氨合成塔
1—塔底封头接管；2—氧化铝球；
3—筛板；4—人孔；5—冷激气
接管；6—冷激管；7—下筒体；
8—卸料管；9—中心管；10—催
化剂筐；11—换热器；12—上
筒体；13—波纹连接管

沿外筒与内件之间的环隙顺流而下（这样可以防止外筒内壁温度升高，减弱外筒内壁的脱碳现象，也使塔壁免受巨大的热应力，一般壁温小于120℃），由塔下部进入热交换器管间，被管内高温的反应后气体预热到300℃以上，在中心管处与从塔底进入未经预热的副线气体混合一起，进入分气盒的下室，均匀分配到各冷管移出反应热，气体本身可加热至380℃以上，经分气盒上室进入中心管（正常生产时，管中电加热炉可停用），从中心管上端出来即进入催化剂层，在适宜的压力、温度下进行氨合成反应。反应后的气体，温度为480～500℃，进入热交换器管内，将热量传给刚进塔的低温气体后，自身温度降至230℃以下，从塔底引出。

若从气体并流换热的特点出发，能起冷管作用的仅是外管，而内管只担负输送气体的任务。如果能有几根总管输送气体，则不再需要内管，这样外管的直径可以缩小，既节省了材料，又可以多装一部分催化剂，就出现了催化剂层如图7-11（c）所示的单管并流合成塔。

（2）轴向冷激式合成塔　图7-15为大型氨厂立式轴向四段冷激式氨合成塔（凯洛格型）。该塔外筒形状为上小下大的瓶式结构。在缩口部位密封，以便解决大塔径造成的密封困难。内件包括四层催化剂、层间气体混合装置（冷激管和挡板）以及列管式换热器。

气体由塔底封头接管1进入塔内，向上流经内外筒之间的环隙以冷却外筒。气体穿过催化剂筐缩口部分向上流过换热器11与上筒体12的环形空间，折流向下穿过换热器11的管间。被加热到400℃左右入第一层催化剂。经反应后温度升至500℃左右。在第一、二层间反应气与来自接管5的冷激气混合降温。然后进入第二层催化剂。以此类推，最后气体由第四层催化剂底部流出，折流向上穿过中心管9与换热器11的管内，换热后经波纹连接管13流出塔外。

该塔的优点：用冷激气调节反应温度，操作方便，结构简单，内件可靠性好，合成塔筒体与内件上开设人孔，装卸催化剂时，不必将内件吊出。该塔也有明显的缺点：瓶式结构虽便于密封，但在焊接合成塔封头前，必须将内件装妥。日产1000t的合成塔总质量达300t。运输与安装均较困难，而且内件无法吊出。因此，设计时只考虑用一个周期，维修上也不方便，特别是催化剂筐外的保温层损坏后更难以检查修理。

除上述两种常用的立式轴向氨合成塔之外，近年来国内、外还改进，使用了多种新的塔型。如径向氨合成塔的催化剂是装填在由两个同心套筒组成的环形催化剂筐中，气体沿合成塔直径方向流过催化剂层。由于径向内件的流体阻力小，可用小颗粒催化剂及提高空速来强化生产；国内也有采用三段式绝热反应轴、径向并用的氨合成塔实例，其中第一、二段催化剂层为气流轴向流动，第三段（最下一段）为气流径向流经催化剂层，段间用原料气间接换热降温，以综合轴向和径向流动的优点，实际使用效果比较好。

复习思考题

7-1　合成氨生产包括哪三个步骤？有哪三种方法？

7-2　说明氨合成工艺中提高平衡氨浓度的意义。采取哪些措施可以提高平衡氨浓度？为什么？

7-3　影响合成氨反应速率的因素有哪些？有何规律？

7-4　合成氨的催化剂由哪些成分组成？它们对提高催化剂的性能各起到什么作用？

7-5　氨合成反应的操作条件如：压力、温度、进合成塔的气体组成、空间速度各是如何选择确定的？

7-6　高压容器一般有哪些结构特点？氢和氮为何对氨合成塔可能有腐蚀作用？采取什么措施可以减少对合成塔内件和外筒的腐蚀作用？

7-7　氨合成塔的内件由哪些部分组成？

7-8　氨合成塔催化剂层温度分布为什么呈降低趋势为最理想的分布状况？为达此目的，氨合成塔的催化剂层结构一般分为哪两种塔型？

7-9　从工艺角度对氨合成塔应提出哪些要求？试分析三套管并流式合成塔和轴向冷激式氨合成塔的结构是如何满足这些要求的？它们都具有哪些优点？

7-10　以中型氨厂合成氨的工艺流程为例说明该流程有哪些特点？在物料的充分利用和反应热利用上有哪些措施？

第八章 氯碱生产

第一节 概　　述

一、氯碱工业产品及生产技术的发展

1. 氯碱工业的产品

氯碱工业是用电解食盐水溶液的方法生产烧碱、氯气和氢气以及由此衍生系列产品的基础化学工业。它不仅能为化学工业提供原料，氯碱工业产品也广泛用于国民经济各部门，对国民经济和国防建设具有重要的作用。

烧碱（NaOH）　烧碱是基本化工原料"三酸两碱"中的一种，最早用于制肥皂，后来又用于造纸、纺织、印染等部门。随着制铝工业和石油化学工业发展，烧碱的用途逐渐扩大，成为国民经济中的重要化工原料之一。

氯（Cl_2）**及主要氯产品**　氯最早用于制造漂白粉。目前漂白粉逐渐被液氯、次氯酸钠、漂粉精（主要成分是次氯酸钙）等产品所取代。后来又发展了高效漂白剂还有氯代异氰尿酸及其盐类。目前常用作消毒及漂白的仍为无机氯产品，如水消毒用氯，纺织及造纸工业漂白用次氯酸钠和亚氯酸钠。在各种氯的主要产品中，用于生产聚氯乙烯所消耗的氯在各个国家中基本均为首位；氯产品中居氯的第二大用量的则是各种含氯溶剂（如 1,1,1-三氯乙烷、二氯乙烷等）；其他主要氯产品还有丙烯系列的衍生物，如环氧丙烷（因为是用氯醇法生产，间接消耗大量氯）和环氧氯丙烷，并用于生产聚氨酯泡沫塑料，以及氯丁橡胶、氟氯烃（用以生产制冷剂和聚四氟乙烯），在生产氯产品过程中还常同时得到副产品盐酸。

氢（H_2） 氢是氯碱工业的副产物，但若利用得好，经济效益也很可观。氢常用于合成氯化氢制取盐酸和生产聚氯乙烯，还用于植物油加氢生产硬化油，生产多晶硅等金属氧化物的还原和炼钨，以及有机化合物合成的加氢反应，二硝基甲苯加氢还原生产二氨基甲苯等等。

2. 氯碱工业的生产技术及其发展

19世纪末以前，一直用苛化法制碱，即将石灰石和纯碱加热制取碱（苛性钠），但产量较小，目前仅有个别小厂还用此法。

$$Na_2CO_3+Ca(OH)_2=\!=\!=2NaOH+CaCO_3$$

1851年Watt发表了用电解食盐水溶液制备氯气的专利，但直到直流发电机发展以后，才于1890年实现工业化生产。1890年德国首先用隔膜法生产烧碱，第一台水银电解槽是1892年取得专利。1966年美国开发出宇宙技术燃料电池用的全氟磺酸阳离子交换膜，能耐食盐水溶液电解时的苛刻条件，因而1972年以后大量生产转为民用，并用于氯碱工业，离子交换膜法实现大工业化生产。

电解过程所用的阳极材料曾一直是氯碱工业生产中的一个大问题，水银法和隔膜法的阳极材料长期采用石墨，其缺点是消耗快，生产1t碱要消耗几千克石墨。不仅因为石墨的逐渐消耗会造成阴阳极极距变大而耗电增加，也不利于产品质量提高和生产的正常运行。直到1968年性能优越的金属阳极应用于氯碱工业才使其发展产生了划时代的影响。1980年全世界有50%的烧碱生产使用金属阳极材料，1985年达到80%。不仅降低电耗，产量翻番，还使复极槽的大型化生产得以实现，同时也为离子膜法电解槽创造了必要的条件。

食盐水溶液电解法制取烧碱、氯气和氢气主要有三种方法。

（1）隔膜法（简称D法） 隔膜法电解是利用多孔渗透性的隔膜材料作为隔层，把阳极产生的氯与阴极产生的氢氧化钠和氢分开，以免它们混合后发生爆炸和生成氯酸钠。由于过程产生的氯和烧碱是强腐蚀性物质，因此阳极材料和隔膜材料的选择是隔膜法工业生产的关键问题。

隔膜法电解槽制得的电解液含 NaOH 质量分数 10%～12% 左右，因此需要用蒸发装置来浓缩，消耗大量蒸汽。蒸发后可获得含 NaOH 质量分数 50% 的液碱，但仍含有质量分数 1% 的 NaCl。该法的总能耗比较高，而且石棉隔膜寿命短又是有害物质。

(2) 水银法（简称 M 法） 水银电解槽由电解室和解汞室组成。在汞阴极上进行 Na^+ 的放电生成金属钠，立即与汞作用得到钠汞齐。

$$Na^+ + nHg + e \longrightarrow NaHg_n$$

钠汞齐从电解室排出后，在解汞室中与水作用生成氢氧化钠和氢气。

$$NaHg_n + H_2O \longrightarrow NaOH + \frac{1}{2}H_2 + nHg$$

由于在电解室中产生氯气，在解汞室中产生氢氧化钠和氢气，因而解决了阳极产物和阴极产物分开的关键问题。

水银法的优点是电解槽流出的溶液产物中 NaOH 质量分数较高，可达 50%，不需蒸发增浓。产品质量好，含盐低，约 0.003%。但是水银是有害物质，应尽量避免使用，因此水银法已逐渐被淘汰。

(3) 离子交换膜法（简称 IEM 法） 离子交换膜法是在应用了美国开发出的化学性能稳定的全氟磺酸阳离子交换膜之后，日本首先工业化生产的氯碱新工艺。该法用离子膜将电解槽的阳极室和阴极室隔开，在阳极上和阴极上发生的反应与一般隔膜法电解相同。但离子膜的性能好，不允许 Cl^- 透过。因此，阴极室得到的烧碱纯度高，其电能和蒸汽消耗与隔膜法和水银法比可节约 20%～25%，而且建设投资费、解决环境保护等方面均优于其他方法。因此，离子膜法是氯碱工业的发展方向。三种电解方法的比较见表 8-1。

氯碱工业的发展趋势体现在两个方面。一方面是氯产品的发展是氯碱工业发展的主要推动力，氯产品的发展过程主要是由无机氯产品向有机氯产品的方向变化。发达国家的有机氯产品一般占用氯

表 8-1 三种电解方法比较

项　目	隔 膜 法	水 银 法	离子膜法
投资/%	100	100~90	85~75
能耗/%	100	95~85	80~75
运转费用/%	100	105~100	95~85
烧碱质量			
NaOH 质量分数/%	10~12	50	32~35
50%(质量分数)NaOH 中含盐(质量分数)/%	1	约 0.003	约 0.003
50%(质量分数)NaOH 中含汞(质量分数)/%	无	0.000003	无

产量的 60% 左右。发展中国家较低，中国只占 40%~50%。另一方面是电解生产方法的发展趋势，其核心设备——电解槽的发展总趋势受环保和节能两个主要因素所制约。因为，离子膜法能耗低，质量高，又无汞和石棉的污染，将是氯碱工业的发展方向。该法在日本已占三分之二，世界范围在 1987 年 4 月已达 11%。近年来国际上新建工厂基本上都采用离子膜法。中国于 1986 年在甘肃、上海建成年产 1 万吨烧碱的离子膜装置，1990 年上海又建成年产 15 万吨烧碱的装置，并投入运转。1995 年中国烧碱产量为 496 万吨，仅次于美国，居世界第二位。

3. 氯碱工业的特点

氯碱工业的特点除原料易得，生产流程较短之外，还体现在三个方面。

(1) 能源消耗大　主要是用电量大，其耗电量仅次于电解法生产铝。因此，电力供应情况和电价对氯碱工业产品成本影响很大。同时氯碱工业如何提高电解槽的电解效率和碱液蒸发热能利用率，开辟节能新途径是具有重要意义的问题。

(2) 氯与碱的平衡　电解食盐水溶液的过程得到的烧碱与氯气的产品质量比恒定为 1∶0.88，但一个国家或一个地区对烧碱和氯气的需求量随着化工产品生产的变化，工业发达的不同程度，不一定就是 1∶0.88，会出现某产品过剩或某产品短缺的现象。所以烧碱和氯气的平衡始终成为氯碱工业发展中的矛盾问题。

（3）腐蚀和污染　氯碱工业的产品烧碱、氯气、盐酸等均具有强腐蚀性，因此制造设备使用的材料的防腐蚀问题以及由于原材料石棉、汞、含氯废气等物料可能对环境造成的污染问题，一直都是氯碱工业努力改进的方向。

二、食盐水溶液电解的基本概念

1. 电解过程

在食盐水溶液里，由于水和氯化钠的电离，溶液中存在 Na^+、Cl^-、H^+、OH^- 四种离子。其分解反应是一个不能自发进行的反应。

$$2NaCl + 2H_2O \xrightarrow{\text{直流电}} Cl_2 + H_2 + 2NaOH$$

因此，必须从外界输入电能，用电解的方法使之强制进行。如果在以饱和食盐水溶液作为电解液的电解槽中插入两个电极，分别作为阴极和阳极，并通入直流电，当达到一定电压时开始电解。与此同时，在电极和溶液的界面上分别进行 Cl^- 的氧化反应和 H_2O 分子（或 H^+）的还原反应，而 Na^+ 与 OH^- 在阴极附近也生成 $NaOH$。

阳极　　　　　　　$2Cl^- - 2e^- \longrightarrow Cl_2$

阴极　　　　　　　$2H_2O + 2e^- \longrightarrow 2OH^- + H_2$

如果在阳极和阴极之间用隔膜隔开，防止电解产物相混，就可获得产物 Cl_2、$NaOH$ 溶液和 H_2。从食盐水溶液制取 Cl_2、$NaOH$、H_2 的反应是由电能转变为化学能的过程。

2. 电流效率和电压效率等

电流效率　在电解食盐水溶液的工业生产中，电的利用率并不能达到 100%，即实际所用的电流量比理论上需用的电流量多，理论上需用的电流量与实际上所用电流量的比率称为电流效率。从另一角度看，实际电解时，电极上的反应产物常常比按法拉第定律计算的理论量少，在通过一定电量时，生成物的实际产量与理论产量的比率，同样也称为电流效率。

$$电流效率 = \frac{理论电流量}{实际电流量} \times 100\%$$

$$=\frac{实际所得生成物产量}{生成物的理论产量}\times 100\%$$

电解食盐水溶液时,电流效率可分氯的电流效率、碱的电流效率和氢的电流效率,其中最主要的是氯的电流效率。

理论分解电压 在电解过程中,要使某一电解质进行电解,必须使电极上的电压达到一定数值,此数值是使电解过程能够继续进行的最小电压,称为理论分解电压。理论分解电压是阳离子的理论放电电位和阴离子的理论放电电位之差,放电电位的数值可以根据涅伦斯特方程式计算得到。

超电压(过电压,又称超电位或过电位) 超电压是离子在电极上的实际放电电位与理论放电电位的差值。金属离子在电极上放电时,超电压并不大,但若电极上放出的是气体,如 Cl_2、H_2、O_2 等时,超电压的数值就相当大。

超电压的数值与选用的电极材料等有关。在一定条件下,存在超电压自然要消耗更多的电能,不利于生产过程,但利用超电压的性质结合选择适当的电解条件,也可以使电解过程符合生产上的需要。例如:从 O_2 和 Cl_2 的标准电位来看,Cl^-($+1.36V$)是不可能在 OH^-($+0.410V$)之前放电的,但由于 O_2 在某些电极上具有较高的超电压,如在石墨电极上,25℃时电流密度(在单位面积电极上通过的电流数量)为 $1000A/m^2$ 时,O_2 的超电压为 $1.09V$,而同样条件下,Cl_2 的超电压为 $0.25V$,从而达到了在石墨电极上 Cl^- 在 OH^- 之前放电制取 Cl_2 的目的,符合实际生产需要。

降低电流密度,增大电极表面积,使用海绵状或粗糙表面的电极,提高电解质温度等,均可使电压降低。

槽电压 在实际生产过程中,不仅要考虑理论分解电压和超电压,而且由于电解液的浓度不均匀和阳极表面的钝化,以及导线和接点、电解液和隔膜等因素也要消耗外加电压,所以在生产过程中,实际的分解电压要大于理论分解电压,而实际分解电压称为槽电压。隔膜法的槽电压一般在 $3.5\sim 4.5V$。

电压效率 理论分解电压与槽电压的比率称为电压效率。

$$电压效率 = \frac{理论分解电压}{槽电压} \times 100\%$$

隔膜电解的电压效率一般在 60% 以上。

电能效率 在电解过程中，实际消耗电能的数值总是比理论需要的电能值大，理论所需电能量与实际消耗的电能量的比率称为电能效率。

$$电能效率 = \frac{理论所需电能量}{实际消耗电能量} \times 100\%$$

因为电能是电量和电压的乘积，所以电能效率又是电流效率和电压效率的乘积。

$$电能效率 = 电流效率 \times 电压效率$$

电解食盐水溶液制氯碱的方法，需耗用大量的电，电能利用率的高低，对氯碱工业意义很重要。决定电解生产是否经济，最重要的条件是生产每单位质量产品的电能消耗。与电能消耗直接有关的是电流利用率即电流效率。所以生产上总是选择最适宜的操作条件来提高电流效率。氯碱工业生产中，电流效率一般为 90%~96%。

3. 电极材料

用电解法生产氯气和烧碱的关键设备是电解槽，而电解槽的核心是电极，电流通过电极才能将电能转变为化学能，产生电极反应。因此，电极材料、电极型式、电极反应条件对电能的消耗都有密切的关系，其中电极材料的选择又最为关键。

(1) 阳极材料 电解槽的阳极与湿氯气、新生态氧、盐酸及次氯酸等化学性质活泼、腐蚀性很强的物料直接接触，还要经受循环液体的冲刷和气体的摩擦等，故阳极材料应满足的条件是：具有较强的耐腐蚀性；氯在这种电极材料上的超电压应当很小；具有良好的导电性能，在电流通过时不致造成较大的电压损失；有较好的机械强度并易于加工。

人造石墨是常用的阳极材料，它是由石油焦、沥青焦、无烟煤、沥青等压制成型，在近 3000℃ 高温下石墨化而成。主要成分是炭，灰分仅 0.5% 以下。要求其密度大，孔隙率小，抗压和抗折强度大，灰分小。

电解生产过程中，石墨会因受化学腐蚀（电化学氧化使 C 变成 CO 和 CO_2）逐渐消耗，也由于物料的摩擦及石墨强度变弱而产生机械磨损，以至有细石墨粒子的剥落。此损耗不仅电极有损失，还会增加电耗，生产中要定期更换石墨电极。隔膜电解槽若电流密度在 $800A/m^2$ 时，石墨电极使用寿命一般在 7~8 个月左右。为延长其寿命，可在制造时用沥青浸渍以减少孔隙率增加密度，还可以用亚麻仁油或桐油等二次浸渍石墨电极，以堵塞气孔，经此处理，寿命可延长一倍。

金属阳极是为了克服石墨阳极的缺点而开发出来的一种新型高效的阳极材料。常用的金属阳极以钛为基体，在放电面上涂有一层活化层。金属钛能耐氯和酸的腐蚀，能加工成多种形状，且具有足够高的机械强度。活化层含有贵重金属氧化物和其他金属氧化物的固熔体，不仅对析出氯气的反应有催化作用，而且与基体的结合力强，电化性能与稳定性能良好，耐阳极液腐蚀。

阳极基体的形状对阳极寿命和槽电压都有影响，实验证明，网状电极的寿命长且槽电压低。

活性涂层的材料种类比较多，如贵重金属钌、铱、铑、钯、锇、铂中的一种或几种元素或它们的氧化物，还有其他金属钛、锡、锑、锗、钽等的氧化物、氮化物或硫化物。常用的是钌-钛、钌-锡和钌-钛-锡等二组分或三组分涂层。涂层中的活性金属能改变涂层的性能，阳极电位随活性金属含量的增加而降低，但当含量增加较大时，随活性金属的增加，阳极电位下降已不明显。一般活性金属含量占 25%~30%，其经济效果最佳。

金属阳极与石墨阳极比较有如下优点。

① 对氯的超电压低，在 $1000A/m^2$ 的电流密度下比石墨电极要低 100mV 左右。而且金属阳极隔膜电解的电流密度高、容量大，相应提高了单槽的生产能力。

② 耐腐蚀、使用寿命长，检修次数少、维修费用低，电解槽

密封较好,在隔膜电解槽中,寿命可达 6~10 年。同时因为两极间距不变,槽电压稳定。

③ 金属阳极电流效率比石墨电极的高 1%~2%。由于槽电压低、电流效率高、节约电能约 15%~20%。

(2) 阴极材料　对阴极材料的要求:能耐 NaOH、NaCl 等的腐蚀;导电性能良好;H_2 在电极上的超电压低;具有良好的机械强度和加工性能。

钢铁符合上述要求,电解槽的阴极可以用钻有圆形小孔或开细缝的钢板或铁丝编成的网制成。铁丝网的优点是隔膜容易依附在铁丝网上,而且表面积比较大。

第二节　隔膜法电解食盐水溶液

一、隔膜法电解原理

隔膜法电解食盐水溶液的电解槽通常使用石墨或涂 RuO_2-TiO_2 的金属阳极及铁阴极,阳极室和阴极室用隔膜隔开。电解原理如图 8-1 所示。饱和食盐水注入阳极室使阳极室液面高于阴极室液面,阳极液以一定的流速通过隔膜流入阴极室,并阻止 OH^- 从阴极室向阳极室的反迁移。当电解槽的阳极和阴极与直流电源相连接构成电流回路时,在电极与电解质溶液的界面上发生电极反应,伴随电荷的迁移连续进行非均相的电催化化学反应。

在阳极上发生的主反应是氯离子在阳极上放电生成氯气

$$2Cl^- - 2e \longrightarrow Cl_2 \uparrow$$

在阴极上发生的主反应是在铁阴极上生成 H_2 和 OH^-

$$2H_2O + 2e \longrightarrow H_2 \uparrow + 2OH^-$$

所以电解食盐水溶液的主反应是

$$2NaCl + 2H_2O \longrightarrow Cl_2 \uparrow + H_2 \uparrow + 2NaOH$$

电解过程的副反应是由于阳极液中溶解了氯,氯与水发生水解

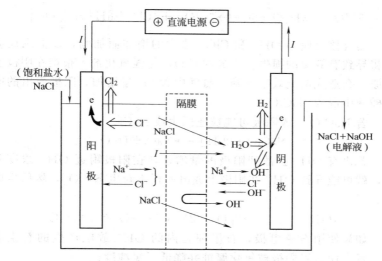

图 8-1　立式隔膜电解槽示意图

反应生成次氯酸和盐酸而引起的（Cl_2 在氯化钠水溶液中的溶解度随NaCl浓度的增加和温度升高而降低）。首先氯的水解按如下方程式进行：

$$Cl_2（水溶液）+H_2O \rightleftharpoons HClO+H^++Cl^-$$

生成的次氯酸（强氧化剂、酸性非常弱）不影响电解反应的进行，当阳极液呈酸性时以游离态 HClO 存在；若阴极室 OH^- 由于扩散或迁移作用少量进入阳极液中，可中和 H^+，而 HClO 仍游离存在；但当 OH^- 浓度升高时，就会与 HClO 反应生成次氯酸盐。

$$HClO+OH^- \rightleftharpoons ClO^-+H_2O$$
$$（如 HClO+NaOH \rightleftharpoons NaClO+H_2O）$$

次氯酸盐在碱性溶液中很稳定，但在酸性溶液中会生成氯酸盐

$$2HClO+ClO^- \rightleftharpoons ClO_3^-+2Cl^-+2H^+$$
$$（如 2HClO+NaClO \rightleftharpoons NaClO_3+2HCl）$$

此外，如果 ClO^-/Cl^- 之比值变大，由于 ClO^- 比 Cl^- 的放电电位低，ClO^- 会在阳极上放电生成 ClO_3^- 同时产生 O_2。

$$6ClO^- + 3H_2O - 6e \longrightarrow 2ClO_3^- + 4Cl^- + 6H^+ + \frac{3}{2}O_2 \uparrow$$

而且该反应随 OH^- 和 ClO^- 浓度的增加而加剧，以上副反应都将导致有效氯的损失。生成的 ClO_3^- 是强氧化剂，很难在阴极上还原，会造成电流效率下降，氯气中含 O_2 量增加，阴极流出的电解碱液中混入 $NaClO_3$。

若 $NaClO$ 进入阴极可能被还原生成 $NaCl$。

$$NaClO + 2[H] \longrightarrow NaCl + H_2O$$

若再有 OH^- 扩散到阳极的量增多，在阳极附近 OH^- 浓度升高，就可能导致 OH^- 在阳极上放电而析出新生态 $[O]$，然后生成氧分子。

$$4OH^- - 4e \longrightarrow 2[O] + 2H_2O \longrightarrow O_2 \uparrow + 2H_2O$$

如果使用石墨电极，石墨细孔内的 OH^- 放电产生的新生态氧，就会使石墨阳极被氧化腐蚀并降低了氯纯度。

$$C + 2[O] \longrightarrow CO_2 \uparrow$$
$$2C + 2[O] \longrightarrow 2CO \uparrow$$

此外，若盐水中硫酸根含量较高也会促进石墨阳极的消耗，但对金属阳极影响不大。

综上所述，由于副反应的产生造成的不良后果：消耗了电解产物 Cl_2 和 $NaOH$；降低了电流效率，增加了电的消耗和石墨阳极的消耗；降低了电解产物的质量。

在实际生产中，为减少副反应而采取如下措施：

① 采用经过精制处理的饱和食盐水溶液，控制较高的电解温度以减少 Cl_2 在阳极液中的溶解度；

② 保持隔膜的多孔性和良好的渗透率，使阳极液正常均匀地透过隔膜，阻止两极产物的混合和反应；

③ 保持阳极液面高于阴极液面，用一定的液面差促进盐水的定向流动而阻止 OH^- 由阴极室迁移扩散到阳极室。

二、隔膜法电解生产工艺流程

隔膜法电解食盐水溶液制氯碱的工艺一般由盐水的制备与精

制、电解、氯气的处理、氢气的处理、电解碱液的蒸发等工序（有的工厂还有液氯和固碱工序）组成。电解工序的工艺流程如图 8-2 所示。

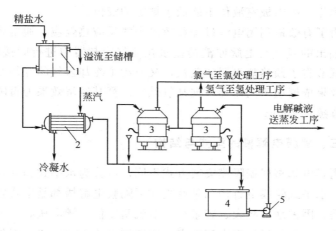

图 8-2　隔膜法电解工序流程示意图
1—盐水高位槽；2—盐水预热器；3—电解槽；4—电解液集中槽；5—碱液泵

由盐水工序送来的精盐水进入盐水高位槽 1，槽内盐水的液位保持恒定，以保证电解槽进料量稳定。从高位槽流出的精盐水先经盐水预热器 2 加热到约 70℃ 之后进入电解槽 3，电解槽内反应温度约为 95℃ 左右。电解槽的个数应与直流电源的电压相适应，电解槽之间串联组合。电解生成的氯气导入氯气总管送到氯气处理工序，氢气导入氢气总管送到氢气处理工序，电解液导入总管，汇集在电解液集中槽 4 中，再送往蒸发工序。

电解槽的操作应严格执行安全技术规程，防止漏电，以避免因漏电而导致管道被腐蚀。

氯气输送管路大多数是由衬胶钢管、陶瓷和塑料制成。而且氯气导管安装应略有倾斜，以便水蒸气冷凝液能够流出。氯气导管中还设有纳氏泵或透平机抽送氯气，保持阳极室有 $-20\sim-100\mathrm{Pa}$ 的真空度。

氢气导出管线的管路也和氯气导出管一样有些倾斜，以利于冷凝液流出。氢气由鼓风机吸出，保持阴极室中有比阳极室大200Pa左右的正压力。氢气必须正压，以防止空气被抽入氢气管道引起氢氧混合气体爆炸。同时为防止氢气进入阳极室造成氧中含氢升高而发生爆炸，故阳极室液位不能低于规定的液位。

为了有效地利用电解过程释放出来的反应热效应，通常将从电解槽抽出的氢气与电解原液精盐水在氢气冷却器中进行间接换热。这样既节省了预热盐水用的蒸汽，又节约了冷却氢气的冷却水。其节能效果依槽型不同而异，据某氯碱厂计算其经济效果为每吨烧碱可节省蒸汽200kg。

三、隔膜电解槽的型式与结构

隔膜电解槽根据隔膜安装方式不同，可分为水平式和立式两种类型。水平式隔膜电解槽和某些立式纸隔膜电解槽都是型式较老的电解槽，因占地面积大、容量小、电流密度低、槽电压高、电解液含碱浓度低和热量损失大等缺点，逐渐被淘汰，为立式吸附隔膜电解槽所取代。

虎克式电解槽是立式吸附隔膜电解槽中的一种，结构如图8-3所示。它是隔膜电解槽中技术指标较好、采用最多的一种电解槽。电解槽由阴极箱、石墨阳极组或金属阳极组、槽盖和槽底四个部分组成。

阴极箱的外壳是钢板焊成无底无盖的正方形框，框的上缘和下缘用钢板作成水平的围边。阴极箱内焊连着阴极网，阴极网是由两排用铁丝网制造的网袋所构成。每个网袋中间除焊接几根圆钢作支承和导电用外，其余是空的，这些空间就是阴极室。阴极箱的外壁上焊有导电的铜板。阴极箱的下部有电解液流出管，阴极箱上方有氢气排出管。

阴极袋的外表面上有一层沉积的石棉纤维吸附在阴极网上，就是隔膜。

阳极是由很多块整齐地分成两排的石墨板构成的。石墨板间的距离要准确，使它们每一块都能恰好处在两个相邻的网袋的正中，

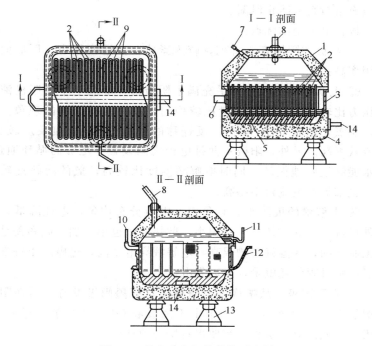

图 8-3 虎克式电解槽结构示意图

1—混凝土盖；2—石墨阳极；3—钢阴极；4—混凝土槽底；5—铅层；6—母线；
7—盐水加入管；8—氯气排出管；9—阴极网袋；10—氢气排出管；11—盐水
液面指示剂；12—电解碱液流出管；13—瓷绝缘子；14—导电铜板

石墨板的底部是铸在铅层中的，在铅层中还铸有铜板（大型槽均为两块），电流就是由槽外的导电铜排经过铜板传到铅层，然后导入石墨阳极。为了使铅层免于受阳极液的腐蚀，在铅层上还覆有保护层，是用沥青浇注的。浇注沥青的石墨阳极组安放在水泥槽内，然后用水泥封住沥青层为第二保护层。槽底用混凝土制成，阳极组放在方形的槽底中，槽底又放在瓷绝缘子上。槽盖也用混凝土制成，槽盖的下部装有盐水液面指示计，盖顶上还设有一个盐水加入管和一个氯气排出管。

阴极箱的下围边与槽底边沿，上围边与槽盖边沿等接触处，均要填充密封料以防止泄漏。

该种电解槽的优点：

① 阳极和阴极直立排列，较为紧凑，占地面积小，厂房面积利用率高；

② 电解槽的阴极室几乎充满了阴极液，隔膜上下受阳极液柱的压力比较均匀，因而流量比较均匀，没有含碱过浓的现象。因此，氢氧化钠和 OH^- 扩散、反迁移的影响小，阳极副反应较少，电流效率高。另外，阳极室两排电极之间设置了足够的循环通道，盐水能够很好地循环。同时电解槽温度比较高，氯的溶解量较少等，也都促使电流效率提高；

③ 电解槽的极距小并且稳定，电流分布均匀，电耗降低。槽体外形近乎于立方体，表面积小，散热面积也小，加上底和盖是混凝土制作的，保温好、槽温高，电解液导电率高，过电压小等都减少了电解过程的耗电量，所以省电；

④ 石墨阳极是从槽底向上直伸的，石墨阳极没有暴露在阳极室湿氯气中的无效部分，加上由于阴极液 OH^- 的扩散、迁移少，阳极上生成的氧气量少，都使得石墨的消耗少；

⑤ 此外，该种电解槽还具有容量大、投资少，密闭性好，泄漏氯气的污染少，操作控制稳定，电解液含碱浓度高，因而可节省碱液蒸发消耗的蒸汽量等优点。

根据电解槽结构的不同，立式隔膜电解槽又分为单极式电解槽和复极式电解槽。如图 8-4 所示，图中（a）为单极式电解槽，阴、阳两极的两面均可各自作为阳极和阴极使用，每块石墨阳极板是并联的。图中（b）所示为复极式电解槽，在一块复极板上一侧为阳极，另一侧为阴极，电流从电解槽一端流入，另一端流出，故阴阳极是串联的。

单极式和复极式电解槽的优缺点难以简单地评价，一般认为复极式电解槽电能效率比较高，可以减少导电板的电压降，但操作、管理比单极式电解槽的要求高。采用那种型式的电解槽应根据规模等各项设计条件综合选择确定。

隔膜是电解过程中用来将阳极和阴极的生成物分开的设施。所起的作用是：当电解槽通电后，在隔膜处电流和盐水流量以及阻止OH^-反向移动，形成了动态平衡。所以隔膜的物理化学性质（孔率、孔的大小与分布、孔的平均直径和数量、孔的弯曲度以及透过系数等）直接影响电解槽的正常工作。理想的隔膜不仅可以获得较高的电流效率和电解产物的质量，降低电能消耗，而且对电解槽送出的氯气中的含氢量，要保证在安全范围内。

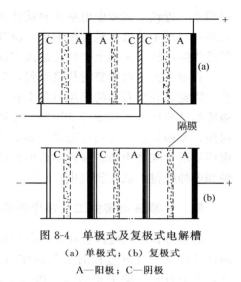

图 8-4　单极式及复极式电解槽
(a) 单极式；(b) 复极式
A—阳极；C—阴极

在食盐水溶液电解的条件下，理想的隔膜应具有如下性能。

① 有较强的化学稳定性，不仅能耐酸又能耐碱的腐蚀。同时为了保持较高的电流效率及均匀的电流分布，隔膜材料的品种、质量及物理化学性质均应稳定、要防止多变。

② 隔膜材料应具有不能形成双重电极作用的非导电性，并具有较小的膜电阻，足够的机械强度，隔膜制造成本要低。

③ 隔膜能紧密而且均匀地分布在整个阴极表面上，厚薄均匀，保持多孔性和良好的渗透率，使阳极液能以一定的流速，均匀地透过隔膜。

石棉的物理化学性质能够比较全面地满足隔膜材料的上述要求，所以自 20 世纪 20 年代以来一直用石棉作为隔膜材料，而且在各种石棉（天然的硅酸盐水合物的总称）种类中，工业上用来作石棉隔膜其使用价值较高的是温石棉，青石棉和铁石棉三种。

作为食盐水溶液电解使用的石棉隔膜可以是直接使用石棉纤维，把石棉纤维织成石棉布或制成纸三种。水平式隔膜电解槽使用石棉布,近代立式隔膜电解是直接使用石棉纤维。按照一定比例的长短石棉纤维分散在碱性溶液中,制成石棉浆液,借助真空把石棉纤维吸附在铁阴极网上,使之形成多孔性隔膜。

石棉虽为电解隔膜的优良材料,但对人体健康存在潜在的危害性。因此,开发石棉的代用材料引起各国的关注,用各种聚合物做隔膜的试验研究工作取得了迅速的进展。所采用的聚合物主要是氟树脂,聚四氟乙烯薄膜已投产,还有聚四氟乙烯分散液或悬浮液,聚四氟乙烯胶乳中加碳酸钙制成隔膜的。此外,聚氯乙烯,偏氯乙烯和丙烯酸树脂也在研究中。

四、隔膜法电解的工艺操作条件

电解过程中的电极反应和所得产物,既决定于电解质溶液本身的性质,又与电解过程的工艺操作条件有关。采用适宜的工艺条件,不但有利于降低槽电压,提高电流效率,改善电解产物的质量,也能延长电极材料的使用寿命。

1. 盐水浓度与温度

盐类(如 NaCl)的溶解度比较小,电导率随溶液浓度的增大而增大,一直到饱和溶液为止;当温度升高时,溶液的黏度下降,而且离子的水合程度也减小,从而使得离子在溶液中运动的阻力减小,所以电解质溶液的电导率又随温度的升高而增大。

电解液采用氯化钠的饱和溶液 [NaCl(315 ± 5)g/L],电解温度控制高一些(一般槽温度在 95℃左右),不仅可以提高盐水的电导率,也有利于降低氯气在阳极液中的溶解度,提高阳极电流效率,同时还可以降低阳极上析氯和阴极上析氢的过电位。

另外精盐水中还必须除掉有害杂质,要求 Ca^{2+}、Mg^{2+} < 0.008g/L,SO_4^{2-} < 5g/L,Fe^{2+} < 0.006g/L。

2. 盐水流量与阴极碱液组分

阴极室的 OH^- 向阳极室迁移的程度主要取决于通过隔膜细孔的盐水流量,如果能保证隔膜两侧的液面有一定的位差,就可以使阳极液在一定的液面静压差的作用下以一定的流速不断地透过隔膜，若阳极液的流速（即盐水流量）大于隔膜上任何一点的 OH^- 运动速度，就可以基本上阻止了 OH^- 进入阳极室，从而减少碱的损失。

如果隔膜两侧的液位差过大，盐水流速过大，就使得阴极室 NaCl 含量太高，碱液浓度过低，造成后续蒸发工序耗用蒸汽量增加而不经济；相反如果位差过小，盐水流速也小，则阴极室碱液浓度过高，OH^- 反迁移量增多，必然造成电流效率降低，不仅碱损失增加，且碱液中氯酸盐含量增加，致使蒸发设备腐蚀加剧。

实际生产中必须根据不同地区电的价格，燃料费用等具体情况，控制阴极流出碱液中合理的 NaOH 浓度，保证有最低的生产成本，同时还要根据隔膜的使用情况适当调整液面。如隔膜随电解槽运行时间的增加，隔膜孔隙可能被沉积物堵塞，渗透率下降，电解液流量就随之下降，此时就应适当调高阳极液面，使流速加快，若渗透率太低，不便再调整，就应更换隔膜。

控制阳极液向阴极室渗透的流速，主要是靠控制电解槽的盐水液位和加入量来实现的。

某氯碱厂控制电解槽送出电解液的质量为：NaOH 115~125g/L，NaCl 185~200g/L，Na_2CO_3<1g/L。

3. 氯气纯度与压力

氯气是阳极反应的产物，电解槽送出的湿氯气中含有少量的 O_2、H_2、N_2（石墨阳极还有少量 CO_2）并为水蒸气所饱和。其主要组成为：Cl_2 96%~98%，H_2 0.1%~0.4%，O_2 1%~3%（均为体积分数）。

隔膜电解槽生成的氯气和氢气被隔膜分开，但若隔膜损坏，阴极网上沉积的石棉隔膜很不均匀，或是阳极液面降低到隔膜顶端以下等情况，都会使氯气与氢气混合。若是氯气进入阴极室会很快被碱液吸收，氢气中一般不含氯气；但若氢气进入阳极室与氯气混合，氯内含氢量超过 4%（质量分数），就有爆炸的危险。所以规定氯气总管内含氢不超过0.4%~0.5%（质量分数），单槽不超过 1%（质量分数）。

氯气是有毒气体，除了保证电解槽，氯气管道连接处要密封之外，一般氯气总管应保持负压$-50\sim-100Pa$，电解槽若为正压操作，也能便于查找氯气的泄漏，中国氯碱厂电解槽都采用负压操作。

4. 氢气纯度与压力

电解槽出口的氢气纯度很高，一般在99%（体积、干基）左右。为防止空气漏入氢气系统，一般电解槽的氢气系统都采用正压$50\sim100Pa$操作，而且有的工厂还设有负压警报器或自动调压装置。

5. 电流效率

电流效率是电解槽的一项重要的技术经济指标，与电能消耗、产品质量以及电解操作过程关系十分密切。较先进的隔膜电解槽的电流效率为$95\%\sim97\%$。影响电流效率的因素很多，如盐水浓度、盐水中Ca^{2+}，Mg^{2+}，SO_4^{2-}等杂质含量，盐水pH值、盐水温度、隔膜吸附质量，电流密度大小以及电流波动等都会对电流效率产生一定的影响。所以提高电流效率的途径主要如下。

(1) 减少副反应可以提高电流效率。为此应提高精盐水中NaCl含量达饱和浓度，并预热盐水以提高槽温，从而降低Cl_2的溶解度。并控制SO_4^{2-}含量小于5g/L，pH值为$3\sim5$微酸性。

(2) 防止OH^-进入阳极室而消耗碱。为此，除了要保证隔膜有良好的性能外，要适当控制阳极室和阴极室有一定的液面差，还要控制电解槽送出碱液的浓度在适宜范围。

(3) 适当提高电流密度。因为电流效率随电流密度的增加而提高，一般电流密度增加$100A/m^2$，电流效率约提高0.1%。原因是电流密度的提高，相应加快了盐水透过隔膜的流速，从而阻止了OH^-的反迁移。

(4) 生产中还应保证供电稳定，防止电流波动，并保证电解槽良好的绝缘，以防漏电。

五、隔膜法电解的技术经济指标

以虎克式隔膜电解槽为例，其技术经济指标如下：

运行电流	6000～34000A	电流效率	＞96％
阳极电流密度	750～1200A/m²	每吨碱耗直流电	2240～2520 kW·h
槽电压	3.2～3.6 V	每吨碱耗石墨	约 5kg

第三节　离子交换膜法电解食盐水溶液

一、离子膜法电解原理

在电解食盐水溶液使用的阳离子交换膜的膜体中有很多活性基因，由带负电荷的固定离子 SO_3^-、COO^- 与带正电荷的对应离子 Na^+ 组成，它们之间形成的是静电键。如常见的磺酸型阳离子交换膜的化学结构简式为：

由于磺酸基团具有亲水性，使膜在溶液中溶胀，膜体结构变松，于是形成许多微细、弯曲的通道，而活性基团中的对应离子 Na^+ 就可以与水溶液中同电荷的 Na^+ 进行交换。此时膜中的活性基团中固定离子却具有排斥 Cl^- 和 OH^- 的能力，因而阻止了阳极液中 Cl^- 渗透到阴极室，也阻止了阴极液中 OH^- 反渗透到阳极液，从而可获得高纯度的氢氧化钠溶液。

离子交换膜法电解槽中的阳极室与阴极室之间用此种阳离子交换膜隔开，饱和精盐水加入阳极室，通电时 Cl^- 在阳极表面放电产生 Cl_2 逸出，Na^+ 通过阳离子交换膜迁移到阴极室，消耗掉的 NaCl 导致盐水浓度降低，因此阳极室必须导出淡盐水而不断补充饱和精盐水；在阴极室，H_2O 在阴极上放电产生 H_2 逸出，而 OH^- 在溶液中与阳极迁移来的 Na^+ 形成 NaOH 溶液，所以必须不断向阴极室补充去离子水（即纯水）。

虽然离子膜具有排斥 Cl^- 和 OH^- 的能力，但难免还有少数

Cl^- 扩散移动到阴极室，少量 OH^- 由于受阳极吸引而迁移到阳极室，其结果和隔膜电解的副反应一样，会消耗 NaOH，降低 Cl_2 浓度，并导致电流效率下降。

离子膜电解的电化学反应如下：

阳极室 $\quad Cl^- \longrightarrow \frac{1}{2}Cl_2 + e \quad$ （主反应）

$$OH^- \longrightarrow \frac{1}{2}H_2O + \frac{1}{4}O_2 + e$$

$$Cl_2 + 2OH^- \longrightarrow ClO^- + Cl^- + H_2O \quad \text{（液相反应）}$$

$$6ClO^- + 3H_2O \longrightarrow 2ClO_3^- + 4Cl^- + 6H^+ + \frac{3}{2}O_2 + 6e$$

阴极室 $\quad H_2O + e \longrightarrow \frac{1}{2}H_2 + OH^- \quad$ （主反应）

$\quad\quad\quad\; Na^+ + OH^- \longrightarrow NaOH \quad$ （主反应）

二、离子膜法电解生产工艺流程

离子膜法电解食盐水溶液制取氯气和烧碱的生产工艺流程如图 8-5 所示。流程分为四个部分：一次盐水精制、二次盐水精制、电解槽、烧碱蒸发装置。

原料食盐加入饱和槽将循环使用的低浓度盐水增浓为饱和盐水，然后加入少量 NaOH、Na_2CO_3，使饱和盐水中的杂质析出来，并在澄清槽中沉淀分离，为保证一次精制效果，澄清槽流出的清液还要经过盐水过滤器，使盐水中悬浮物小于 0.0001%。过滤清液再经串联的两个螯合树脂塔除去其中的钙、镁，经过二次盐水精制的饱和盐水溶液可以加入到电解槽的阳极室。与此同时，纯水和碱液一同加到阴极室（正常生产时只加纯水）。通入直流电后，在阳极室产生氯气和低浓度盐水经分离器分离，氯气输送到氯气总管，淡盐水一般含 NaCl 200～220g/L，经脱氯塔脱去溶解 Cl_2 后送饱和塔循环使用。电解槽的阴极室产生氢气和 30%～35% 的液碱，同样经分离器分离后，氢气送氢气总管，30%～35% 的液碱可作商品出售，也可送到烧碱蒸发装置蒸浓为 50% 的液碱。

第八章 氯碱生产

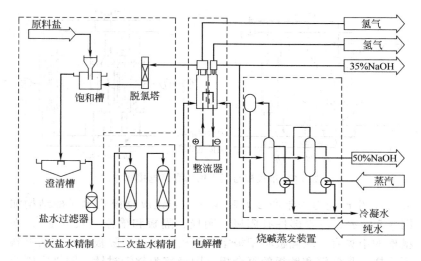

图 8-5 离子膜法电解食盐水溶液流程示意图

三、离子膜电解槽

离子膜电解槽有单极式和复极式两种。两种型式的电解槽都是由若干个电解单元组成,每个电解单元又都有阴极、阳极和离子交换膜,因此离子膜电解槽主要是由阴极、阳极、离子膜和电解槽框等组成,单极式槽的形式有类似板框压滤机的,也有类似板式热交换器的,而复极式槽则为类似板框压滤机的形式。

单极槽与复极槽的主要区别在于电解槽的直流电路供电方式不同。如图 8-6 所示,对于一台单极槽,电解槽内的直流电路是并联的,因此通过各个单元槽的电流之和即为通过一台单极槽的总电流,各个单元槽的电压相等。复极槽正好相反,槽内各单槽的直流电路是串联的,所以各单元槽的电流相等,而电压则是各单元槽的电压之和。总起来说,单极槽是低电压、大电流运转,而复极槽是低电流、高电压运转。

不同国家生产不同型号的离子膜电解槽其结构略有区别,以日本旭化成的复极槽为例,外型如板框式压滤机。复极槽由 80~100 片单元槽串联组成,标准型规格 1.2m×2.4m,大型规格 1.5m×

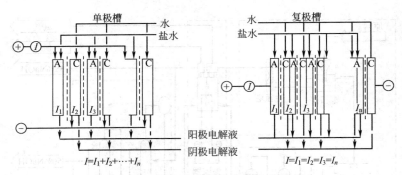

图 8-6 单极槽与复极槽的直流电接线方式

3.6m，生产能力为年产 2 万吨氯气，旭化成复极式单元槽结构如图 8-7 所示。主要部件有阳极、阴极、隔板和槽框（长方形）。在槽框的中央有一块隔板将阳极室和阴极室隔开，隔板在两室的材料不一样，是软钢和钛板的复合板，阳极室为软钢衬钛，阴极室则为软钢。在隔板的两边还焊有筋板，其材质与相应阳极室和阴极室隔板的材质相同，筋板上开有圆孔以利电解液流通，在筋板上分别焊有阳极和阴极。各单元槽的进出口管是四氟乙烯软管与总管连接，旭化成复极式电解槽的装配如图 8-8 所示。

离子交换膜是离子膜法制碱技术的核心。在电解过程中，离子膜的一面是高温、高浓度的酸性盐水和氯气，另一面又是高温、高浓度的碱液。离子膜除了要适应这些苛刻的条件之外，还必须具备优越的电化学性能，所以对离子膜的要求是：

① 有高度的物理、化学稳定性，薄而不易破损，有均一的强度和柔韧性；

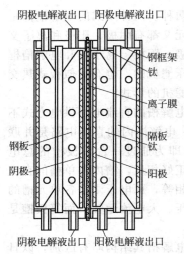

图 8-7 旭化成复极式单元槽结构

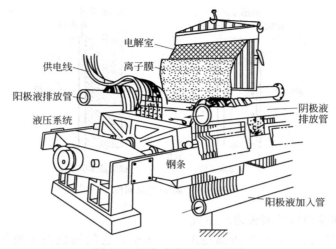

图 8-8 旭化成复极式电解槽

② 电流效率高，OH^- 反迁移的数量少；
③ 离子交换容量高，膜电阻低；
④ 电解质扩散量低。

典型的离子交换膜是均匀的，还有耐腐蚀的材料增强其强度，化学组成是四氟乙烯与具有离子交换基团的全氟乙烯基醚单体的共聚物。

用于氯碱工业的阳离子交换膜的离子交换基团主要是：磺酸基团（—SO_3H）、羧酸基团（—COOH）。目前氯碱工业中已经工业化的离子膜有全氟磺酸膜、全氟羧酸膜、全氟磺酰胺膜和全氟羧酸/磺酸复合膜。

例如某氯碱厂复极离子膜电解槽使用两种类型的离子交换膜剖面结构如图 8-9 所示。图（a）所示以羧酸基为基体的离子膜由三层（一个非常薄的由磺酸基组成的阳极层；一个厚的中部羧酸基体层，其中嵌入加强筋；一个薄的由羧酸基组成的阴极层）组成。图（b）所示为以磺酸基为基体的离子膜由二层（一个厚的由磺酸盐基体组成的芯部，并有加强筋嵌入其中，它位于阳极边；一个薄的

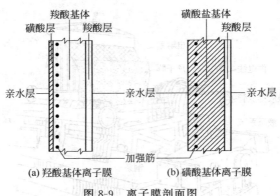

图 8-9 离子膜剖面图

由羧酸基组成的阴极边）组成。

在阳极边和阴极边都使用了亲水层，它们构成嵌在离子膜表面的特殊氟化物或碳化物微粒，以避免气泡粘在离子膜表面。这种方法可以降低整个离子膜表面的电解槽电压。膜层组成是多磺酸基或多羧酸基聚合物，四氟乙烯基体形成骨架，乙烯基乙醚群插入骨架中作为侧链，中止磺酸基群或羧酸基群。带有加强材料的基体层使离子膜具有良好的机械性能。同时不仅对 Na^+ 的迁移具有良好的传导性，而且对于 OH^- 离子的反向迁移具有低选择性，所以上述两种类型的离子膜用于电解过程都具有同样良好的效果。

四、影响离子膜法电解生产的工艺因素

离子膜的价格是很昂贵的，因此电解槽工艺条件应力求控制在最佳范围，以保证离子膜能够长期稳定地使用。为此，对下述工艺条件特别要优化控制。

1. 盐水质量

盐水质量是离子膜电解槽能否正常生产的关键问题之一，盐水质量不仅影响离子膜的使用寿命，而且是能否在高电流密度运行时得到高电流效率的重要因素。

从电解原理可知 Na^+ 从阳极室透过离子膜到阴极室,其他阳离子 Ca^{2+},Mg^{2+} 等也同样能透过离子膜,而当 Ca^{2+},Mg^{2+} 等多价阳离子透过离子膜时能与反迁移过来的 OH^- 生成氢氧化物沉淀而堵塞离子膜,且会加剧 OH^- 的反迁移,降低电流效率;另外盐水中含 SO_4^{2-} 过高时,也会在膜层中生成 $NaSO_4$ 堵塞离子膜;盐水中长期有铝和多价硅时,若采用酸性盐水,则铝溶解成胶状铝,进而与 SiO_2 生成硅酸铝沉淀,同样也都沉淀在膜中,电流效率有可能下降到 90%~93%。此外,对离子膜有不良影响的多价离子有钡、铁、铝、镍等金属离子及碘离子,因此必须严格控制二次精制盐水的质量,要求 NaCl 为 305~320g/L,$NaClO_3 \leqslant 10$~30g/L,$Na_2SO_4 \leqslant 4$~6g/L,其他有害杂质为(含量 $\times 10^{-6}$):(Ca^{2+} + Mg^{2+})$\leqslant 0.02$~0.05,$Fe^{3+} \leqslant 0.04$~0.05,$Hg^{2+} \leqslant 0.04$,$Al^{3+} \leqslant 0.05$~0.1,$Mn^{2+} \leqslant 0.01$,$Sr^{2+} \leqslant 0.01$~0.05,$Ba^{2+} \leqslant 0.1$~0.2,$Ni^{2+} \leqslant 0.02$~0.5,$Si(SiO_2) \leqslant 3$~15,$I^- \leqslant 0.01$~0.1,固体悬浮物 0.1~1.0。盐水 pH 值 9~10。

2. 阴极液中 NaOH 的浓度

从图 8-10 可见,阴极液中 NaOH 浓度与电流效率的关系存在一极大值。当 NaOH 浓度比较低时,随着 NaOH 浓度的升高,离子膜阴极一侧,膜的含水率减少,固定离子浓度增大,因此电流效率也随之增加。但是随 NaOH 浓度的增大,膜中 OH^- 浓度也增大,当 NaOH 浓度超过 35%~36% 以后,OH^- 反迁移而导致副反应的增加,并致使电流效率下降的影响又起了

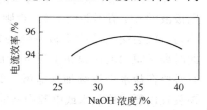

图 8-10 NaOH 浓度对电流效率的影响

决定作用。故随 NaOH 浓度的升高,电流效率反而下降。

阴极液中 NaOH 浓度对槽电压的影响一般是浓度高,槽电压也高。因此,稳定地控制 NaOH 浓度在 31.5%~33.5% 的适宜值是很重要。NaOH 的浓度用阴极室加入的去离子水量来调节。

3. 阳极液中 NaCl 的浓度

从图 8-11 可见，阳极液中 NaCl 浓度下降，会导致电流效率下降，碱中含盐量的上升，而槽电压下降不大。NaCl 浓度太低是造成离子膜鼓泡的主要原因，若是轻微鼓泡影响不大，但如果离子膜过度鼓泡将导致槽电压上升和电流效率下降。当阳极液中 NaCl 浓度更低达 59g/L 时，离子膜会出现分层现象，造成永久性损坏。故生产中应保持阳极液中 NaCl 浓度稳定在 190～210g/L，至少不低于 170g/L。

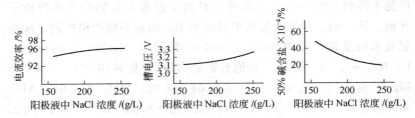

图 8-11　阳极液中 NaCl 浓度对电流效率、槽电压、碱中含盐量的影响

4. 盐水加盐酸

有时为了降低氯气中的含氧量，可以在进电解槽的盐水中加入少量盐酸以中和从阴极反迁移来的 OH^-，但此项操作必须严格控制阳极液的 pH 值不能低于 2。否则，如果因为加入过量的盐酸或搅拌不匀，就会使离子膜阳极一侧的羧酸层因受酸化而破坏其导电性，此时离子膜的电压很快上升并造成永久性损坏。所以当生产上确实有必要在盐水中连续加入盐酸，为了防止离子膜损坏，应该采用连锁装置以便在停盐水或电源中断等情况时，能自动停止加入盐酸。

5. 纯水与盐水的供给

正常生产时，应按适宜值连续向阴极室供应纯水，向阳极室供应精盐水。阴极液中 NaOH 的浓度是用调节纯水加入量来控制的，加水量过多造成 NaOH 浓度太低不符合要求；加水量过少则 NaOH 浓度太高，若 NaOH 浓度长期超过 37%（质量分数），会造成电流效率永久性下降。如果停止向阴极室供水而继续通电，阴极液浓度上升到 45%（质量分数）左右，时间一长，电流效率将很难再恢复。

当停止向阳极室供盐水以后，槽电压会上升很高，而电流效率下降得很低，不过在恢复供盐水以后，槽电压和电流效率都可逐渐恢复到原有水平。

总之，实际生产中应采取措施，防止停止供应纯水和盐水的情况发生，以确保平稳、安全地生产。

6. 气体压力变化的影响

如果阳极室的氯气和阴极室的氢气间的压差发生变化，会使离子膜与电极因反复摩擦而受机械损伤，若离子膜已有皱纹，更容易在膜上产生裂纹。所以应自动调节阳极室与阴极室间的压差，保持一定范围。一般离子膜电解槽都控制阴极室压力比阳极室压力高约1kPa左右，特别是出现反压差很危险。

7. 烧碱中含盐量的影响因素

离子膜法电解的优点之一就在于可获得高纯度的烧碱溶液。当一部分 H_2O 伴随 Na^+ 穿过离子膜进入阴极室时，有少量溶于阳极液中的 Cl^- 也同水一起移动到阴极室并与 NaOH 反应生成 NaCl，其量与阳极液中 NaCl 浓度有关。试验证明：阳极液中 NaCl 浓度降低，水的移动速度加快，导致阴极液中含 NaCl 量也随之增加，且与阳极液中 NaCl 浓度成反比关系。

此外通电情况下，电场的静电引力也是影响 Cl^- 移动的重要因素。提高电流密度，静电引力增强，Cl^- 被正电位的阳极强烈地吸引，可以减少碱中的含盐量。

五、离子交换膜法电解的技术经济指标

以某厂离子交换膜法为例，生产 1tNaOH（100%）其消耗定额为：

原盐(100%NaCl)	1480kg	离子膜	$0.01m^2$
直流电	2100kW·h	活性炭	0.0141kg
高纯度盐酸	(31%)135.5kg	动力电	50.17kW·h
α-纤维素	0.35kg	水蒸气	665kg
螯合树脂	0.0151kg		

复 习 思 考 题

8-1 电解食盐水溶液制取氯气和烧碱的三种方法各有何优缺点？发展趋势如何？

8-2 什么叫电流效率？什么叫电压效率、电能效率？电流效率和电能效率在氯碱工业生产过程中有何意义？

8-3 试比较石墨阳极和金属阳极有何优缺点？

8-4 根据隔膜电解原理说明在阳极和阴极上发生何种主反应？同时有什么副反应出现？副反应有何危害？可采取哪些措施减少副反应的发生？

8-5 隔膜法电解生产氯气、烧碱和氢气的工艺由哪些工序组成？在电解工序的工艺流程中应特别注意哪些问题？为什么？

8-6 以虎克式电解槽为例，说明立式隔膜电解槽由哪些部分组成？各构件的作用是什么？虎克式电解槽有何优点？

8-7 单极式和复极式隔膜电解槽的区别在哪里？

8-8 隔膜在隔膜式电解槽电解过程中起何作用？理想的隔膜应具备哪些条件？隔膜一般用什么材料加工而成？

8-9 隔膜法电解过程应控制哪些工艺条件？它们对电解效果各有什么影响？

8-10 试述离子膜法电解食盐水溶液的电解原理。

8-11 绘图说明离子膜电解食盐水溶液的工艺流程由哪几个部分组成？它们在电解过程中起什么作用？

8-12 说明离子膜电解槽的单极槽和复极槽有何区别？

8-13 根据电解过程的特点说明对离子膜应提出哪些要求？根据离子膜的化学组成说明它在电解过程中所起的作用。

8-14 影响离子膜法电解生产的工艺因素有哪些？它们分别对电解效果有何影响？

第九章　氯乙烯及其聚合物

第一节　概　述

一、氯乙烯及聚氯乙烯的性质和用途

氯乙烯（vinyl chloyide 简称 VC，$CH_2\!=\!CHCl$）常温常压下为无色有乙醚香味的气体，沸点 $-13.9℃$，凝固点 $-159.7℃$，常温条件下稍加压就可以液化。氯乙烯易溶于丙酮、乙醇和烃类溶剂，微溶于水，容易燃烧，与空气形成爆炸性混合物，爆炸范围 $4\%\sim21.7\%$（体积分数）。氯乙烯有麻醉作用，能使人中毒，空气中允许浓度为 0.05%。

氯乙烯因有双键而具有突出的反应活性和广泛用途。不仅可以制造其聚合物聚氯乙烯，也可与其他多种单体（如丁二烯、丙烯、醋酸乙烯、甲基丙烯酸甲酯等）共聚得到二元及三元共聚物，因此，是一种十分重要的单体；氯乙烯也可作冷冻剂、溶剂、萃取剂。

聚氯乙烯 [polyvinyl chloride 简称 PVC，$\!-\!(CH_2\!-\!CHCl)_n\!-\!$]，工业品是白色或浅黄色粉末，无毒无嗅，密度约为 1.4，含氯量 $56\%\sim58\%$。低分子量的 PVC 易溶于酮类、酯类和氯代烃类溶剂，高分子量的 PVC 则难溶解。具有极好的耐化学腐蚀性，电绝缘性优良，抗冲击强度很高。不会燃烧，但热稳定性和耐光性较差，$100℃$ 以上或长时间曝晒会分解出氯化氢。

聚氯乙烯用于生产塑料、涂料和合成纤维等。根据所加增塑剂的多少，可制得软质和硬质塑料。前者可用于制造透明薄膜（如农用薄膜、包装材料、雨衣、台布等），人造革，泡沫塑料等。后者用于制造板材、管道、阀门和门窗等。

二、氯乙烯的生产方法

在氯乙烯的各种生产方法中,原料均是由乙烯、乙炔、氯气、氯化氢、氧气按不同方式组合而成,同时也就有了各种不同的氯乙烯单体的生产方法。

1. 乙炔与氯化氢加成制取氯乙烯。

$$CH \equiv CH + HCl \longrightarrow CH_2 = CHCl$$

如果使用很纯的反应物,氯乙烯的收率可高达 95%~99%,但终因该法采用汞的化合物作为催化剂,对环境有污染而被淘汰。

2. 乙烯经两步反应制取氯乙烯。乙烯首先氯化制取 1,2-二氯乙烷,然后经热裂解反应生成氯乙烯,并副产氯化氢。

$$CH_2 = CH_2 + Cl_2 \longrightarrow CH_2Cl - CH_2Cl$$

$$CH_2Cl - CH_2Cl \longrightarrow CH_2 = CHCl + HCl$$

该法生产氯乙烯,其氯化剂只有半数用于生产氯乙烯,另一半生成了氯化氢,消耗了氯,而氯化氢的用途用量有限。因此为了有效地应用氯化氢,出现了平衡法生产氯乙烯的工艺。

3. 一种过去常用的平衡法生产氯乙烯工艺,是在上述第二种方法基础上,将裂解得到的氯化氢和乙炔再合成氯乙烯,总化学反应式如下。

$$CH_2 = CH_2 + CH \equiv CH + Cl_2 \longrightarrow 2CH_2 = CHCl$$

工艺过程如图 9-1 所示,该法也称为联合法。

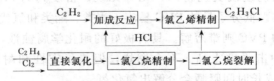

图 9-1 采用浓乙炔、乙烯和氯气的平衡法

4. 第二种平衡法生产氯乙烯的工艺是三步氧氯化法生产氯乙烯的新工艺。所谓氧氯化反应就是在催化剂氯化铜的作用下,以氯化氢和氧的混合物作为氯源进行的氯化反应。也即是说,氧氯化反

应就是在催化剂存在下,将氯化氢的氧化和烃的氯化一步进行的化学反应过程。

第一步:乙烯和氯气直接氯化生成二氯乙烷

$$CH_2=CH_2 + Cl_2 \longrightarrow CH_2Cl-CH_2Cl$$

第二步:1,2-二氯乙烷裂解生成氯乙烯,同时生成氯化氢

$$CH_2Cl-CH_2Cl \longrightarrow CH_2=CHCl + HCl$$

第三步:乙烯、氯化氢和氧气在催化剂作用下生成二氯乙烷

$$CH_2=CH_2 + 2HCl + \frac{1}{2}O_2 \longrightarrow CH_2Cl-CH_2Cl + H_2O$$

总反应式为:

$$2CH_2=CH_2 + Cl_2 + \frac{1}{2}O_2 \longrightarrow 2CH_2=CHCl + H_2O$$

该种三步氧氯化法生产氯乙烯的平衡法过程如图9-2所示。

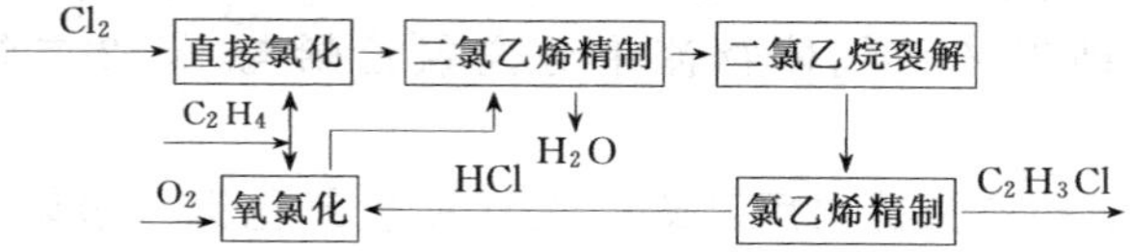

图9-2 三步氧氯化法生产氯乙烯的平衡法

5. 氯源采用氯化氢氧化法制取的氯气。

$$2HCl + \frac{1}{2}O_2 \longrightarrow Cl_2 + H_2O$$

总反应式与三步氧氯化法生产氯乙烯反应式相同。该平衡法的过程如图9-3所示。

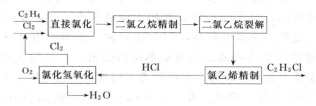

图9-3 氯源采用氯化氢氧化法的平衡法

6. 采用乙烯和乙炔混合气为原料烃的改进平衡法（如图 9-4 所示），也称烯炔法。

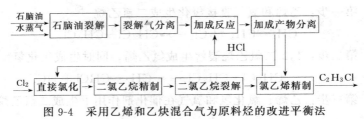

图 9-4　采用乙烯和乙炔混合气为原料烃的改进平衡法

该法一般是将石脑油裂解气分离，得到含有基本上等摩尔的乙烯和乙炔的碳二馏分混合物先与氯化氢化合，乙炔几乎都能反应生成氯乙烯，且比较容易被分离出来。余下的气体继续与氯气直接氯化生成 1，2-二氯乙烷，经分离精制后，裂解生成产物氯乙烯，副产氯化氢。该种工艺的化学过程与第一种平衡法（方法 3）相同，而与图 9-1 相比较，优点是方法 3 中乙烯与乙炔分离的费用很昂贵，而该种工艺从气体物流中分离氯乙烯与 1，2-二氯乙烷很容易。

此外，也有人提出用乙烷、氯气和氧氯化铜（溶解在熔融盐中）接触引发一系列复杂反应，即乙烷氧氯化法生产氯乙烯。乙烷价格低，据报道其成本比乙烯氧氯化法还要低，被认为是有前途的工艺。该工艺在美国已进行了工业性试验，但至今尚未见有大型生产装置建成投产的报道。

氯乙烯的工业生产从 20 世纪 30 年代开始发展，且极为迅速。50 年代以前，主要是以电石法乙炔作原料，由于电力和焦炭提价，电石价格大幅度提高，原料发生转换。在原料变化初期，出现了联合法和烯炔法，但联合法仍需利用大量高价电石，烯炔法投资较大，工艺复杂，成本也较高，因此这两种方法都存在不久。1964 年美国建成完全用石油乙烯为基本原料的第一套乙烯氧氯化法装置，由于该工艺成本较低，生产能力大而得到迅速推广。美国的原料变换 1969 年基本完成，几年中单体氯乙烯产量几乎增加一倍。日本的原料变换开始于 1965 年，1972 年基本停止用电石乙炔法的生产工艺。

1954年沈阳化工研究院开始聚氯乙烯研究，1958年锦西化工厂建成第一套年产3000t聚氯乙烯规模的生产装置。不久，北京、天津、上海等地也相继建成一些聚氯乙烯生产装置，都为电石乙炔法。此时，中国聚氯乙烯工业得到较快发展，1987年生产能力已达到64.54万吨，实际产量为57.8万吨，居全国合成树脂的首位。

1976年北京化工二厂引进的年产8万吨乙烯氧氯化法生产氯乙烯装置建成投产，开始了国内氯乙烯生产的原料变换。1979年又从日本三井东压株式会社引进两套年产20万吨氯乙烯及聚氯乙烯的生产装置，分别建在山东齐鲁石化公司及上海氯碱总厂。20世纪末期中国聚氯乙烯生产能力年产达100万吨，是中国产量最大的塑料品种之一。

三、聚氯乙烯的生产方法

氯乙烯聚合生产聚氯乙烯一般可采用悬浮聚合法和乳液聚合法。悬浮聚合法得到的是白色无定型粉末状树脂，乳液聚合法得到的是糊状树脂。均可用于生产软质和硬质塑料。

悬浮聚合一般是单体以小液滴状态悬浮在水中进行的聚合反应。悬浮聚合体系由单体、引发剂、水、分散剂四个基本组分等组成。单体在搅拌和分散剂的作用下，分散成为小液滴（微珠）的状态悬浮在水中，聚合反应就在小液滴内进行；引发剂溶在单体小液滴中，一个小液滴就相当于本体聚合的一个单元；水是为解决本体聚合的散热问题，在体系中加入的介质；分散剂溶解在水中，是一种具有界面作用，在聚合过程中可以防止液滴凝聚而增强悬浮液稳定性的物质。单体处于分散状态为分散相，水为介质是连续相。悬浮聚合的粒子通常控制在0.1～5mm之间。悬浮聚合兼有本体聚合和溶液聚合的优点，因此大约80%～85%的聚氯乙烯都是采用悬浮聚合法生产的。

乳液聚合是指单体借乳化剂的作用在机械搅拌或激烈振荡下，于水介质中分散成乳液状态进行的聚合反应。乳液聚合由于以黏度很小的水为介质，反应速率比较快，可在较低温度下进行，传热和温度控制比较容易。乳液聚合一般采用水溶性引发剂，所得高聚物粒子直径为 0.1~1μm。生产人造革用的糊状聚氯乙烯树脂常采用乳液聚合法，其产量约占聚氯乙烯树脂总产量的 15%~20%。

第二节　乙烯氧氯化法生产氯乙烯

氧氯化法制备氯乙烯是对二氯乙烷法的发展，把二氯乙烷法副产的氯化氢作为原料来循环使用，解决了氯化氢的合理利用问题。所以氧氯化法是目前氯乙烯生产中较先进合理的方法，具有原料单一、价格便宜、工艺流程合理等优点，适宜大规模生产。目前为世界各国所广泛采用，技术上成熟的是三步氧氯化法。中国目前采用乙烯法生产氯乙烯也是按三步氧氯化法方案进行，即从原料到目的产品的化学反应分三步完成。全套装置由七个工序组成：直接氯化、氧氯化、二氯乙烷精馏、二氯乙烷裂解、氯乙烯精馏、废水处理、残液焚烧。本节内容仅对三个化学反应过程的工艺进行讨论。

一、乙烯液相氯化制二氯乙烷

1,2-二氯乙烷为无色液体，不溶于水，沸点 83.5℃，它不仅是重要的溶剂，而且是生产氯乙烯的重要中间体。

(一) 乙烯直接氯化反应原理

乙烯与氯加成得 1,2-二氯乙烷

$$CH_2\!=\!CH_2 + Cl_2 \longrightarrow Cl-CH_2-CH_2-Cl + 171.5 kJ$$

由于放热量大，工业上多采用液相法生产以利于散热。

加成氯化反应属于离子型反应，在极性溶剂中，氯分子发生极化，而烯烃的 π 电子具有亲核能力，极化后的氯分子带正电荷的一端即进攻乙烯分子并互相结合而完成反应。

$$CH_2\!=\!CH_2 + Cl_2 \longrightarrow$$
$$[C^+H_2\!-\!CH_2\!-\!Cl] + Cl^- \longrightarrow ClCH_2CH_2Cl$$

为了提高选择性，减少生成多氯代物副反应的取代反应发生，乙烯液相氯化常用氯化铁作催化剂，用产物二氯乙烷本身作溶剂，此时，二氯乙烷的产率可提高到97%，而多氯代物的产率可降低到1.5%～2%（均以反应掉的氯计）。

乙烯液相氯化过程的副反应比较少，主要是生成多氯乙烷：

$$C_2H_4Cl_2 + Cl_2 \longrightarrow C_2H_3Cl_3 + HCl$$
$$C_2H_3Cl_3 + Cl_2 \longrightarrow C_2H_2Cl_4 + HCl$$

若原料为稀乙烯，由夹带的甲烷和微量丙烯会产生下述副反应：

$$CH_4 + Cl_2 \longrightarrow CH_3Cl + HCl$$
$$CH_4 + 2Cl_2 \longrightarrow CH_2Cl_2 + 2HCl$$
$$CH_4 + 3Cl_2 \longrightarrow CHCl_3 + 3HCl$$
$$CH_4 + 4Cl_2 \longrightarrow CCl_4 + 4HCl$$
$$C_3H_6 + Cl_2 \longrightarrow C_3H_6Cl_2$$

（二）乙烯液相氯化的工艺条件

（1）反应温度　乙烯氯化反应是放热反应，温度升得过高，甲烷氯化的副反应增加，高于60℃会有较大量三氯乙烷生成，致使选择性下降；温度过低，反应速率又太慢。最适宜的温度范围为38～53℃。

（2）原料配比　实际生产中控制 $n(C_2H_4):n(Cl_2)=1.02\sim1.1:1$（摩尔比）。如果氯气过量将会生成更多的三氯乙烷、四氯乙烷和氯化氢，产品二氯乙烷为淡黄色；如果乙烯过量又会降低氯乙烯的收率，但可以使氯化液中游离氯的含量降低，从而减少对设备的腐蚀并有利于后处理。此时产品粗二氯乙烷颜色为深棕色。综合考虑，乙烯略为过量为好，可以保证氯气反应完全。生产上是以控制尾气中乙烯含量为3%～5%来调节原料配比的。

（3）反应压力　直接氯化反应在液相进行，无加压操作的必要，常压即可。

（4）空速　空速大小主要影响设备的生产能力和原料转化率，所以生产上应在保证达到要求的转化率的前提下来提高空速。

（5）原料含杂质　原料乙烯和氯气中若惰性气体含量增加，将会造成反应器尾气放空量的加大，从而尾气中损失的二氯乙烷和乙烯量也上升，所以惰性气体含量低一些为好；再有尾气中含氧量若大于10%（体积）时，会有爆炸危险；此外原料中若含有不饱和烃乙炔、丙烯和丁二烯等，会与氯反应生产多种副产物。

（三）乙烯液相直接氯化的工艺流程

乙烯液相氯化制1,2-二氯乙烷合成部分的工艺流程如图9-5所示。

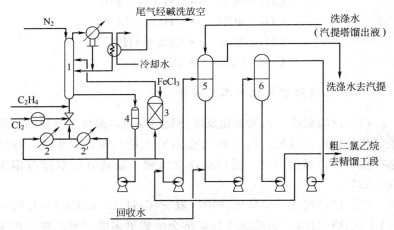

图9-5　乙烯液相直接氯化制二氯乙烷工艺流程
1—氯化塔；2,2'—循环水冷却器；3—催化剂溶解槽；
4—过滤器；5,6—洗涤分层器

乙烯液相氯化是在一塔式反应器中进行的，在氯化塔1内部有一套筒，内充以铁环和氯化液，乙烯和氯气从塔底进入套筒内在二氯乙烷介质中发生反应，为了保证气液相的良好接触和移除大量的反应热，在氯化塔外连通两台循环水冷却器 2 进行冷却。反应器中氯化液由内套筒溢流至反应器本体与套筒的环形空隙，再用循环泵将氯化液从氯化塔下部抽出，经过滤器 4 过滤后送至冷却器降温，在循环返回氯化塔之前，利用混合喷嘴将经压缩的氯气混入液相，乙烯气也从管路引入。补充的催化剂 $FeCl_3$ 是用循环液在催化剂溶解槽 3 中溶解后从氯化塔的上部加入，氯化液中 $FeCl_3$ 的质量分数维持在 0.02%～0.03%。

自氯化塔引出的反应液，一部分降温后循环回塔保持塔内液面稳定，其余作为粗产品送出，在两个串联的洗涤分层器 5 和 6 中先后经过两次洗涤，以除去夹杂于其中的少量 $FeCl_3$ 和 HCl。所得粗二氯乙烷送至蒸馏工段精制。洗涤水需进行汽提，以回收其中少量的二氯乙烷。自氯化塔顶部逸出的反应尾气经过两次冷凝以回收夹带的二氯乙烷后，送焚烧炉处理。

上述流程中氯化反应器上部留有较大气相空间，以利于部分二氯乙烷汽化带走一部分反应热，但是液相出料带来了较大量洗涤用废水的麻烦。日本三井东压公司的氯乙烯生产技术对此作了改进。直接氯化反应器为一不锈钢制圆筒形的立式反应器，下部有一个特殊的气体分布器，反应器内充填一定高度的瓷环，以便能更好地分布反应气体，促进氯气的全部转化。为了及时地移出反应热，采用的外部循环办法是气相出料。反应在低压（常压）和 90℃ 左右进行，几乎是在溶剂二氯乙烷沸点下反应。将从反应器顶部逸出的二氯乙烷蒸气在塔外冷凝器冷凝，凝液的一部分返回反应器的气体分布器，以使反应器进料有效而均匀分布，并靠二氯乙烷蒸发而移出反应热，液相没有物料引出循环。另一部分凝液是直接氯化工序的产品二氯乙烷，其中二氯乙烷含量可达 99.74%（质量）。此方案的好处在于：不仅可以彻底去除污水，而且催化剂可以一次性加入，长期使用，同时温度很容易控制稳定。

为了保证安全生产，直接氯化尾气的含氧量有高限连锁装置自动控制，警报器可以提前预报事故，以便及时处理。

二、乙烯气相氧氯化法生产二氯乙烷

(一) 乙烯氧氯化反应原理

乙烯氧氯化反应以乙烯、氯化氢、氧（或空气）为原料，工业上采用金属氯化物为催化剂，其中 $CuCl_2$ 活性最高。在催化剂作用下，生成二氯乙烷的主反应为放热反应。

$$C_2H_4 + 2HCl + \frac{1}{2}O_2 \longrightarrow C_2H_4Cl_2 + H_2O + 263.6 kJ$$

乙烯氧氯化过程的主要副反应有：

$$C_2H_4 + 2O_2 \longrightarrow 2CO + 2H_2O$$
$$C_2H_4 + 3O_2 \longrightarrow 2CO_2 + 2H_2O$$
$$C_2H_4 + 3HCl + O_2 \longrightarrow C_2H_3Cl_3 + 2H_2O$$

乙烯的氧氯化反应机理，国内外都作了很多研究工作，但未取得一致看法，较多的认为在氯化铜催化剂上，按氧化-还原机理进行，反应历程包括下列三步反应：

吸附的乙烯与 $CuCl_2$ 作用生成二氯乙烷，并使 $CuCl_2$ 还原为 Cu_2Cl_2。

$$CH_2=CH_2 + 2CuCl_2 \longrightarrow Cl-CH_2-CH_2-Cl + Cu_2Cl_2$$

Cu_2Cl_2 被氧化为两价铜，并生成包含有 CuO 的络合物。

$$Cu_2Cl_2 + \frac{1}{2}O_2 \longrightarrow CuO \cdot CuCl_2$$

络合物被 HCl 作用，分解为 $CuCl_2$ 和水

$$CuO \cdot CuCl_2 + 2HCl \longrightarrow 2CuCl_2 + H_2O$$

反应的控制步骤是第一步，乙烯浓度对反应速率影响最大。从反应历程可看出，氯化剂是氯化铜而不是氯化氢，催化剂中的氯消耗以后，用空气和氯化氢经过氧氯化反应连续再生。

据研究，氧氯化反应在 230℃、$CuCl_2/Al_2O_3$ 催化剂上，反应的速率方程为

$$r = k[C_2H_4][HCl]^{0.3}$$

式中 r——氧氯化反应速率，$mol/L \cdot s$；

k——反应速率常数，1/s；

$[C_2H_4]$，$[HCl]$——乙烯、氯化氢的浓度，mol/L。

从反应速率方程式可见，反应速率只与乙烯和氯化氢浓度有关，而与氧的浓度无关。

工业上使用的氧氯化反应催化剂可分为单铜催化剂、二组分催化剂、多组分催化剂以及非铜催化剂等。

单铜催化剂一般含铜3%～12%，最好是2.5%～7%。载体为微球形氧化铝凝胶，含Al_2O_3 96%～97%，其余为水。该种催化剂的缺点是容易流失、磨损大（正常生产中每24h被反应气流带出的催化剂粉末不超过开始装入催化剂的0.5%）、氯化氢转化率低以及由此会引发设备腐蚀。

为了提高单铜催化剂的活性和热稳定性，采用的方法是添加碱金属或碱土金属的氯化物（如氯化钾等），从而降低熔点，增加氯的吸附能力及对二氯乙烷的选择性，抑制完全氧化反应。同时降低反应温度可以抑制催化剂的升华及中毒，延长其寿命。

为了寻找低温高活性的催化剂，发展趋势是采用组分催化剂，即以氯化铜-碱金属氯化物-稀土金属氯化物组成的催化剂，其活性非常高，在反应温度下，$CuCl_2$几乎不挥发、不腐蚀、选择性也高。

非铜催化剂可选用Pt、Mo、W催化剂以及TeO_2、$TeCl_4$、$TeOCl_2$等，其中有的已工业化使用，有的在试验之中。

工业生产上氧氯化反应的催化剂活性组分是$CuCl_2$，载体是高纯度Al_2O_3，其中Cu含量$(5\pm0.5)\%$，具有高选择性、多孔，不易中毒等性能。

（二）氧氯化反应的工艺条件

1. 反应压力

作为气固相催化反应，提高压力有利于物质的量减少的氧氯化反应的平衡移动，也可以提高化学反应速率，但却使选择性下降。从图9-6压力对选择性的影响所示曲线可见，压力增加，生成1,2-二氯乙烷的选择性下降，故压力不宜过高。一般氧氯化反应常压或加压皆可,压力的高低根据反应具体情况即以能克服流体阻力而确定。当采用空气为氧化剂时,存在大量惰性气体,为使反应气体保持相当的分压,常采用加压操作,流化床反应器正常控制压力为0.32MPa。当降低生产负荷时应相应降低反应器顶部压力,以便有效地控制旋风分离器的正常工作,保持床层的流化速度和旋风的切线速度在理想的状态下操作。

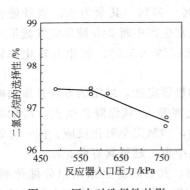
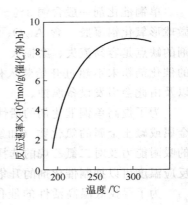

图 9-6 压力对选择性的影响(氧化剂-氧)

图 9-7 温度对反应速率的影响

2. 反应温度

乙烯氧氯化是强放热反应,因此温度控制十分重要。首先氧氯化反应速率随温度的变化而变化,如图 9-7 所示。在 270~280℃时有极大值,可获得最大反应速率。又如温度对二氯乙烷的选择性影响(如图 9-8),也存在极大值,在 230~250℃时,二氯乙烷的选择性最高,低于 230℃时生成大量氯乙烷,高于 250℃时,除有较多的三氯乙烷生成外,还生成二氯乙烯、氯乙烯等。此外,由图 9-9 温度对乙烯燃烧反应的影响可见,低于 250℃时,几乎不发生乙烯燃烧反应,高于 250℃以后,乙烯燃烧明显增加。以上图 9-7 至图 9-9 是在 Cu 含量为 12%(质量分数)的 $CuCl_2/\gamma\text{-}Al_2O_3$ 催化剂上以纯氧为氧化剂的实验结果。若以纯氧为氧源时,未反应的乙烯可循环使用,在近于 230℃时二氯乙烷选择性高,乙烯的燃烧率

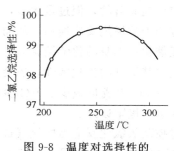

图 9-8 温度对选择性的影响（以氯计）

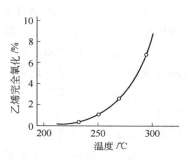

图 9-9 温度对乙烯燃烧反应的影响

可忽略不计。此外，温度高，催化剂活性组分 $CuCl_2$ 流失快，寿命缩短。所以一般在保证 HCl 接近全部转化的前提下，反应温度低一些为好。原料在进入反应器之前要预热到 150℃ 以上，以免可能有 HCl-水冷凝液出现而腐蚀设备。适宜的反应温度与催化剂活性有关，当采用高活性的 $CuCl_2/\gamma\text{-}Al_2O_3$ 催化剂时，不论是用空气或纯氧作氧化剂，适宜温度范围均约为 220～230℃。

3. 原料配比

按乙烯氧氯化反应方程式的计量关系，原料摩尔配比的理论值为 $n(C_2H_4):n(HCl):n(O_2)=1:2:0.5$。由二氯乙烷生成速率方程可知，氧氯化反应速率与乙烯的浓度成正比，而与 HCl 浓度的 0.3 次方成正比，所以乙烯分压大，二氯乙烷生成速率也快。再有在实际生产中若乙烯对氯化氢的配比过低，会造成流化床反应不稳定，有可能造成催化剂凝结，旋风分离器大量带出催化剂等危害。其原因是 HCl 过量则吸附在催化剂表面，使催化剂颗粒胀大，密度减小所致。若采用乙烯稍微过量，能使 HCl 接近全部转化。但若乙烯过量太多，又会使烃类的燃烧反应增多，尾气中 CO、CO_2 含量增加，因而选择性下降。实际生产正常情况下，控制乙烯略为过量，$n(C_2H_4):n(HCl)=1.05\sim1.1:2$，主要依据尾气中的乙烯含量在 0.7%～1% 为准，若操作得好，还可以进一步将尾气中乙烯含量降到 0.5%。

氧气的消耗量,其理论值是每 2mol 氯化氢消耗 0.5mol 的氧。一般情况下,氧气过量对反应的稳定性是有益的,但过量太多,会造成二氯乙烷损失过多和乙烯在反应器中的燃烧反应增加,从而乙烯消耗量增大。而氧气不足则会消耗催化剂本身的化学结合氧,导致产生贫氧催化剂的接触面,从而丧失其优良的流化特性,还会产生局部过热,而 HCl 又反应不完全,CO_2 生成量减少而 CO 生成量增加的后果,原料气的配比必须在爆炸极限以外。

实际生产中当以空气为氧化剂时控制氧氯化反应器中氧气过量 30%～100%。原料摩尔配比以满足尾气中乙烯含量为 0.7%～1%,氧含量为 6%～9%,一般控制 $n(C_2H_4):n(HCl):n(O_2)=1.05～1.1:2:0.65～1$。若以纯氧为氧化剂时,原料的摩尔配比为 $n(C_2H_4):n(HCl):n(O_2):n(惰性气体)=1.6～1.7:2:0.6～0.7:2$。

4. 空速或接触时间

图 9-10 为乙烯氧氯化反应接触时间对 HCl 转化率的影响。由图中曲线可以看出,要使 HCl 接近全部转化,必须有较长的接触时间,但也不宜过长,否则 HCl 的转化率反而下降。此现象很可能是由于接触时间过长而发生了连串副反应,产物二氯乙烷裂解产生了 HCl,故反应应该控制在最适宜的接触时间,即要有适宜的空速。不同的催化剂有不同的最适宜空速,一般活性较高的催化剂,最适宜空速高一些;活性低的催化剂,则最适宜空速较低。通常氧

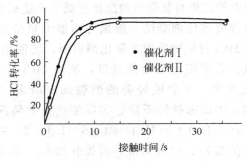

图 9-10 乙烯氧氯化反应接触时间对 HCl 转化率的影响

氯化反应是在较低空速下操作，生产上常控制混合气体空速（标准状态下）在 250~350h^{-1}。

225℃时 $n(C_2H_4):n(HCl):n(空气)=1.1:2:3.6$

5. 原料气纯度

烷烃、N_2 等惰性气体的存在对反应并无不良影响，且有利于带走热量，使温度易于控制，所以氧氯化反应可以用浓度较稀的（如 70%左右）的原料乙烯。但乙烯气中乙炔、C_3 和 C_4 烯烃含量必须严格控制，因为这些杂质的存在不仅使氧氯化产品二氯乙烷的纯度降低，而且对二氯乙烷的裂解过程会产生不良影响。乙炔的存在会因发生乙炔氧氯化反应生成四氯乙烯、三氯乙烯等，这些杂质存在于二氯乙烷成品中，在加热汽化时易引起结焦；丙烯也会发生氧氯化反应生成 1,2-二氯丙烷，它对二氯乙烷的裂解有强抑制作用。原料 HCl 的纯度也很重要，由二氯乙烷裂解得到的 HCl，很可能含有乙炔，必须经加氢精制处理，使乙炔含量低于 0.002%。

（三）乙烯气相氧氯化反应制二氯乙烷的工艺流程

1. 乙烯气相氧氯化的工艺流程

以用空气作氧源的古德里奇技术为例，乙烯气相氧氯化制二氯乙烷的工艺流程如图 9-11 所示。

原料乙烯经预热器加热至 130℃左右，从裂解得到的氯化氢加热到 170℃左右，与氢气一起送入脱炔反应器 1，将氯化氢中所含乙炔选择加氢生成乙烯。脱炔反应器出来的氯化氢与原料乙烯混合后，进入氧氯化反应器 2。

氧氯化反应器内有附载于微球氧化铝上的氯化铜催化剂。气态乙烯、氯化氢与空气中的氧气在氯化铜催化剂的作用下，于 190~240℃的反应温度及 250~300h^{-1} 的空速下进行反应，生成二氯乙烷、水和其他少量的氯化烃类。反应所放出的热量由反应器冷却管内的水汽化而带出。

从氧氯化反应器出来的高温气体，从底部进入骤冷器 3，经耐腐蚀的分布器均匀分布。水从塔顶自上而下与进塔的气体逆流接

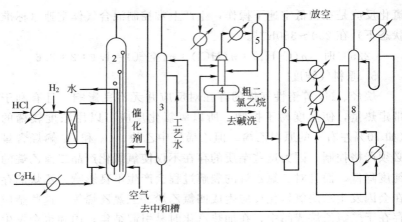

图 9-11 乙烯气相氧氯化制二氯乙烷工艺流程
1—脱炔反应器；2—氧氯化反应器；3—骤冷塔；4—粗二氯乙烷分层器；
5—气液分离器；6—二氯乙烷吸收塔；7—溶剂热交换器；8—二氯乙烷解吸塔

触，从气体中吸收氯化氢，分离掉夹带的催化剂粉末。塔底水溶液含酸约 0.5%～1.0%（质量分数）去中和槽用碱液中和后，送往废水处理工序，以回收二氯乙烷。

从骤冷塔顶部出来含二氯乙烷和水的气体，进入粗二氯乙烷冷凝器，大部分二氯乙烷被冷凝，液体收集在粗二氯乙烷分层器 4 中。从粗二氯乙烷分层器顶部出来的气体，在冷凝冷却器中降温，进入气液分离器 5，冷凝的二氯乙烷经气液分离返回粗二氯乙烷分层器 4，气体进入二氯乙烷吸收塔 6。气体由塔底部进入，与塔上部加入的溶剂逆流相遇，二氯乙烷被溶剂（煤油）吸收，吸收塔顶出来的气体基本上不含二氯乙烷，从吸收塔顶部排入大气。从吸收塔底部出来含二氯乙烷的富溶剂，经过溶剂热交换器 7 加热，送入二氯乙烷解吸塔 8。

二氯乙烷解吸塔在负压下操作，用再沸器加热。塔顶获得不含溶剂的二氯乙烷蒸气，经二氯乙烷解吸塔冷凝器冷凝，凝液一部分作回流送回解吸塔，一部分送至粗二氯乙烷分层器 4。解吸塔底的贫溶剂含二氯乙烷低于 0.01%，与二氯乙烷吸收塔底部出来的富溶剂间接换热而被初步冷却，再进一步降温后进吸收塔循环使用。

粗二氯乙烷分层器中的液体二氯乙烷，经碱洗、水洗后送入储槽，在二氯乙烷精制系统精制分离后，可得精二氯乙烷。

空气为氧源的氧氯化法排出以氮气为主的大量尾气，增加了对环境的污染。为了减少物料损失，要用吸收解吸的联合操作来回收尾气中夹带的二氯乙烷，为此所增加的投资和能耗必将提高产品成本。相比之下从日本三井东压引进的氧氯化技术，以高浓度氧为氧源，不仅惰性气体少，乙烯浓度高，反应速率快，而且过剩的乙烯可循环使用，系统中积累的惰性气体部分放空，对同一生产规模来说，尾气排空量只有空气法的百分之一，减少了对环境的污染，同时对尾气作焚烧处理所耗用的辅助燃料量也减少了很多。但是纯氧法需要空分装置，制备纯氧也会增加成本，而且纯氧法不如空气法安全稳定，需要严格控制操作条件。所以氧氯化法采用空气法还是纯氧法要根据具体情况来确定。

2. 氧氯化反应器

乙烯气相氧氯化反应采用流化床反应器，流化床具有保持任何部位的温度都均匀的优点。由于催化剂在反应器内处于沸腾状态，床层内又有换热器，可以有效地引出反应热，因此完全消除了热点，反应温度容易控制，流化床适用于大规模生产。

流化床氧氯化反应器是不锈钢或钢制圆柱形容器，高度约为直径的10倍左右，其构造如图9-12所示。

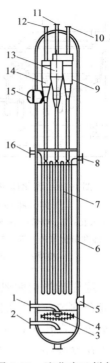

图 9-12 流化床乙烯氧氯化反应器结构示意图

1—乙烯和氯化氢入口；2—空气入口；3—板式分布器；4—管式分布器；5—催化剂入口；6—反应器外壳；7—冷却管组；8—加压热水入口；9,13,14—第三、二、一级旋风分离器；10—反应气体出口；11,12—净化空气入口；15—人孔；16—高压水蒸气出口

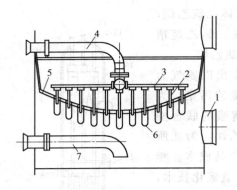

图 9-13 流化床氧氯化反应器
气体分布器示意图

1—人孔；2—喷嘴；3—管式分布器；4—乙烯和氯化氢进入管；5—板式分布器；6—喷嘴；7—空气进入管

在氧氯化反应器底部水平插入空气进料管至中心处。管上方设置一向下弯的拱形板式分布器。此分布器上有许多个喷嘴，每个喷嘴由下伸的短管及其下端开有小孔的盖帽所组成，用以均匀分布进入的空气。在分布板上方又有乙烯和 HCl 混合气的进入管，此管连接一套具有同样多个喷嘴的管式分布器，其喷嘴恰好插入空气板式分布器的喷嘴内，如图 9-13 所示。

这样就能使两股进料气体在进入催化剂床层之前瞬间在喷嘴内部混合均匀。此反应器采取空气与乙烯-氯化氢气分别进料的方式，可防止在操作失误时有发生爆炸的危险。

在分布器上方至总高度 6/10 处的一段筒体内，存放 $CuCl_2/Al_2O_3$ 催化剂，在原料气流的作用下呈沸腾状，为流化床反应器的流化段。在流化段内设置了一定数量的直立冷却管组，管内通入加压热水，借水的汽化移出反应热，并产生相当压力的水蒸气。

在氧氯化反应器的上部空间内设置三个互相串联的内旋风分离器，用以分离回收反应气体所挟带的催化剂。自第三级分离器出来的热反应气体中已基本上不含催化剂，残留于气体中的只是少量极细小的催化剂粉末。

催化剂的磨损量每天约为 0.1%，需补充的催化剂自气体分布器上方用压缩空气送入反应器内。

由于氧氯化过程有水生成，如果反应器的一些部位保温不好，温度过低，当达到露点温度时，水会凝结，将使设备遭受严重腐蚀，因此反应器各部位的温度必须保持在露点以上。

三、二氯乙烷高温裂解制氯乙烯

（一）二氯乙烷裂解反应原理

二氯乙烷加热至高温条件下，能脱去 HCl 而生成氯乙烯。

$$ClCH_2-CH_2Cl \longrightarrow CH_2=CHCl + HCl - 79.5kJ$$

该反应是可逆的吸热反应，一般用燃料煤气燃烧提供大量热能，迅速、均匀地通过裂解管管壁传给管内物料，使裂解反应能够正常进行。

在二氯乙烷裂解生成氯乙烯主反应进行的同时，还有多种平行和连串副反应可能发生，所以裂解反应是一个复杂的过程。主要副反应如下：

$$ClCH_2CH_2Cl \longrightarrow H_2 + 2HCl + 2C$$
$$ClCH_2CH_2Cl \longrightarrow C_2H_4 + Cl_2$$
$$3C_2H_4Cl_2 \longrightarrow 2C_3H_6 + 3Cl_2$$
$$CH_2=CHCl \longrightarrow CH\equiv CH + HCl$$
$$CH_2=CHCl + HCl \longrightarrow CH_2-CHCl_2$$
$$nCH_2=CHCl \xrightarrow{聚合} +CH_2-CHCl\!\!+_n$$

（二）二氯乙烷裂解的工艺条件

从二氯乙烷裂解原理可知裂解过程的反应是复杂的，所以选择裂解反应适宜工艺条件的原则除了有较好的转化率和选择性指标外，应重点考虑减少结焦和延长清焦周期。

1. 反应温度

提高温度对二氯乙烷裂解反应的化学平衡和反应速率都有利，当温度低于450℃时，转化率很低，温度升高到500℃以上时，裂解反应速率显著加快，二氯乙烷的转化率与裂解温度的关系如图 9-14 所示。但

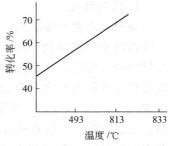

图 9-14 温度对二氯乙烷转化率的影响

随反应温度的升高,副反应速率也随之加快,当温度高于600℃以上时,尤其是深度裂解为乙炔、氯化氢和碳等副反应速率将大于主反应速率,选择性大为下降。所以适宜的反应温度范围,应综合二氯乙烷的转化率和选择性等因素来选择,一般大约是500~550℃。

2. 反应压力

提高压力从化学平衡角度不利于分解反应的进行。但实际生产中常采用加压操作,原因是为了保证物流畅通无阻,维持适宜的空速,避免局部过热;加压还有利于抑制分解积炭,提高氯乙烯收率,提高设备生产能力;也有利于产物氯乙烯和副产 HCl 的冷凝回收。目前生产中有采用低压法(约 0.6MPa)、中压法(1MPa)和高压法(>1.5MPa)等几种。

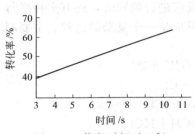

图 9-15 停留时间对二氯乙烷裂解的影响(预热 350℃,裂解 530℃)

3. 停留时间

停留时间对二氯乙烷裂解的影响如图 9-15 所示。停留时间长能提高转化率,但同时生焦积炭现象也增加,使氯乙烯产率降低。所以生产上常采用较短的停留时间以获得较高产率。通常控制停留时间为 10s 左右,此时转化率可达 50%~60% 左右,选择性为 97% 左右。

4. 原料纯度

原料中若含有抑制剂,就会减慢裂解反应速率和促进生焦。在二氯乙烷中有强抑制作用的主要杂质是 1,2-二氯丙烷,其含量达 0.1%~0.2% 时,二氯乙烷转化率下降 4%~10%。若 1,2-二氯丙烷分解生成氯丙烯会具有更显著的抑制作用。因此要求 1,2-二氯丙烷<0.3%。此外,三氯甲烷、四氯化碳等多氯化物也有抑制作用。二氯乙烷中如含有铁离子,会加速深度裂解副反应,故含铁量要求<0.01%。为了防止对炉管的腐蚀,水分应控制在 0.0001% 以下。

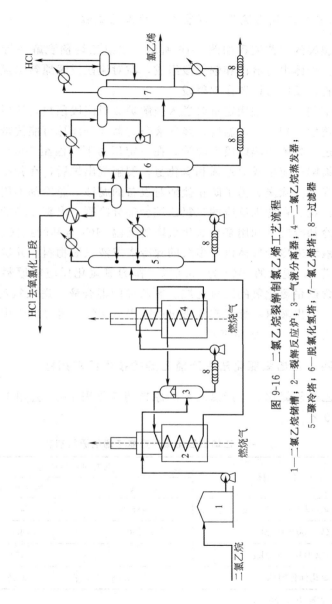

图 9-16 二氯乙烷裂解制氯乙烯工艺流程

1—二氯乙烷储槽；2—裂解反应炉；3—气液分离器；4—二氯乙烷蒸发器；
5—骤冷塔；6—脱氯化氢塔；7—氯乙烯塔；8—过滤器

(三) 二氯乙烷裂解制氯乙烯的工艺流程

裂解的工艺流程如图 9-16 所示。二氯乙烷预裂解在管式炉中进行。炉体由对流段和辐射段组成,在对流段设置原料二氯乙烷的预热管,反应管设置在辐射段。

精制二氯乙烷用定量泵送入裂解炉 2 对流段预热,然后到蒸发器 4 蒸发并到达一定温度,经气液分离器 3 分离掉可能挟带的液滴后,进入裂解炉辐射段反应管。在一定压力下升温至 500~550℃,进行裂解反应生成氯乙烯和氯化氢。裂解气出炉后,在骤冷塔 5 中迅速降温并除炭。为了防止盐酸对设备的腐蚀,急冷剂不用水而用二氯乙烷。在此未反应的二氯乙烷会部分冷凝。出骤冷塔的裂解气再经冷却冷凝(利用来自氯化氢塔的低温 HCl 与其间接换热),将冷凝液和未冷凝气体以及多余的骤冷塔釜液三股物料一并送入脱氯化氢塔 6,脱除的 HCl 为 99.8%,作为氧氯化反应的原料。塔釜液为含微量氯化氢的二氯乙烷、氯乙烯的混合液,送入氯乙烯塔 7 精馏,馏出液氯乙烯经汽提塔再次除去氯化氢,再经碱洗中和即得纯度为 99.9% 的成品氯乙烯。

四、乙烯氧氯化法生产氯乙烯的技术经济指标

乙烯氧氯化法生产氯乙烯的原料消耗见表 9-1,公用工程消耗见表 9-2。

表 9-1 乙烯氧氯化法生产氯乙烯的原料消耗

名　称	每吨氯乙烯消耗	
	空　气　法	纯　氧　法
乙烯(以 100%计)/kg	485①	476
氯(以 100%计)/kg	630	606
氧(以 100%计)/kg		154
氧氯化催化剂/kg	0.1~0.26	0.05

① 实际为 (500±5)kg。

表 9-2　公用工程消耗

名　称	每吨氯乙烯消耗	
	空　气　法	纯　氧　法
2.8MPa 蒸汽用量/t	1.9	0.69
0.6MPa 蒸汽用量/t		0.62
冷却水(循环)用量/t	380m³	300
电/kW·h	240	130
燃料/kJ	5.2×10^6	5×10^6

第三节　悬浮聚合法生产聚氯乙烯

一、反应原理

氯乙烯悬浮聚合是以偶氮二异庚腈或过氧化二碳酸二乙基己酯等为引发剂的自由基链锁反应。以聚乙烯醇或羟醛甲基纤维素为分散剂,无离子水为分散和导热介质,借助搅拌作用,在压力下使液体氯乙烯以微珠形状悬浮于介质水中进行的聚合反应。

聚合反应方程式:

$$nCH_2=CHCl \longrightarrow \pa{CH_2-CHCl}_n + 1507kJ/kg$$

n 为聚合度,自由基连锁反应按以下三步进行。

(1) 链的引发

生成初期自由基　如偶氮二异庚腈:

$$(CH_3)_2-CH-CH_2-\underset{\underset{CN}{|}}{\overset{\overset{CH_3}{|}}{C}}-N=N-\underset{\underset{CN}{|}}{\overset{\overset{CH_3}{|}}{C}}-CH_2-CH-(CH_3)_2 \xrightarrow{\triangle}$$

$$2(CH_3)_3-CH-CH_2-\underset{\underset{CN}{|}}{\overset{\overset{CH_3}{|}}{C}}\cdot + N_2\uparrow \quad -121.4kJ/mol$$

初期自由基与单体生成单体自由基

$$R\cdot + CH_2=CHCl \longrightarrow R-CH_2-CHCl\cdot \quad -20.9\sim 33.5 \text{kJ/mol}$$

链的引发是吸热反应，需外界提供热量。

(2) 链的增长

具有活性的初级自由基很快与氯乙烯分子结合形成长链

$$R-CH_2-CHCl\cdot + CH_2=CHCl \longrightarrow$$
$$R-CH_2-CHCl-CH_2-CHCl\cdot$$
$$R-CH_2-CHCl-CH_2-CHCl\cdot + CH_2=CHCl \longrightarrow$$
$$RCH_2CHCl-CH_2CHCl-CH_2CHCl\cdot \cdots$$
$$R\!\!-\!\!(CH_2-CHCl)_{n-1}CH_2-CHCl\cdot + CH_2=CHCl \longrightarrow$$
$$R\!\!-\!\!(CH_2-CHCl)_n CH_2CHCl\cdot$$

总反应为

$$R-CH_2-CHCl\cdot + nCH_2=CHCl \longrightarrow$$
$$R\!\!-\!\!(CH_2-CHCl)_n CH_2-CHCl\cdot \quad +62.8\sim 83.7 \text{kJ/mol}$$

链的增长是聚合反应的主要过程，该过程是放热反应，且速度极快，几秒钟即可达数千甚至上万聚合度。

(3) 链的终止

链的终止主要有以下几种方式：

① 两个大分子自由基发生偶合反应

$$R\!\!-\!\!(CH_2-CHCl)_{n-1}CH_2-CHCl\cdot + R\!\!-\!\!(CH_2-CHCl)_{m-1}$$
$$CH_2CHCl\cdot \longrightarrow R\!\!-\!\!(CH_2-CHCl)_n\!\!-\!\!(CH_2-CHCl)_m R$$

② 两个大分子自由基发生歧化反应

$$R\!\!-\!\!(CH_2-CHCl)_n CH_2-CHCl\cdot + R\!\!-\!\!(CH_2-CHCl)_m CH_2-CHCl\cdot$$
$$\longrightarrow R\!\!-\!\!(CH_2-CHCl)_n CH_2-CHCl + R\!\!-\!\!(CH_2-CHCl)_m CH_2-CHCl$$

③ 大分子自由基与初期自由基反应

$$R\!\!-\!\!(CH_2-CHCl)_{n-1}CH_2-CHCl\cdot + R-CH_2-CHCl\cdot \longrightarrow$$
$$R\!\!-\!\!(CH_2-CHCl)_n CH_2-CHCl-R$$

④ 大分子自由基与单体之间的链转移反应

$$R\!\!-\!\!(CH_2-CHCl)_n CH_2-CHCl\cdot + CH_2=CHCl \longrightarrow$$
$$R\!\!-\!\!(CH_2-CHCl)_n CH_2-CH_2Cl + CH_2=CCl\cdot$$

链终止反应非常复杂，在正常的聚合条件下，由于与单体相比，引发剂用量很少，故大分子自由基与单体之间的链增长和链转移的可能性很大，而大分子自由基之间的双分子偶合反应的可能性却很少。

二、影响聚合反应的主要因素

（一）原料

1. 单体

聚合用单体氯乙烯对其纯度、有害杂质含量有一定要求。实践证明：单体中含有微量乙炔会导致阻聚、缓聚，产物平均分子量降低，产物中产生双键及热稳定性变坏等现象；不饱和多氯化物不但会使聚合速率减慢，产物分子量降低，也容易生成带支链的高聚物，致使聚合物产品性能变坏；铁的存在除了会延长反应的诱导期，降低产品的热性能和电性能之外，也会相应加重粘釜现象；单体中的高沸物主要是乙烯基乙炔、乙醛、偏二氯乙烯、1,1-二氯乙烷、1,2-二氯乙烷等，都是比较活泼的链转移剂。

所以，对聚合级氯乙烯单体的技术指标要求如下：纯度＞99%，乙醛＜1×10^{-5}，乙炔＜0.001%，铁＜0.001%，高沸物等微量。

2. 引发剂

氯乙烯悬浮聚合基本上都使用不溶于水而溶于单体的引发剂。常用的引发剂有：偶氮二异丁腈、偶氮二异庚腈、过氧化二碳酸二环己酯、过氧化二碳酸二乙基己酯、过氧化二碳酸二苯氧乙基酯。引发剂种类的不同对氯乙烯悬浮聚合过程和聚氯乙烯树脂的性能，如：聚合时间、放热速率、粘釜，树脂的热稳定性、颗粒形态、毒性和鱼眼等都有很大影响。早期，聚氯乙烯生产多用偶氮二异丁腈，但其引发速率慢，反应后期放热量大，难于控制，树脂的热稳定性差，而被偶氮二异庚腈等高、中效引发剂取代。总之，要根据引发剂的性能、对产品质量的影响、储存运输的稳定性以及价廉易得等原则来综合考虑选择用哪一种引发剂。

引发剂对聚合反应及产品质量均有很大影响。引发剂用量增多,单位时间内产生的自由基相应增加,反应速率加快,聚合时间短,可以提高设备利用率。但若用量过多,则反应激烈,不易控制,反应热难于移出,甚至会由于温度、压力的急剧上升而造成爆炸性聚合的危险。相反,若引发剂加入量过少,则反应速率太慢,聚合时间过长,设备利用率就太低。生产中应根据实践经验及实际情况适当选择,如偶氮二异丁腈或偶氮二异庚腈的用量可以是单体量的0.08%(质量分数)左右。

3. 分散剂

分散剂又称悬浮剂,是悬浮聚合中不可缺少的原料之一。聚氯乙烯悬浮聚合多采用亲水性大分子化合物的有机分散剂,如:明胶、甲基纤维素、羟乙基纤维素、羟丙基甲基纤维素以及低醇解度的聚乙烯醇等。它们是既有亲水基团,又有疏水基团的高分子界面活性物质,在悬浮体系中定向排列于液-液两相的界面,形成一层凝胶状的保护层,使单体液滴保持分离,增强了悬浮液的稳定性。

用低醇解度、低聚合度的聚乙烯醇作分散剂表面活性大,但表面张力小。可改善聚氯乙烯树脂的颗粒状态,制得的树脂孔隙率高,增塑剂吸收速率快,后加工塑化性能好,对减少树脂中的鱼眼和脱出未反应的氯乙烯也都有利。一种分散剂难于同时既有较高的表面张力,又有较高的界面活性,即用一种分散剂制得的树脂,难于既有较大的重度,又有较高的增塑剂吸收率和孔隙率。所以,工业生产中通常采用两种分散剂复合使用,如:采用聚乙烯醇和羟丙基甲基纤维素为复合分散剂[复合比例最好不在1∶1(摩尔比),否则溶解比较困难],聚乙烯醇与明胶或其他分散剂复合使用。

4. 聚合反应介质

聚合反应介质采用的是经过净化处理,不含有阳离子和阴离子的纯水(无离子水)。

反应介质的pH值对聚合反应速率、聚合物的质量有很大的影响,因为引发剂的分解速率、分散剂的稳定能力在一定程度上都取决于介质的 pH 值。pH 值越高，引发剂的分解速率越快，但是，氯乙烯也易于分解放出氯化氢而不利于聚合反应。在碱性条件下，分散剂聚乙烯醇侧链上的酯基会进一步发生醇解反应，使聚乙烯醇醇解度上升，表面张力下降，导致树脂颗粒变粗。碱性条件同样影响其他分散剂的分散效果及产品质量。

适宜的条件是稳定体系的 pH 值为中性。控制方法一种是使用中性 pH 值调节剂，如碳酸氢钠、氨水或碳酸氢铵，不过用量要稍多一些；另一种方法是用碱性 pH 值调节剂，如氢氧化钠，但应注意加碱量不能过大（或局部过大），速度不能过快，否则树脂颗粒变粗。

5. 其他助剂

氯乙烯悬浮聚合生产中，为了改善聚氯乙烯树脂的热稳定性和提高产品质量，往往加入如下一些助剂。

（1）链终止剂　聚合反应后期单体减少，聚合反应终止的概率增加，低分子量聚合物、支链聚合物含量增多，从而影响产品的热稳定性和机械性能。因此，聚合率达到一定程度时应加入链终止剂及时终止聚合反应。一般的抗氧剂都能终止反应，但从价格、毒性、货源及终止效果等因素综合考虑，双酚 A 是一种理想的链终止剂。双酚 A 的加入还能同时有效地提高树脂的热稳定性。

（2）链转移剂　聚氯乙烯分子量的大小主要取决于聚合反应的温度，但工业生产上为了避免给操作控制带来更多的困难，不希望采用提高反应温度的方法来生产低分子量的聚氯乙烯树脂。悬浮聚合法一般是选择加入链转移剂的方法，使聚合反应在较低的温度下进行，又能得到低分子量的聚氯乙烯树脂。国内常用的链转移剂有硫醇和巯基乙醇，其中巯基乙醇不仅用量少，并具有改进聚合物的多孔型、热稳定性、加工性能、颗粒形态及分布，容易脱出未反应氯乙烯的多种优越性。

（3）抗鱼眼剂　在聚合反应中使用高效引发剂基本上无诱导期，在加料过程或物料未完全分散均匀之前，即使还未达到反应温度，快速聚合反应也已开始发生，其危害是：处于低温部分产生的聚合反应生成高分子聚合物，而局部高温处（釜壁）生成的却是低分子聚合物，于是产品中出现鱼眼，热性能下降。加入抗鱼眼剂则是为了消除这种弊病，常用的抗鱼眼剂是3-叔丁基-4羟基苯甲醚。

6. 杂质

在聚合反应中有一些杂质的存在会影响反应的进行，主要是氧、铁和高沸物。

(1) 氧　氧的存在危害之一是使体系pH值急剧下降，随之粘釜现象也会加重；之二是对聚合反应有阻聚作用，使聚合度下降。氯乙烯悬浮聚合中氧的来源主要是由水带入的，常温下水中含氧1×10^{-4}左右，解决的办法可以是采用等温水入釜或加入水后采用真空抽气的措施来降低氧含量。对于密闭和连续的入料工艺气相含氧的概率很小，但清扫聚合釜开盖后生产第一釜时的排气置换必须彻底，否则也会残留氧气。

(2) 铁　铁的存在会延长反应的诱导期，加重粘釜现象，并降低产品的热性能和电性能。铁主要是生产单体时由原料HCl带入的，所以要严格控制氯乙烯中的铁含量（$<1\times10^{-6}$）。同时，所有与聚合物接触的设备、管道、阀门等都应使用耐腐蚀的材料。此外，为了减轻铁离子的影响，常常加入铁离子螯合剂，如EDTA（乙二胺四乙酸）就是一种较好的螯合剂，不仅可以螯合铁离子，且有利于提高树脂的白度和增塑剂的吸收性能。

(3) 高沸物　单体氯乙烯中如果含有乙烯基乙炔、乙醛、偏二氯乙烯、1,1-二氯乙烷、1,2-二氯乙烷等高沸物，它们在聚合反应中能使增长中的链发生链转移而降低聚合度和聚合反应速率，所以，减少这些杂质的关键是提高单体的纯度。

(二) 搅拌

在氯乙烯悬浮聚合中搅拌可以提供一定的循环量，使釜内物料在轴向、径向流动和混合均匀，且各部分温度分布也均匀。由搅拌叶旋转产生的剪切力使单体形成微小的液滴，均匀地分散并悬浮于介质水中。搅拌对树脂颗粒形态及粒度分布也有很大影响。某

30m³聚合釜，原用六层复合桨式搅拌，物料循环量大一些，分散剂用量也较大（约0.12％），从树脂颗粒形态上看有异形粒子，粒度分布过宽，见图9-17。后来改为四层复合桨，分散剂用量降到0.05％以下，树脂形态明显好转，粒度分布相当集中，80～120目达98％，见图9-17，且颗粒皮膜变薄，对未反应单体的脱出和树脂的后加工非常有利。

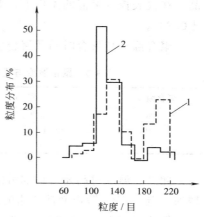

图9-17 聚氯乙烯树脂粒度的分布图示
1—改搅拌前粒度分布；
2—改搅拌后粒度分布

搅拌效果与搅拌叶的形式、转速、桨叶尺寸及聚合釜的长径比有关，所以要结合聚合釜的形状，选择适宜的搅拌叶形式、尺寸及转速，经过实践调试以取得良好的搅拌效果。

（三）聚合工艺与控制

1. 聚合温度与聚合釜的传热

温度升高使氯乙烯分子运动速率、引发剂分解速率加快，链增长速率也加快，因此聚合反应速率加快，反应放热量增大，如不及时移出，将难于稳定控制，甚至会产生爆炸性聚合的危险。

在正常的聚合反应温度40～70℃范围内，聚氯乙烯的平均分子量与引发剂浓度关系不大。然而，当温度升高时链转移常数增加，所以平均聚合度和平均分子量都随之降低。一般温度波动±2℃时，平均聚合度相差336，平均分子量相差21000左右。所以工业生产中必须使用链转移剂，如：三氯乙烯、巯基乙醇等，以便可以使用较低的反应温度来生产聚合度较低的树脂。而且必须严格控制聚合反应温度，才能得到不同聚合度和分子量分布均匀的产品。在仪表控制可能的条件下,要求聚合温度波动的范围不应大于 ±0.2℃。

聚合温度与聚合时间及聚合度的关系见表 9-3。

表 9-3 聚合温度与聚合时间及聚合度的关系

聚合温度/℃	聚合时间/h	聚合率/%	平均聚合度
30	38	74	6000
40	12	80	2400
50	6	90	1000

此外,温度过高还会增加链的歧化程度,其结果是氯原子活性增加,造成 HCl 脱出而使树脂的热稳定性和加工性能变坏。

氯乙烯的聚合热比较大,必须及时移出,才能维持恒定的聚合反应温度,因此聚合釜的传热问题是工艺过程的重点问题。由于聚合反应前期和后期的反应速率难于做到匀速反应,所以热负荷就是变化的。聚合釜的传热效果又受到冷却水温度和流量、粘釜和水垢等变化因素的影响,于是给温度的稳定控制造成一定困难。生产上采用大水量、低温差的强制换热系统,强化了换热能力,便于实现聚合反应的自动程序控制,温度波动可控制在±0.2℃范围,甚至可达±0.1℃,对提高产品质量有较好的效果。

2. 聚合釜的粘釜

氯乙烯悬浮聚合时液相粘釜有两种可能,一是微溶于水中的单体或引发剂与釜壁接触,二是单体液珠由于种种原因冲破外层分散剂的保护膜而与釜壁接触,于是在釜壁处产生聚合反应,聚合物粘于釜壁上;气相粘壁主要是因为在气、液相处于动态平衡时,液相挥发的氯乙烯单体携带有引发剂或增长着的自由基,在气相冷凝于釜壁并发生聚合反应所致。发生粘釜现象以后,必须对聚合釜进行清洗,可以用溶剂法、高压釜清洗,目前多采用人工清洗。

影响聚合釜粘釜的原因很多,如:釜壁的粗糙度,釜的型式、材质,搅拌形式与转速,物料的纯度与配比,引发剂与分散剂的种类和用量,体系 pH 值,聚合反应温度等。减轻粘釜的办法之一是减少水相中溶解的氯乙烯和终止水相中的活性自由基,其措施可以是添加水相阻聚剂,如:Na_2S、$NaNO_2$、水溶性黑、次甲基兰等,来终止活泼的自由基或釜壁上由于电子得失产生的自由基,从而减轻粘釜;办法之二是应用最广泛、效果最好的"涂布"法,就是将某些极性的有机化合物涂在釜壁上,使釜壁"钝化",不仅防止了釜壁上发生电子转移,终止活性自由基,且涂料中的固化剂还可起到光洁釜壁的作用。这种涂布在釜壁上的薄层物质形成了一层固定的阻聚剂,根据其损耗情况的不同,有的生产需一釜一涂布,有的则可以多釜一涂布。

3. "鱼眼"的产生与防止

所谓"鱼眼",即是指聚氯乙烯树脂中由于大分子链彼此缠结成团或有少量交联,使树脂在加工温度下也不熔融,难于塑化加工的聚氯乙烯颗粒,它们会使后加工成型的制品上呈现未能塑化的斑点或透明硬粒。因此,"鱼眼"的存在降低了树脂的塑性和制品的质量。例如:电缆制品中有"鱼眼",不仅表面有疙瘩不美观,且影响其电性能、热性能、低温挠屈性能,甚至由于"鱼眼"的脱落而引起电击穿事故。电线中"鱼眼"周围受热易老化,低温下易开裂。各种薄膜制品若有"鱼眼",会因其抗张强度、伸长率等机械强度降低而脱落,致使薄膜穿孔,影响使用价值。

"鱼眼"产生的原因比较复杂,有原料的因素,也有操作不当所致。例如:单体中若含有乙炔、乙醛、1,1-二氯乙烷、1,2-二氯乙烷等杂质,有阻聚及链转移作用,其聚合物分子量低且有交联物,颗粒不规整,尤其是含铁,都会增加鱼眼;引发剂使用不当,低效引发剂后期自动加速,若无恰当措施则放热集中,使产品分子量分布较宽并产生交联的大分子,若用高效引发剂而加料方式不当,使之在单体中溶解不完全或分布不均匀,都容易产生鱼眼;聚合釜的粘釜物掺入树脂中是形成鱼眼的重要原因;此外,加料方式、升温速度、搅拌状况不当,树脂内混入机械杂质等都会增加树脂中的鱼眼。

为了提高树脂的质量,防止鱼眼的产生,一般可采取如下措施：使用无离子水，并严格控制水质；根据设备、工艺的不同条件选择生产疏松型树脂的分散剂、引发剂；提高单体质量，降低杂质含量；正确控制升温速度，釜温波动<±0.2℃；关键的是要采取有效措施减少粘釜现象。

4. 意外事故

氯乙烯聚合过程中，由于操作失误或一些意外原因，会导致如温度、压力突然升高，釜内结块等事故，应根据事故原因采取恰当的处理方法。尤其要重视的是突然的停电，会造成搅拌停止转动、温度上升等现象，甚至爆炸。因此聚合釜上一定要有切实可行的安全措施，如：安装有与大口径排气管联结的爆破板；聚合釜有自动注射阻聚剂的装置，在温度急剧升高时可自动加入阻聚剂等。

三、工艺流程

氯乙烯悬浮聚合法生产聚氯乙烯采用的是间歇法生产工艺，聚合釜为压力釜，小型厂用聚合釜容积多为 $7\sim14m^3$，大型厂则用 $25\sim150m^3$，最大的可达 $200m^3$。目前国内大型厂最大聚合釜为 $127m^3$。小型聚合釜一般装有强力搅拌装置，用夹套通冷却水撤热，并采用先入单体后加水的聚合"倒加料"工艺，引发剂等助剂随单体一起加入，以便于引发剂溶解和分散，进而提高树脂质量。大型聚合釜采用热水升温，程序控制，釜壁温差变化小，为增强分散效果，有的釜壁上还装有挡板。工艺操作采用等温水入料，缩短了聚合周期，有利于产品质量的提高。为了有效地移出反应热，除了有强化夹套冷却效果的措施，也有在釜内增设冷却水管或在釜上部加装回流装置的。

以 $30m^3$ 聚合釜为例，生产工艺流程如图 9-18 所示。

无离子水、分散剂水溶液、单体氯乙烯及助剂加入到聚合釜 1 中，热水通入聚合釜内冷管和夹套循环升温后，保持反应正常进行，热水、冷却水自动切换。聚合反应结束，釜内悬浮液放入回收槽 2，出料时排出的未反应氯乙烯气体经泡沫捕集器 3 送往氯乙烯气柜，悬浮液经浆料过滤器 4，由浆料泵 5 送汽提塔 6。

蒸汽入汽提塔，塔顶提出的氯乙烯气体经降温后也排至氯乙烯气柜。脱氯乙烯后的浆料用浆料泵 7 加压，经闪蒸槽 8 闪蒸后进入混料槽 9，空气进入混料槽吹风混合。混合处理好的物料经缓冲过滤器 10，进入离心机 11 离心后，物料经一级螺旋输送机 12，下料斗 13，二级螺旋输送机 14 送往气流干燥管 15。热风在气流干燥管将物料干燥后，送一级旋风分离器 16，收集的大部分物料进卧式沸腾床 18，湿空气经二级旋风分离器分离回收物料后放空。物料在卧式沸腾床内用热风进行二次干燥，干燥好的树脂用螺旋输送机 19 送至冷风干燥器 20，用冷空气降温，然后经旋风分离器 21 和振动筛 22 除去轻料后，成品树脂进入仓泵 23，用压缩空气送往大料仓。

复习思考题

9-1 氯乙烯单体可以由哪些原料出发，通过哪些工艺生产方法得到？什么是平衡法生产氯乙烯工艺？有何意义？

9-2 工业上用氯乙烯聚合生产聚氯乙烯一般常采用哪些方法？有何区别？

9-3 什么是氧氯化反应？有何工业意义？三步氧氯化法生产氯乙烯有哪些反应过程？该装置由哪些工序组成？

9-4 乙烯直接氯化法生产二氯乙烷适宜的工艺条件——反应温度、原料配比、反应压力、空间速度是如何选择确定的？原料中要控制哪些杂质的含量？

9-5 乙烯液相直接氯化法生产二氯乙烷的反应器和工艺流程有何特点？反应器的液相出料法改为气相出料法有哪些好处？

9-6 乙烯氧氯化法生产二氯乙烷的催化剂有哪些组成方式？发展趋势如何？

9-7 反应压力、温度、原料配比、空间速度对氧氯化反应有何影响？适宜条件范围为多少？对原料气纯度有何要求？

9-8 乙烯气相氧氯化法生产二氯乙烷的流化床反应器在结构上有何特点？工艺流程由哪些部分组成？有何特点？

9-9 二氯乙烷裂解的工艺条件应如何选择确定？

9-10 简述二氯乙烷裂解的工艺流程，说明该流程有何特点？

9-11 简述聚氯乙烯聚合反应的原理。

9-12 试分析各种原料及搅拌对悬浮聚合法生产聚氯乙烯的影响规律。
9-13 温度与聚合釜的传热条件对氯乙烯聚合反应有何影响？
9-14 如何解决聚合釜的粘釜和氯乙烯产品的鱼眼问题？
9-15 试述氯乙烯悬浮聚合法生产聚氯乙烯的工艺流程。

第十章 苯乙烯生产

第一节 概　　述

苯乙烯在常温下是带辛辣味的可燃性无色或黄色油状液体。沸点145.2℃，凝固点－30.628℃，25℃时密度为901.9kg/m^3，溶于乙醇、乙醚、甲醇等溶剂，水中溶解度（质量分数）为0.1%，几乎不溶于水。苯乙烯有中等毒性，在空气中允许浓度为0.01%，在空气中的爆炸极限（体积分数）为1.1%～6.1%。

苯乙烯是分子侧链上有不饱和双键的一种简单芳烃，化学性质比较活泼，能聚合生成聚苯乙烯（PS）树脂，也能与其他不饱和化合物共聚。例如苯乙烯与丁二烯、丙烯腈共聚用以生产ABS工程塑料，与丙烯腈共聚为AS树脂，与丁二烯共聚可生成胶乳（SBL）或合成橡胶（SBR），与顺丁烯二酸酐、乙二醇以及邻苯二甲酸酐等共聚生成聚酯树脂等。此外苯乙烯还被广泛用于制药、涂料、纺织等工业。1981年全世界苯乙烯的年生产能力达1713万吨，中国聚苯乙烯树脂1987年的产量为3.4万吨，1995年达25万吨，其中年产量最大的是北京燕山石化公司和齐鲁石化公司，年产量均达6万吨以上。随着新装置投产，中国苯乙烯产量有了较大幅度的提高，1999年为60.2万吨，2000年达76万吨。

较早期用乙苯来生产苯乙烯的方法有两种：一是将乙苯的侧链氯化，再脱去氯化氢，目前这种方法已不再使用。二是苯乙酮法，即先将乙苯氧化成苯乙酮再加氢还原成苯乙醇并脱水得到苯乙烯，该法现在已极少使用。

现在苯乙烯工业化的生产方法主要是乙苯直接催化脱氢法，该法1931年由德国的法本公司开发并最早采用，从20世纪40年代工业化后至今无论在催化剂、反应器和工艺条件控制方面都有很大改进。最初苯乙烯生产的催化剂采用三组分系统（ZnO、Al_2O_3、CaO），目前一般采用的氧化铁催化剂含有 Cr_2O_3，并以钾的化合物（如 KOH 或 K_2CO_3）作为助催化剂。乙苯脱氢反应是气固相催化脱氢强吸热反应，需要较高的温度和大量热能。由此根据供热方法的不同，主要有两种不同的工艺，一种是用可燃性气体对反应间接供热的巴斯夫法，另一种是将过热蒸汽直接加入反应混合物中直接供热的道公司法。

20世纪70年代，成功地开发了以乙苯和丙烯为原料联产苯乙烯和环氧丙烷的新工艺，称为哈尔康（Halcon）法。该种方法的生产过程包括三个步骤：①乙苯液相自氧化制备过氧化氢乙苯；②用过氧化氢乙苯将丙烯环氧化生成环氧丙烷和 α-甲基苯甲醇；③α-甲基苯甲醇脱水转化为苯乙烯。1973年在西班牙建成第一套工业装置，每年联产苯乙烯9万吨，环氧丙烷3.8万吨。目前世界上已建成多套大型生产装置，该法的优点是可联产苯乙烯和环氧乙烷，但苯乙烯的生产规模受到环氧乙烷需求量的限制，而且投资费用也比较高。

由于乙苯脱氢法受平衡的限制以及反应条件要求高温和大量水蒸气，其成本较高，为了降低成本，对苯乙烯生产的原料路线和合成方法开展了多种新的研究工作。如：

（1）乙苯氧化脱氢法，即在乙苯脱氢的同时加入氧气，其数量恰好使氧化反应的放热供给脱氢反应吸热的需要，反应在等温条件下进行，该反应不受平衡的限制。英国采用 V、Mg 和 Al 的氧化物作为催化剂，苯乙烯的选择性可达95%。

（2）前苏联开发了一种方法，将乙苯吸热脱氢和硝基苯强放热加氢生产苯胺结合在一个工艺步骤中进行，其结果是弱放热反应，以3.3∶1的平衡比得到产品苯乙烯和苯胺，两种产品的选择性能都在99%以上。

（3）日本的文献介绍了一种一步法生产苯乙烯的方法，即在铑催化剂存在下，用乙烯和氧使苯发生氧化、烷基化（即氧化偶联）反应，生成苯乙烯。

以上三种方法，以及有关文献介绍的从甲苯和 C_1 化合物（如甲烷、甲醇、甲醛）合成苯乙烯，或用两个丁二烯分子经过 4-乙烯基环己烯而合成苯乙烯等方法目前均未工业化生产。

本章内容主要介绍乙苯脱氢生产苯乙烯的生产工艺。

第二节　乙苯脱氢生产苯乙烯

一、反应原理

乙苯脱氢生成苯乙烯是吸热反应。

$$C_6H_5-C_2H_5 \longrightarrow C_6H_5-CH=CH_2 + H_2 \quad \Delta H^\ominus(298K)=117.8 \text{kJ/mol}$$

在生成苯乙烯的同时可能发生的平衡副反应主要是裂解反应和加氢裂解反应，因为苯环比较稳定，裂解反应都发生在侧链上。

$\Delta H^\ominus(298K)/(\text{kJ/mol})$

$$C_6H_5-C_2H_5 \longrightarrow C_6H_6 + C_2H_4 \qquad 105$$

$$C_6H_5-C_2H_5 + H_2 \longrightarrow C_6H_5-CH_3 + CH_4 \qquad -54.4$$

$$C_6H_5-C_2H_5 + H_2 \longrightarrow C_6H_6 + C_2H_6 \qquad -31.5$$

在水蒸气存在下，还可能发生反应

$$C_6H_5-C_2H_5 + 2H_2O \longrightarrow C_6H_5-CH_3 + CO_2 + 3H_2 \quad \Delta H^\ominus(298K)=110 \text{kJ/mol}$$

与此同时，发生的连串反应主要是产物苯乙烯的聚合或脱氢生焦以及苯乙烯产物的加氢裂解等。

$$n\, C_6H_5-CH=CH_2 \longrightarrow \text{—}[CH-CH_2]_n\text{—}\, (C_6H_5)$$

$$C_6H_5-CH=CH_2 + 2H_2 \longrightarrow C_6H_5-CH_3 + CH_4$$

$$C_6H_5-CH=CH_2 + 2H_2 \longrightarrow C_6H_6 + C_2H_6$$

聚合副反应的发生，不但会使苯乙烯的选择性下降，消耗原料量增加，而且还会使催化剂因表面覆盖聚合物而活性下降。

乙苯脱氢反应的平衡常数在温度较低时很小，由表 10-1 可见，平衡常数随温度的升高而增大。因此可以用提高温度的办法来提高乙苯的平衡转化率。温度对乙苯脱氢生成苯乙烯反应的平衡转化率和平衡组成的影响如图 10-1 和图 10-2 所示。

表 10-1 乙苯脱氢反应的平衡常数

温度/K	700	800	900	1000	1100
K_p	3.30×10^{-2}	4.71×10^{-2}	3.75×10^{-1}	2.00	7.87

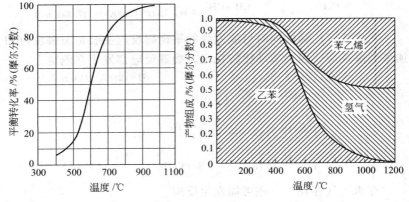

图 10-1 乙苯脱氢反应平衡转化率与温度的关系　　图 10-2 乙苯脱氢产物组成与温度的关系

乙苯脱氢生成苯乙烯的反应是分子数增加的反应，因为

$$K_p = K_y \left(\frac{p}{p^\circ}\right)^{\Delta n}$$

而 $\Delta n > 0$，所以降低 p 值，可以使 K_y 增大，即产物的平衡浓度可以提高，也就是提高了反应的平衡转化率。平衡转化率随压力下降而提高可见表 10-2 所示。

表中数据可看出，压力从 101.3kPa 降低到 10.1kPa，若要获

表 10-2　压力对乙苯脱氢反应平衡转化率的影响

压力=101.3kPa		压力=10.1kPa	
温度/K	平衡转化率/%	温度/K	平衡转化率/%
465	10	390	10
565	30	455	30
620	50	505	50
675	70	565	70
780	90	630	90

得相同的平衡转化率数据，所需要的脱氢温度大约可以降低100℃左右；而在相同的温度条件时，由于压力从101.3kPa降低到10.1kPa，平衡转化率则可提高约20%～40%。

由于乙苯脱氢的反应必须在高温下进行，而且反应产物中存在大量氢气和水蒸气，因此乙苯脱氢反应的催化剂应满足下列条件要求：

① 有良好的活性和选择性，能加快脱氢主反应的速率，而又能抑制聚合、裂解等副反应的进行；

② 高温条件下有良好的热稳定性，通常金属氧化物比金属具有更高的热稳定性；

③ 有良好的化学稳定性，以免金属氧化物被氢气还原为金属，同时在大量水蒸气的存在下，不致被破坏结构，能保持一定的强度；

④ 不易在催化剂表面结焦，且结焦后易于再生。

在工业生产上，常用的脱氢催化剂主要有两类：一类是以氧化铁为主体的催化剂，如 Fe_2O_3-Cr_2O_3-KOH 或 Fe_2O_3-Cr_2O_3-K_2CO_3 等，另一类是以氧化锌为主体的催化剂，如 ZnO-Al_2O_3-CaO，ZnO-Al_2O_3-CaO-KOH-Cr_2O_3 或 ZnO-Al_2O_3-CaO-K_2SO_4 等。这两类催化剂均为多组分固体催化剂，其中氧化铁和氧化锌分别为主催化剂，钙和钾的化合物为助催化剂，氧化铝是稀释剂，氧化铬是稳定剂（可提高催化剂的热稳定性）。

这两类催化剂的特点是都能自行再生，即在反应过程中，若因副反应生成的焦炭覆盖于催化剂表面时,会使其活性下降。但在水蒸气存在下,催化剂中的氢氧化钾能促进反应 $C+H_2O \longrightarrow CO+H_2$ 的进行,从而使焦炭除去。有效地延长了催化剂的使用周期,一般使用一年以上才需再生,而且再生时,只需停止通入原料乙苯,单独通入水蒸气就可完成再生操作。

目前,各国以采用氧化铁系催化剂的最多。中国采用的氧化铁系氧化剂组成为:Fe_2O_3 8%,$K_2Cr_2O_7$ 11.4%,K_2CO_3 6.2%,CaO 2.4%。若采用温度 550～580℃时,转化率为 38%～40%,收率可达 90%～92%,催化剂寿命可达两年以上。

二、工艺影响因素

1. 反应温度

从表 10-2 和图 10-1 可见提高反应温度有利于提高脱氢反应的平衡转化率;提高温度也能加快反应速率,但是温度越高,相对地说更有利于活化能更高的裂解等副反应,其速率增加得会更快,虽然转化率提高,但选择性会随之下降。温度过高,不仅苯和甲苯等副产物增加,而且随生焦反应的增加,催化剂活性下降,再生周期缩短。工业生产中一般适宜的温度为 600℃左右。

2. 反应压力

从表 10-1 的数据说明降低压力有利于脱氢反应的平衡。因此脱氢反应最好是在减压下操作,但是高温条件下减压操作不安全,对反应设备制造的要求高,投资增加。所以一般采用加入水蒸气的办法来降低原料乙苯在反应混合物中的分压,以此达到与减压操作相同的目的。总压则采用略高于常压以克服系统阻力,同时为了维持低压操作,应尽可能减小系统的压力降。

3. 水蒸气用量

加入稀释剂水蒸气是为了降低原料乙苯的分压,有利于主反应的进行。选用水蒸气作稀释剂的好处在于:

① 可以降低乙苯的分压,改善化学平衡,提高平衡转化率;

② 与催化剂表现沉积的焦炭反应,使之汽化,起到清除焦炭

的作用；

③ 水蒸气的热容量大，可以提供吸热反应所需的热量，使温度稳定控制；

④ 水蒸气与反应物容易分离。

在一定的温度下，随着水蒸气用量的增加，乙苯的转化率也随之提高，但增加到一定用量之后，乙苯转化率的提高就不太明显，而且水蒸气用量过大，能量消耗也增加，产物分离时用来使水蒸气冷凝耗用的冷却水量也很大，因此水蒸气与乙苯的比例应综合考虑。用量比也与所采用的脱氢反应器的形式有关，一般绝热式反应器脱氢所需水蒸气量大约比等温列管式反应器脱氢大约大一倍左右。

4. 原料纯度

若原料气中有二乙苯，则二乙苯在脱氢催化剂上也能脱氢生成二乙烯基苯，在精制产品时容易聚合而堵塔。出现此种现象时，只能用机械法清除，所以要求原料乙苯沸程应在 135～136.5℃ 之间。原料气中二乙苯含量小于 0.04%。

5. 空间速度

空间速度小，停留时间长，原料乙苯转化率可以提高，但同时因为连串副反应增加，会使选择性下降，而且催化剂表面结焦的量增加，致使催化剂运转周期缩短；但若空速过大，又会降低转化率，导致产物收率太低，未转化原料的循环量大，分离、回收消耗的能量也上升。所以最佳空速范围应综合原料单耗、能量消耗及催化剂再生周期等因素选择确定。

三、工艺流程

乙苯脱氢的化学反应是强吸热反应，因此工艺过程的基本要求是要连续向反应系统供给大量热量，并保证化学反应在高温条件下进行。根据供给热能方式的不同，乙苯脱氢的工艺按反应器型式的不同分为列管式等温反应器和绝热式反应器两种。

1. 列管式等温反应器脱氢的工艺流程

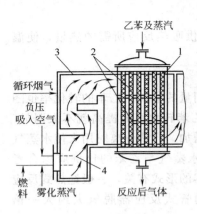

图 10-3 乙苯脱氢列管式
等温反应器

1—列管反应器；2—圆缺挡板；3—耐
火砖砌成的加热炉；4—燃烧喷嘴

乙苯脱氢列管式等温反应器结构示意如图 10-3 所示。反应器由许多耐高温的镍铬不锈钢管或内衬铜、锰合金的耐热钢管组成，管径为 100～185mm，管长 3m，管内装催化剂。反应器放在用耐火砖砌成的加热炉内，以高温烟道气为载体，将反应所需热量在反应管外通过管壁传给催化剂层，以满足吸热反应的需要。

列管式等温反应器乙苯脱氢的工艺流程如图 10-4。原料乙苯蒸气和按比例送入的一定量水蒸气混合后，先后经过第一预热器 3，热交换器 4 和第二预热器 2 预热至 540℃ 左右，进入脱氢反应器 1 的管内，在催化剂作用下进行脱氢反应，反应后的脱氢产物离开反应器时的温度约为 580～600℃，进入热交换器 4 利用余热间接预热原

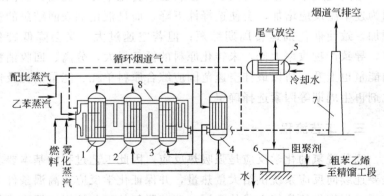

图 10-4 列管式等温反应器乙苯脱氢工艺流程

1—脱氢反应器；2—第二预热器；3—第一预热器；4—热交换器；
5—冷凝器；6—粗苯乙烯储槽；7—烟囱；8—加热炉

料气体，而同时使反应产物降温。然后再经冷凝器 5 冷却、冷凝，凝液在粗苯乙烯储槽 6 中与水分层分离后，粗苯乙烯送精馏工序进一步精制为精苯乙烯。不凝气体中会有 90% 左右的 H_2，其余为 CO_2 和少量 C_1 及 C_2 烃类，一般可作为气体燃料使用，也有直接用作本流程中等温反应器的部分燃料。

该等温反应器的脱氢反应过程中，水蒸气仅仅是作为稀释剂使用，因此水蒸气与乙苯的摩尔配比为 6～9：1。脱氢反应的温度控制范围与催化剂活性有关，一般新鲜催化剂控制在 580℃ 左右，已老化的催化剂可以逐渐提高到 620℃ 左右。反应器的温度分布是沿催化剂床层逐渐增高，出口温度可能比进口温度高出约 40～60℃。此外，为了充分利用烟道气的热量，一般是将脱氢反应器、原料第二预热器和第一预热器顺序安装在用耐火砖砌成的加热炉内，用加热炉后的部分烟道气可循环使用，其余送烟囱排放；此外用脱氢产物带出的余热也间接在热交换器 4 中预热原料气，都充分地利用了热能。

对脱氢吸热反应来说，由于升高温度对提高平衡转化率和提高反应速率都是有利的，因此催化剂床层的最佳温度分布应随转化率的增加而升高，所以等温反应器比较合理，可获得较高的转化率，一般可达 40%～45%，而苯乙烯的选择性达 92%～95%。

列管等温反应器的水蒸气耗用量虽为绝热式反应器的一半，但因反应器结构复杂，耗用大量特殊合金钢材，制造费用高，所以不适用于大规模的生产装置。

2. 绝热式反应器脱氢工艺流程

单段绝热式反应器乙苯脱氢的工艺流程见图 10-5。循环乙苯和新鲜乙苯与水蒸气总用量中 10% 的水蒸气混合以后，与高温的脱氢产物在热交换器 4 和 3 间接预热到 520～550℃，再与过热到 720℃ 的其余 90% 的过热水蒸气混合，大约是 650℃ 进入脱氢反应器 2，在绝热条件下进行脱氢反应，离开反应器的脱氢产物约为 585℃，在热交换器 3 和 4 中，利用其余热间接预热原料气，然后在冷凝器 5 中进一步冷却、冷凝，凝液在分离器 6 中分层，排出水

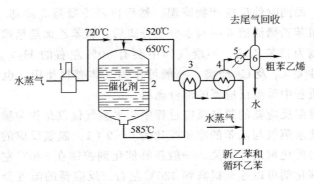

图 10-5 单段绝热式反应器乙苯脱氢工艺流程
1—水蒸气过热炉；2—脱氢反应器；3,4—热交换器；
5—冷凝器；6—分离器

后的粗苯乙烯送精制工序，尾气中氢含量为 90% 左右，可作为燃料，也可精制为纯氢使用。

绝热反应器脱氢过程所需热量完全由过热水蒸气带入，所以水蒸气用量很大。反应器脱氢反应的工艺操作条件为：操作压力 138kPa 左右，水蒸气∶乙苯=14∶1（mol），乙苯液空速 0.4～0.6$m^3/(m^3 \cdot h)$。单段绝热反应器进口温度比脱氢产物出口温度高约 65℃，由前面分析可知，这样的温度分布对提高原料的转化率是很不利的，所以单段绝热反应器脱氢不仅转化率比较低（35%～40%），选择性也比较低（约 90%）。

与列管等温反应器相比较，绝热式反应器具有结构简单，耗用特殊钢材少因而制造费用低，生产能力大等优点。一台大型的单段绝热反应器，生产能力可达年产苯乙烯 6 万吨。为了克服单段绝热反应器的缺点，降低原料和能量的消耗，20 世纪 70 年代以来在乙苯脱氢的反应器及生产工艺方面有了很多改进措施，效果较好，举例如下。

(1) 将几个单段绝热反应器串联使用，在反应器间增设加热炉，或是采用多段式绝热反应器，而将加热用过热水蒸气按反应需要分配在各段分别导入，两种方法都是多次补充反应所需热量。该措施不仅降低了反应器初始原料的入口温度，也降低了反应器物料进、出口气体的温差，转化率可提高到 65%～70%，选择性在 92%左右。

（2）采用二段结构的脱氢绝热反应器，第一段使用高选择性催化剂以提高选择性，第二段使用高活性的催化剂，由此来改善因反应深度加深而导致温度下降对反应速率不利的影响，该种措施可使乙苯转化度提高到 64.2%，选择性 91.1%，水蒸气消耗量由单段的 6.6t/t（苯乙烯），降低到 4.5t/t（苯乙烯），生产成本降低 16%。

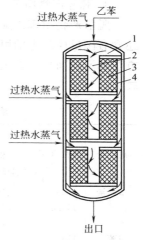

图 10-6　三段绝热式径向反应器
1—混合室；2—中心室；
3—催化剂室；4—收集室

（3）开发了径向绝热反应器脱氢的技术。如三段绝热式径向反应器结构如图 10-6 所示。每一段均由混合室，中心室，催化剂室和收集室组成。催化剂放在由钻有细孔的钢板制成的内、外圆筒壁之间的环形催化剂室中。乙苯蒸气与一定量的过热水蒸气进入混合室混合均匀，由中心室通过催化剂室内圆筒壁上的小孔进入催化剂层径向流动，并进行脱氢反应，脱氢产物从外圆筒壁的小孔进入催化剂室外与反应器外壳间环隙的收集室。然后再进入第二段的混合室在此补充一定量的过热水蒸气，并经第二段和第三段进行脱氢反应，直至脱氢产物从反应器出口送出。此种反应器的反应物由轴向流动改为催化剂层的径向流动，可以减小床层阻力，使用小颗粒催化剂，从而提高选择性和反应速率。其制造费用低于列管等温反应器，水蒸气用量比一段绝热反应器少，温差也小，乙苯转化率可达 60%以上。

此外还有提出等温反应器和绝热反应器联用，在三段绝热反应器中使用不同的催化剂，采用不同的操作条件等改进方案的，也都有一定好的效果。

3. 脱氢产物粗苯乙烯的分离与精制

脱氢产物粗苯乙烯中除含有产物苯乙烯和未反应的乙苯之外，还含有副反应产生的甲苯、苯及少量高沸物焦油等，其组成因脱氢方法的不同而异，如表10-3所示三种工艺所得产物组成差异就比较大。

表10-3 粗苯乙烯组成举例

组分	沸点/℃	组 成/%（质量分数）		
		例一 （等温反应器脱氢）	例二 （二段绝热反应器脱氢）	例三 （三段绝热反应器）
苯乙烯	145.2	35～40	60～65	80.90
乙苯	136.2	55～60	30～35	14.66
苯	80.1	1.5左右	5左右	0.88
甲苯	110.6	2.5左右		3.15
焦油		少量	少量	少量

在组织苯乙烯分离和精制流程时需要注意的问题。

(1) 苯乙烯在高温下容易自聚，而且聚合速率随温度的升高而加快，如果不采取有效措施和选择适宜的塔板型式，就容易出现堵塔现象使生产不能正常进行。为此，除在苯乙烯高浓度液中加入阻聚剂（聚合用精苯乙烯不能加）外，塔釜温度应控制不能超过90℃，因此必须采用减压操作。

(2) 欲分离的各种物料沸点差比较大，用精馏方法即可将其逐一分开。但是苯乙烯和乙苯的沸点比较接近，相差仅9℃，因此在原来的分离流程中，将粗苯乙烯中低沸物蒸出时，因采用泡罩塔，压力损失大，效率低，因而釜液中仍含有少量乙苯，必须再用一个精馏塔蒸出这些少量的乙苯，即用两个精馏塔分离乙苯，流程长，设备多，动力消耗也大，不经济。后来的流程对此做了改进，乙苯蒸出塔采用压力损失小的高效筛板塔，就简化了流程，用一个塔即可将乙苯分离出去。

粗苯乙烯分离和精制的流程示意图如图10-7所示。粗苯乙烯送入乙苯蒸出塔1，将未反应的乙苯，副产物苯和甲苯等低沸物从塔顶蒸出与苯乙烯分离。乙苯塔塔顶馏出的低沸物，除回流外，全部送入苯、甲苯回收塔2，将乙苯与苯、甲苯分离，塔釜得到的乙苯可循环使用以提高原料利用率。塔顶馏出的苯、甲苯混合液除回流外全部送入苯、甲苯分离塔3，将其分离，塔顶馏出为副产物苯，而釜液为副产物甲苯。乙苯蒸出塔的釜液则送到苯乙烯精馏

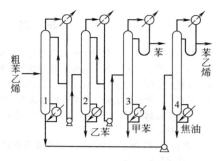

图10-7 粗苯乙烯的分离和精制流程
1—乙苯蒸出塔；2—苯、甲苯回收塔；
3—苯、甲苯分离塔；4—苯乙烯精馏塔

塔4，塔顶馏出液即为聚合级成品精苯乙烯。而塔釜液为高沸物焦油，其中还含有一定量的苯乙烯，应该进一步回收。该流程中乙苯蒸出塔1和苯乙烯精馏塔4要采用减压精馏，同时塔釜应加入适量阻聚剂（如对苯二酚或缓聚剂二硝基苯酚、叔丁基邻苯二酚等），以防止苯乙烯自聚。

复习思考题

10-1 从乙苯脱氢生产苯乙烯的反应原理说明脱氢反应在热力学上有哪些特点？

10-2 脱氢反应的催化剂应满足哪些要求？

10-3 反应温度、压力、水蒸气用量、原料纯度和空间速度对乙苯脱氢反应有何影响？

10-4 用于乙苯脱氢生产苯乙烯的列管式等温反应器和绝热式反应器在设备结构和工艺条件及控制上有何区别？

10-5 单段绝热式反应器有何不足之处？20世纪70年代以来有哪些好的改进方案？

参 考 文 献

1. 彭石松，马竞编．化学工业概论．北京：化学工业出版社，1989
2. 邹仁鋆编著．石油化工裂解原理与技术．北京：化学工业出版社，1981
3. 吴指南主编．基本有机化工工艺学．北京：化学工业出版社，1990
4. 吴章枞，黎喜林主编．基本有机合成工艺学．北京：化学工业出版社，1992
5. 化学工业出版社组织编写．化工生产流程图解．下册．增订二版．北京：化学工业出版社，1985
6. [联邦德国] W·凯姆等著．工业化学基础·产品和过程．金子林等译．北京：中国石化出版社，1992
7. [联邦德国] K·韦瑟麦尔，H·J 阿普著．工业有机化学·重要原料和中间体．白凤娥等译．北京：化学工业出版社，1986
8. 贺亚娟．化工生产管理．上海：上海交通大学出版社，1988
9. 徐彬，邹宪伟编．物理化学．北京：化学工业出版社，1991
10. 张洋主编．高聚物合成工艺设计基础．北京：化学工业出版社，1981
11. [美] N·P 里波曼编著．工业设计——如何确保操作可靠．冯国治等译．北京：化学工业出版社，1986
12. 刘大壮，徐海升著．反应过程工艺条件优化——连串反应最佳工艺条件确定．北京：化学工业出版社，1993
13. 愈安然编．反应器的自动调节．北京：化学工业出版社，1985
14. 陆震维编译．化工过程开发．北京：化学工业出版社，1984
15. 陆震维．化学工程．北京：化学工业出版社，1990
16. 施湛青主编．无机物工艺学．上册．北京：化学工业出版社，1990
17. 姚梓均主编．无机物工艺学．下册．北京：化学工业出版社，1990
18. 方度，蒋兰荪，吴正德主编．氯碱工艺学．北京：化学工业出版社，1990
19. 严福英等主编．聚氯乙烯工艺学．北京：化学工业出版社，1990
20. [美] L·I 纳斯主编．聚氯乙烯大全．第一卷．石万聪等合译．北京：化学工业出版社，1990
21. 吕绍杰，杜宝祥主编．化工标准化．北京：化学工业出版社，1998

内 容 提 要

本书以化工生产工艺过程为系统，重点运用物理化学的基本理论来分析化工生产工艺过程的反应原理，结合工业生产实际论述工艺过程的一般规律。化工产品生产工艺主要以氨的合成、氯碱生产、氯乙烯生产、乙烯脱氢生产苯乙烯为实例。各章配有例题及习题。

本书可作为中等职业学校化学工艺专业教材，也可供技工学校等相关专业的学生参考及化工企业技术工人培训等使用。